추천의 글

DMZ의 다채로운 얼굴에 대한 깊은 애정으로 오래도록 연구를 이어온 박경만 한겨레신문 선임기자는 이 책에서 우리의 아픈 역사와 정치 현실 그리고 자연과 인간의 공존을 보여주는 특별한 장소로서 DMZ를 다시 보게 해줍니다. 두루미와 같은 매혹적인 생명체들의 이야기를 중심으로 이 공간이 가진 생명력과 아름다움을 전하면서, 취재 중 겪었던 다양한 경험과 사람들의 이야기로 우리가 외면하거나 망각했던 DMZ에 대한 새로운 지식과 감동을 선사합니다. 이 책을 통해 우리는 우리 자신의 과거와 현재 그리고 미래를 보여주는 소중하고 신비로운 공간으로서 DMZ의 가치와 중요성을 새롭게 인식할 수 있을 것입니다.

이주형 경기대학교 관광학부 교수

평소 DMZ나 경기 북부에 대해 궁금한 점이 있을 때마다 값진 정보와 지식을 소상하게 전해주던 박경만 기자가 드디어 그의 곳간을 열기로 했나보다. 15년 넘게 지역 현안을 두루 파악하여 때로는 날카롭게 때로는 따뜻하게 기사에 담아내던 그가 몇 년 전 DMZ 일원의 두루미에 대해 깊은 애정을 보이며 장시간 설명했을 때 나는 다소 의외라고 생각했다. 하지만 이 책의 원고를 읽어보니, 두루미는 그가 현장을 누비고 오래된 문헌을 뒤지며 글과 사진으로 재현한 DMZ 전체의 상징임을 이해하게 되었다. 부디 이 책이 여러 사람에게 읽혀서 접경지역의 자연, 사람들의 삶, 역사적 의미를 함께 생각하는 계기가 되었으면 한다.

남영호 신한대학교 교수, 탈분단경계문화연구원장

쏟아지는 책의 홍수 속에서 오랜만에 잔잔하지만 깊은 울림을 주는 책을 마주하게 되었다. 이 책은 박경만 한겨레신문 선임기자가 15년이라는 시간을 투자하여 한반도의 치유되지 않은 상흔을 보듬어 쓴 귀한 글이다. 그는 서해바다 끝에서 동쪽 끄트머리 땅까지 샅샅이 발품을 들이고 온몸을 기울여 DMZ의 생태보고서인 동시에 인문학 총서인 이 책을 썼다. 이 책을 통해 우리가 단순하게 알고 있던 분단의 상징 DMZ의 자연, 생태, 역사, 사람들의 이야기를 전혀 다른 시각으로 접하면서 나는 그 어느 때보다 환하고 따뜻한 희망의 봄을 맞이하고 있다. DMZ를 비극의 장이 아닌 새로운 평화의 공간과 치유의 공간으로 활용함으로써 이곳을 한민족의 역사와 운명을 바꿀 기회의 땅으로 만들 수 있음을 새삼 깨달았다. 이 책은 한반도 평화를 갈망하는 모든 사람, 남북화해와 통합을 고민하는 사람, 자연과 생태에 관심 있는 사람, 새로운 관광자원 개발에 고민하는 여행프로그램 개발자들은 물론이고, 최근 화두가 된 ESG 경영을 추진하고 있는 기업인들에게도 뜻하지 않은 인사이트를 전해주는 필독서가 될 것이다.

심상진 (전) 현대아산 금강산사업소 총소장

두루미의 땅, DMZ를 걷다

두루미의 땅,
DMZ를 걷다

백령도에서 화진포까지 500km의 이야기

박경만 지음

사월의책

두루미의 땅, DMZ를 걷다

1판 1쇄 발행 2023년 5월 10일

지은이 **박경만**
펴낸이 **안희곤**
펴낸곳 **사월의책**

책임편집 **박동수**
표지본문 디자인 **이원우**

등록번호 2009년 8월 20일 제2012-000118호
주소 경기도 고양시 일산서구 중앙로 1388 동관 B113호
전화 (031) 912-9491 | 팩스 (031) 913-9491
이메일 aprilbooks@aprilbooks.net
홈페이지 www.aprilbooks.net
블로그 blog.naver.com/aprilbooks

ISBN 979-11-92092-12-6 03980

* 책값은 뒤표지에 있습니다.
* 이 책은 뉴스통신진흥자금을 지원받아 저술·출간되었습니다.

차례

1부 서해, 한강 이야기

서해 백령도에서 강화, 김포, 고양까지

2부 임진강 이야기

파주에서 연천까지

3부 강원도 이야기

철원, 화천, 양구, 인제, 고성

한눈에 보는 DMZ

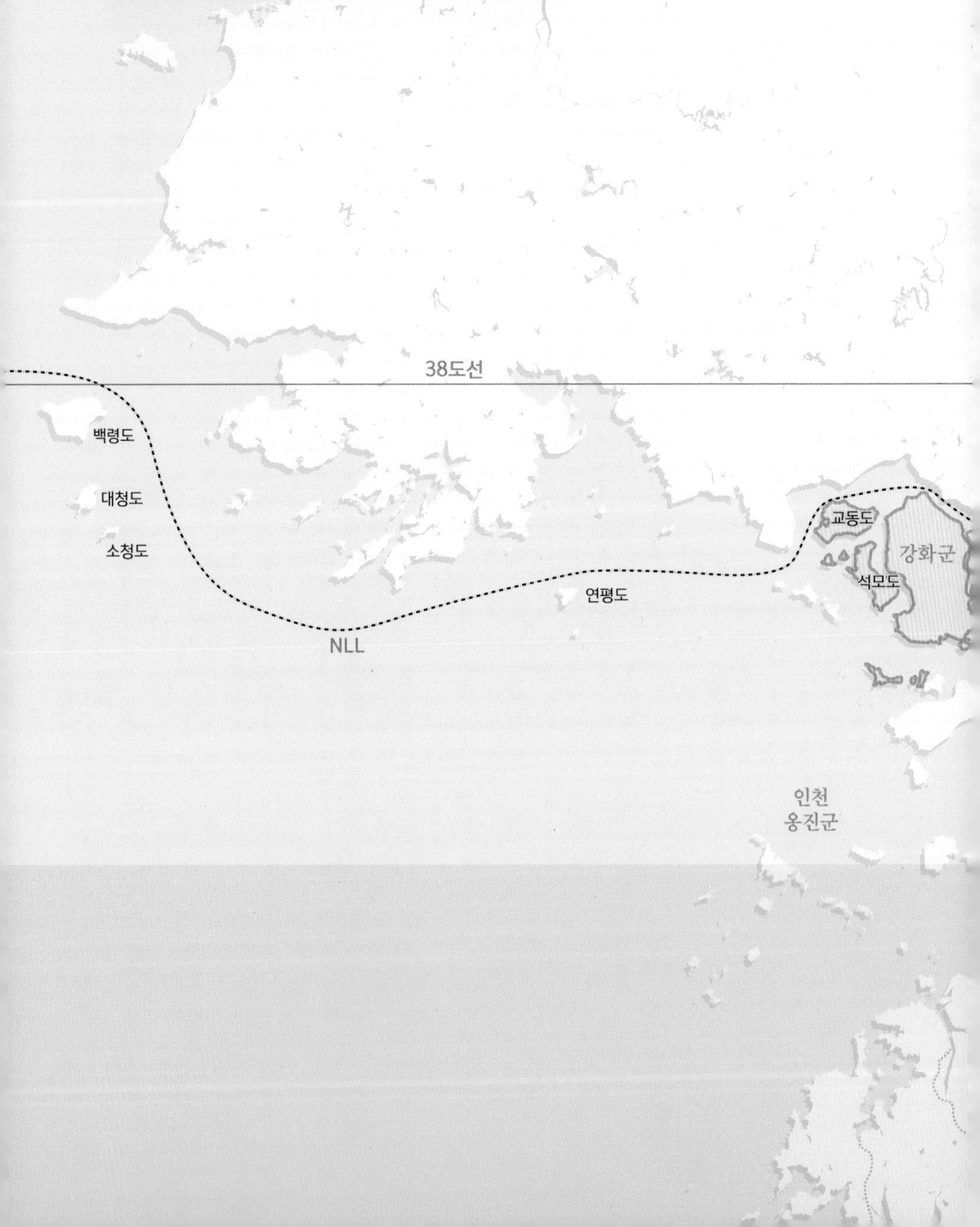

군사분계선
남방한계선
민간인
통제선
접경지역
고성군
화천군
양구군
철원군
인제군
속초시
연천군
38도선
포천시
춘천시
동두천시
파주시
양주시
의정부시
고양시
서울시
강원도
경기도

모든 경계에는 꽃이 핀다

나를 DMZ의 영혼 깊숙한 곳으로 이끈 것은 두루미였다. 두루미에 매혹된 나는 지구상에서 가장 위험한 국경이라 불리는 한반도 비무장지대(DMZ, demilitarized zone)에 홀린 사람이 되었다. DMZ는 난도질당한 지구의 땅덩어리 중에서도 가장 인간의 욕망이 닿지 않는 곳이다. 지구 최후의 냉전 분단지역인 DMZ는 비무장지대라는 이름과는 달리 헤아릴 수 없이 많은 지뢰와 가시 철책으로 빗장을 지른 은둔의 숲이다. 긴장을 늦추지 않은 초병들의 총구는 사람의 자유로운 발길뿐 아니라 비밀의 땅에 대한 호기심까지도 원천적으로 차단한다.

산길이었고 들길이었고 물길이었을 DMZ는 전쟁이 끝난 뒤 특수부대 군인들만 드나드는 폐쇄 구역이 되었다. 그곳이 수십 년 전 사람들이 사는 마을이었다는 사실을 기억하는 사람은 그리 많지 않다. 한반도의 남북을 잇는 길이었던 유구한 세월은 고작 70년의 시간에 묻혀버렸다. 아득하게 오래된 삶의 흔적들은 냉전의 포로가 되어 봉인되었다.

DMZ라는 폐쇄 공간이 생겨난 것은 한국전쟁의 포성이 멈춘 1953년 7월 27일이다. 해방과 동시에 한반도는 38선으로 동강 났고, 3년간의 전쟁 후 38선은 휴전선으로 바뀌었다. 전쟁 당사자들은 248킬로미터의 군사분계선을 중심으로 남북 각 2킬로미터씩을 완충지대로 설정했다. DMZ는 문명의 경계에서 사람의 발길이 닿지 않은 지구상의 유일한 땅으로 남았고, 대륙으로 통하는 길이 가로막힌 남한은 졸지에 섬나라가 되었다.

한반도 전역을 잿더미로 만든 전쟁의 폭주는 3년 만에 멈췄지만, 전쟁은 아직도 완전히 끝나지 않았고 미봉책으로 승인된 정전협정은 해결하지 못한 숙제로 남았다. 이데올로기 전쟁의 최전선이었던 한반도 DMZ는 냉전이 한 시대의 유물이 된 이후에도 충돌과 긴장이 살아있는 땅으로 남았다. 가뭇없는 전쟁의 긴 그림자는 전쟁을 알지 못하는 까마득한 젊은 세대에까지 막대한 짐이 되어 지금 이 순간에도 남북의 군인들은 서로 총부리를 겨눈 채 젊음의 시간을 사르고 있다. 이 땅에 사는 모든 사람에게 DMZ는 무의식적인 트라우마다.

한반도 분단에 책임 있는 국가들의 수반이 바뀌고 분단 극복을 위한 많은 시도가 있었지만, DMZ는 아직 제자리걸음이다. 아니, 분단의 장막은 시간이 지날수록 한층 더 높고 두터워졌다. 남북의 권력 집단은 DMZ를 허무는 대신 분단의 장벽을 더 공고히 쌓았다. 그렇게 한반도는 세계 유일의 냉전 지역으로 남겨졌다.

나는 경기도 접경지역 담당 기자로서 지난 15년간 서해 백령도에서부터 연평도, 강화도, 김포, 파주, 연천, 철원, 화천, 양구, 인제를 거쳐 동해안 고성에 이르기까지 500킬로미터에 이르는 DMZ 일원을 걸었다. 운 좋게도 나는 코끼리의 다리나 꼬리가 아닌 전체 모습을 볼 수 있는 기회를 얻었다. 내가 받은 이 축복을 여러분과 나누고 싶었다. 통찰력과 상상력을 가지고 DMZ의 시공간을 성찰하려 했고 진실이 알려지기를 바라는 사관의 충직한 심장과 붓을 닮기를 바랐다. 나는 나의 기록이 현명한 독자들의 상상력과 상호작용을 일으켜 시공간의 한계를 뛰어넘는 입체적인 이해에 이르기를, 더 욕심을 내어 DMZ에 대한 애정으로 발아하기를 소원했다.

전쟁과 분단의 상처를 안고 철책에 갇혀 침묵하는 이곳이 무궁무진한 서사의 원천이라는 것을, 얼마나 다면적인 스펙트럼을 가지고 있는지를 알아보기 바란다. 이 땅은 실향민에게는 눈앞의 고향을 가로막는 벽이고, 가족을 잃은 유족에겐 눈물조차 메말라버린 한이며, 남북의 군인에게는 사수해야 할 금단의 선, 접경지역 주민에게는 삶의 터전이다. 인간사의 곡절한 사정을 뒤로하고 DMZ는 스스로 상처를 복원하고 두루미, 독수리 등 희귀 동식물을 불러들여 생물 다양성의 보고가 되었다. 전쟁의 흔적과 생태, 자연경관이 어우러진 DMZ는 역설적으로 외국인이 가장 가보고 싶어 하는 이색관광지로 변모했다. 우리의 관심에서 소외된 채 남북 어느 쪽에도 속하지 못하고 부호 속에 갇혀버린 DMZ는 '괄호 쳐진 땅'이다. 타의에 의해 강제된 우리 비극적 근현대사의 압축파일이다.

함민복 시인은 "모든 경계에는 꽃이 핀다"고 했다. 밤과 낮의 경계인 석양은 소행성의 어린 왕자가 마흔네 번씩이나 의자를 옮겨가며 바라볼 만큼 아름다웠고, 바닷가의 노을이 유난히 붉은 것은 그곳이 육지와 바다의 경계이기 때문이다. 이질성이 첨예하게 대립하는 경계지역 DMZ를 걸으며 나는 깨달았다. 이곳은 꽉 막힌 남북의 현실을 돌파할 수 있는 창조적 공간이며 한민족의 역사와 운명을 바꿀 기회의 땅이라는 것을. 경계는 힘이 세다. 냉전의 부산물로 생겨난 경계 DMZ. 고립무원인 줄 알았던 이 땅은 생명이 흐르고 섞이며 아름다운 꽃을 피우는 곳으로 거듭나고 있었다.

이 책에서 나는 우리가 외면했던 DMZ가 얼마나 귀중한 공간인지에 대해, 우리가 모르는 사이 스스로 피어난 꽃의 아름다움에 대해 이야기하려 한다. 나는 이 글이 행여 나의 좁은 소견이나 무딘 필력에 갇혀 누추해지지 않기를 바란다. 이 글이 근현대사의 비극 속에 묻혀버린 진실의 장을 길어 올릴 수 있다면, 현장에서 만난 DMZ 사람들의 선량한 목소리를 제대로 전달할 수 있다면, 상상할 수 없을 만큼 다양한 생명체가 깃들어 사는 땅이라는 사실을 널리 알릴 수 있다면 더할 나위가 없겠다.

나는 이 책을 읽은 여러분이 DMZ에 대해 막연한 환상을 가지고 일회성 관광지로 다녀가지 않기를 바란다. 또 행여나 남침용 땅굴이나 포격, 지뢰 따위의 지난한 기록으로 어두운 이미지가 심화되는 일이 없기를 바란다. 나는 DMZ가 지구상에서 가장 아름다운 생명체인 두루미와 사람들이 더불어 살아가는 땅으로 기억되기를 바란다. 기억하고 기록하는 일은 수백만 전쟁 희생자의 죽음이 헛되고 무의미한 일이 되지 않게 하는 일이기도 하다.

책을 읽는 동안 굳게 닫힌 여러분 마음의 빗장이 풀리기를. 가깝고도 먼 '궁극의 비원' DMZ의 참모습이 독자 여러분 앞에 펼쳐지기를. 나에게 두루미가 그러했듯이 이 책이 DMZ 답사길에 나서는 여러분의 길잡이가 되기를 소원한다.

2023년 4월
정전 70주년을 맞이하여

박경만

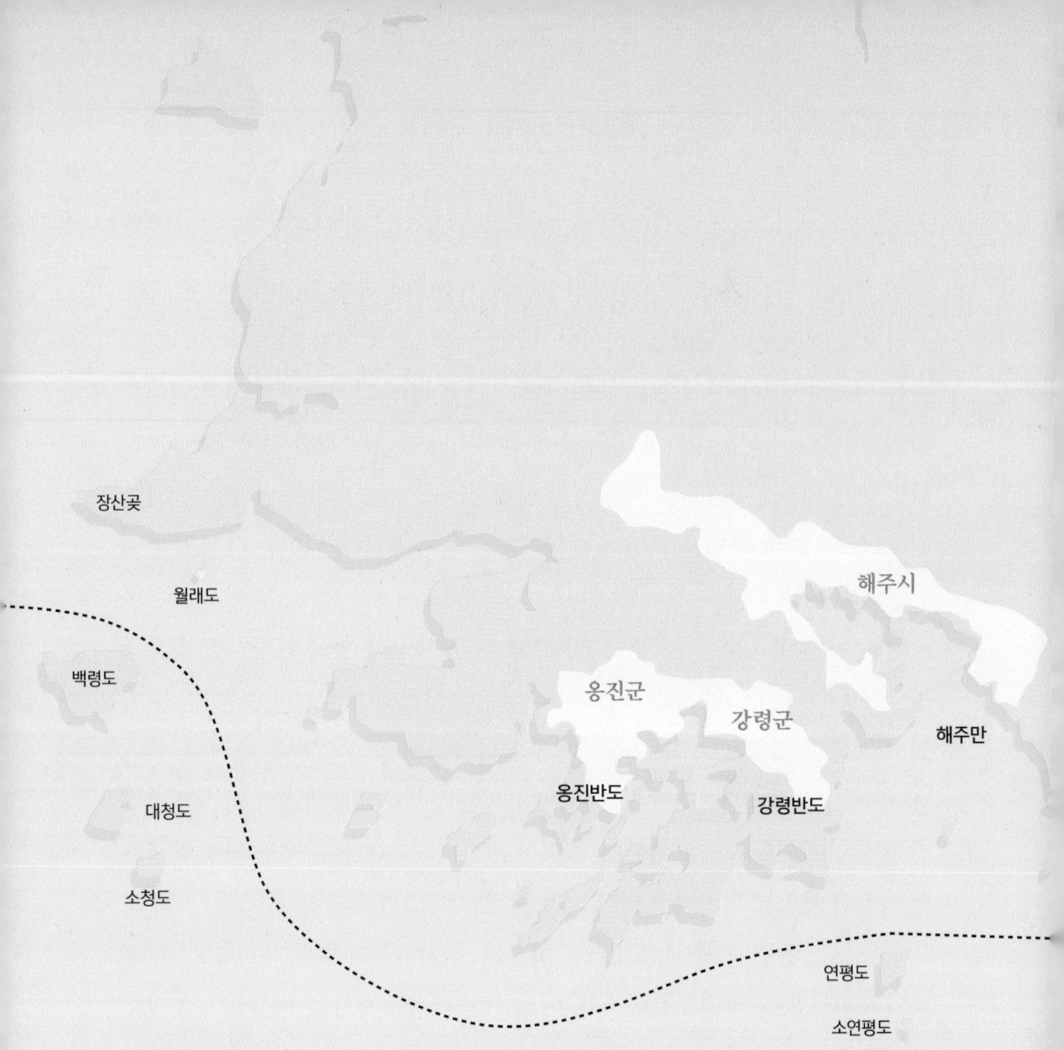
장산곶
월래도
백령도
대청도
소청도
해주시
옹진군
강령군
해주만
옹진반도
강령반도
연평도
소연평도

1

서해, 한강 이야기

서해 백령도에서 강화, 김포, 고양까지

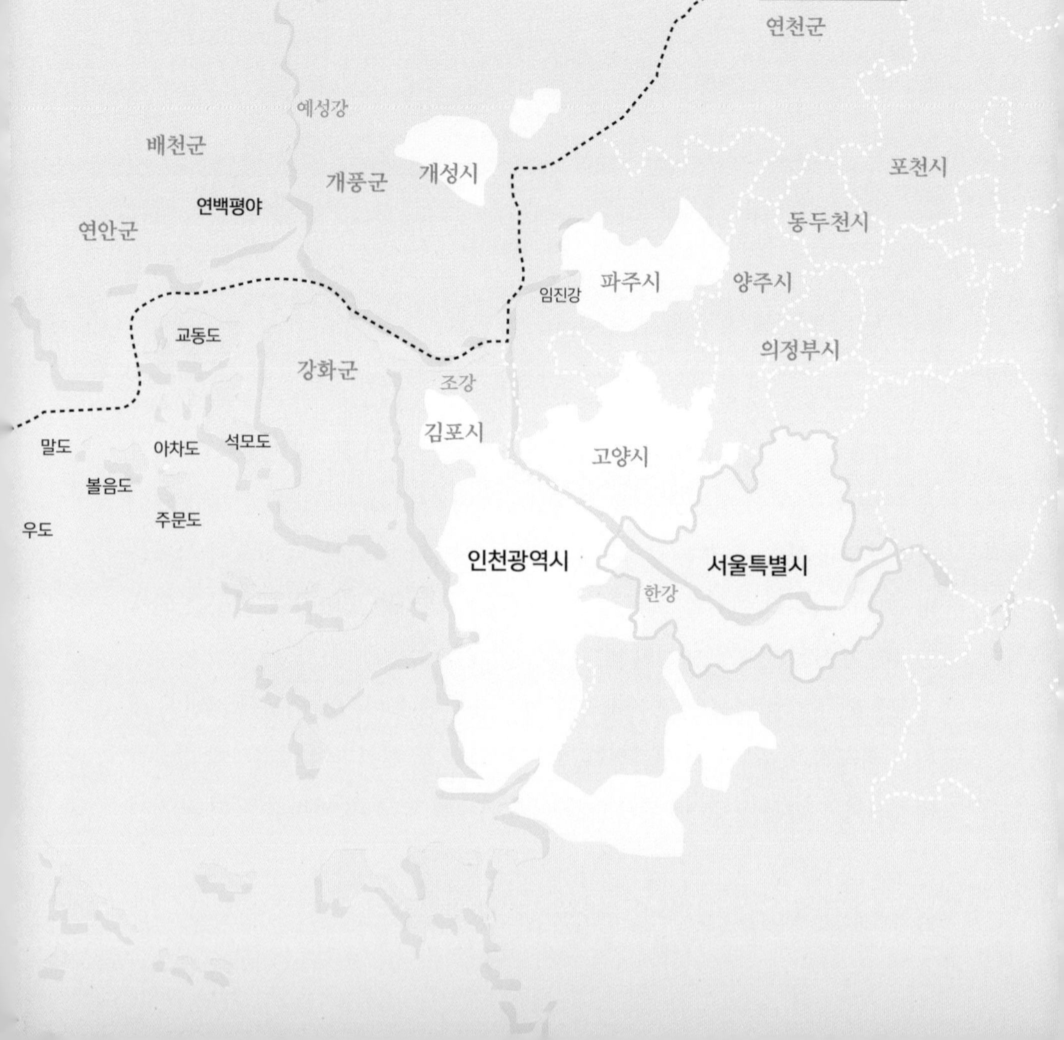

1 경계를 걷다

서해 최북단 섬 백령도

경계를 걷는 일은 해묵은 분단의 상처를 응시하고 어루만지는 일이다. 시작은 서해 최북단 섬 백령도 두무진이었다. 바다 건너 옹진반도가 낮게 웅크린 커다란 짐승처럼 보였다. 넓게 펼쳐진 산들은 위압적이지는 않았으나 사나운 파도에 해자처럼 에워싸인 채 범접할 수 없는 냉기를 뿜어냈다. 이곳은 언제 충돌이 재연될지 모를 냉전의 바다.

몸을 가누기 어려울 만큼 거센 바람이 두무진에 몰아치자 최북단 해변에 세워진 태극기가 울부짖기 시작한다. 칼이 지나간 듯 한복판이 예리하게 갈라진 태극기의 모습은 동강 난 한반도를 소름 끼치게 닮았다. 비바람은 더욱 거세졌다. 새 우산이 강풍을 버텨내지 못하고 부러졌다. 안개까지 더해 뿌연 경관이 신비감을 더해 실성한 사람처럼 두무진의 구석구석을 샅샅이 훑었다.

바위에 다리가 살짝 스친 것 같았는데 왼쪽 정강이에서 피가 흘러 바지와 양말을 붉게 물들였다. 부둣가 식당에서 처음 본 해병대 선임하사가 붕대로 감싸준 뒤 백령병원으로 가보라며 택시를 불러줬다. 백령병원의 젊은 공중보건의는 상처를 살펴보고는 꿰매면 될 것 같다고 했다. 상처투성이의 섬에서 나는 일곱 바늘이나 꿰맨 상처를 얻게 되었다. 그 흉터는 훈장처럼 아직 내 몸에 남아 있다.

'늙은 신의 마지막 선물'이라 불리는 백령도 두무진.

서해 최북단 섬 백령도와 북한 장산곶 사이를 흐르는 서해 NLL. 아래 위로 찢겨 나부끼는 태극기가 분단을 상징하는 듯하다.

백령도로 떠나는 생태여행

서해 외딴 섬 백령도는 북한 장산곶에서 14킬로미터, 인천에서는 191킬로미터 떨어진 옹진반도에 딸린 섬이다. 원래 황해도 장연군에 속했으나 해방 이후 장연이 38선 이북에 속하게 되면서 38선 이남의 옹진반도와 함께 경기도 옹진군으로 편입되었다. 한국전쟁으로 북이 옹진반도를 차지하고 백령도와 대청도, 소청도, 연평도 등 옹진의 4개 섬은 강화도 우도와 함께 '서해 5도'라는 이름으로 묶여 남한 영토로 남게 되었다. (서해의 공식 명칭은 '황해'이고 국제적으로도 'Yellow Sea'로 등재되어 있지만, 이 책에서는 고유한 의미를 가진 황해보다는 '서해대교' '서해대전'처럼 관용적으로 두루 통하는 이름을 쓰기로 한다.)

남한에서 8번째로 큰 섬인 백령도에는 약 1만 명이 거주하는데 주민과 군인의 숫자가 비슷하다. 선사시대부터 농경과 어로를 하며 사람이 살았던 이 섬의 옛 이름은 곡도(鵠島) 즉 따오기 섬이다. 고려 태조 때 '백령진'이 설치되면서 백령이란 이름을 얻었는데, 백령(白翎)이라는 따오기가 하얀 날개를 펼치고 나는 모습에서 유래한다.

백령도는 우리나라에서 발견된 540여 종의 새 가운데 60퍼센트가 넘는 370여 종이 관찰되는 생태계의 보고다. 섬 해변을 따라 갯벌과 자연습지, 모래사장, 바위 · 절벽 해안과 섬 내륙의 둠벙, 저수지, 수로, 논 습지 등 인공습지까지 두루 갖춰 다양한 물새들이 서식하고 있다. 군사시설이 없는 곳의 산림은 보전상태가 좋고 사람들의 접근이 적어 산새들에게 좋은 서식처다. 백령도는 중국 산둥반도와 한반도를 최단거리로 잇는 위치에 있어 해마다 봄, 가을이면 수십만 개체의 새들의 이동을 관찰할 수 있다.

2019년 11월 12일 오후, 텅 빈 백령도 들판에 푸른 눈의 외국인이 망원경을 들고 홀로 서 있었다. 장산곶이 건너다보이는 백령도의 야트막한 산과 구릉, 해안 곳곳에는 중무장한 군인과 삼엄한 군사시설이 적의 침투에 대비해 촉각을 곤두세우고 있었다.

군 헬리콥터가 굉음을 울리며 낮게 접근하자, 들판 옆 저수지에서 쉬고 있던 기러기 수백 마리가 깜짝 놀라 일제히 날아올랐다. 들판의 외국인은 근심어린 표정으로 들녘을 바라보며 연신 고개를 가로저었다. 20여 년간 남북한을 오가며 새와 서식지 보전활동을 해온 영국 출신의 조류학자 나일 무어스 박사였다. 무어스 박사는 2004년 창립되어 한반도 서해 생태권역의 조류와 서식지 보전활동을 주로 하는 NGO인 '새와생명의터' 대표다. 그는 2013년부터 해마다 이맘때면 백령도에서 2~3주씩 머물며 새와 습지를 조사해온 터라 백령도의 웬만한 택시기사나 식당 · 여관 주인들에게 친숙한 얼굴이었다.

백령도 생태조사를 하고 있는 '새와 생명의 터' 나일 무어스 박사. 백령도는 중국 산둥반도와 한반도를 잇는 동아시아 철새 이동경로다.

"2013년만 해도 화동습지는 황새 17마리를 포함해 흑고니, 개리, 기러기 2천여 마리가 찾아와 감동을 주었는데, 지금은 아무 가치가 없는 데드 스페이스(죽은 땅)가 됐어요." 그는 흰빰검둥오리 몇 마리만 떠 있는 화동습지를 보고 긴 한숨을 내쉬었다. 화동습지가 새가 오지 않는 죽은 땅이 된 것은 습지를 가로지르는 도로 개설과 섬 전체를 도배하다시피 한 콘크리트 제방 등 무분별한 개발 때문이라는 게 그의 설명이다. 콘크리트 공장이 3개나 있는 이 섬은 도로와 수로, 다리, 아파트 단지 등 섬 전체가 콘크리트로 덮여가고 있었다.

"백령도는 새만금, 금강, 아산만 등과 견주면 북한과 인접해 아직은 환경이 좋고 생물다양성도 많은 편이지만 새의 종류와 개체 수는 해마다 줄어들고 있어요." 그가 서툰 한국말로 백령도가 동아시아 철새의 이동경로로 매우 중요한 지점이며 보전 대책이 필요하다고 역설하는 동안, 댕기물떼새와 말똥가리 무리들이 북쪽을 향해 쉴 새 없이 날아갔다. 백령도에서 그해 처음 관찰된 검은어깨매(검은죽지솔개)와 검은목두루미도 이날 모습을 드러냈다. 그는 수첩을 꺼내 관찰된 장소와 시간을 적었다. 수첩에는 이번 조사에서 확인한 새의 종류와 마릿수, 관찰 시간과 장소가 깨알같이 적혀 있었다.

무어스 박사는 2013부터 7년간 176일 동안 백령도에서 총 344종의 월동조류 및 번식조류를 관찰했다. 그는 연구결과를 바탕으로 「백령도로 떠나는 생태여행」이라는 제안서를 냈다. 제안서에는 더 나은 조류 서식지 및 생태관광지를 위한 지역별 복원방식과 관리방안 등이 담겼다.

하늬해변의 역설적 경관, 점박이물범과 용치

백령도에는 섬 구석구석의 자연경관과 주민들의 생활상을 둘러볼 수 있는 탐방로, 백령 흰나래길이 2013년 조성되었다. 백령 흰나래길은 바닷길과 생태길, 문화길, 마을길 등 네 가지 테마로 구성되었다.

바닷길은 2019년 국가지질공원으로 지정된 사곶해변, 콩돌해변, 두무진길이 이어진다. 사곶해변은 세계에서 두 곳뿐인 천연비행장으로 천연기념물 391호다. 썰물 때면 길이 3킬로미터, 너비 300미터 이상의 단단한 백사장이 형성돼 한국전쟁 때 군 수송기의 이착륙용 활주로로 사용되었다. 콩돌해변은 파도의 침식작용으로 부서진 바위 조각이 해안선에서 다시 파도에 부서져 오색빛깔의 콩돌이 형성되었으며 천연기념물 392호다.

'늙은 신의 마지막 선물'로 불리는 백령도의 으뜸 경관은 두무진이다. 하늘로 뻗은 바위의 모양이 용맹한 장군들이 머리를 맞대고 회의를 하는 것처럼 보인다고 해서 유래되었다. 오랫동안 파도에 의해 병풍처럼 깎인 장엄한 해안

절벽과 기암괴석이 절경을 이루어 서해의 해금강이라고도 불린다. 유람선을 타고 해안선을 따라 선돌바위와 물개바위, 장군바위, 형제바위, 코끼리바위 등 해상의 기암괴석들을 볼 수 있다. 1997년 명승 8호로 지정되었다.

생태길의 시작점인 용기원산(136미터) 정상에는 2013년 끝섬전망대가 들어섰다. 백령도 전망대 중 가장 높은 끝섬전망대에서는 백령도와 장산곶 사이에 위치한 북한 월래도가 손에 잡힐 듯 내려다보인다. 전쟁 전 백령도 사람들이 육지에 드나들 때 들렀던 곳이고 선교사들도 이 섬을 통해 백령도에 상륙했다. 한때 미군이 주둔했고 반공유격대들이 근거지로 삼았던 월래도는 한국전쟁 당시 쟁탈전이 치열했다.

끝섬전망대 입구에서 하늬해변과 물범바위, 철책선 길을 거쳐 심청각 입구까지 3.1킬로미터 길이의 '점박이물범길'이 조성되어 있다. 하늬해변은 천연기념물 331호이자 멸종위기 야생생물 2급인 점박이물범의 국내 최대 서식지다. 2021년 환경부가 국가생태관광지역으로 지정해 점박이물범을 가까이에서 볼 수 있는 생태관광체험센터를 짓는 중이다. 점박이물범은 1940년대까지만 해도 서해에서 약 8천 마리가 서식했지만 최근 개체 수가 약 1,500마리로 줄었다. 하늬해변에서는 해마다 봄부터 늦가을까지 점박이물범 300여 마리를 관찰할 수 있다.

하늬해변의 또 다른 명물은 물속에 잠겨 있다가 썰물 때면 모습을 드러내는 용치다. 용치란 냉전 시기에 북한군의 침투를 막기 위해 해안에 설치한 장애물이다. 콘크리트 덩어리에 뾰족한 철근을 박은 모습이 마치 용의 이빨처럼 생겼다고 해서 용치(龍齒, Dragon's Teeth)라 부른다. 이제는 소임이 사라진 600여 개의 용치가 아직도 퇴역하지 못한 노병사처럼 옹색했다. 파도에 물이 빠지면 진촌리 주민들이 용치와 갯바위에 달라붙은 자연산 굴과 미역, 다시마를 채취해 소득을 올리고 있다. 굴을 채취하는 할머니들은 인심이 넉넉하다.

백령도 하늬해변에 설치된 용치에 굴이 달라붙어 있다.

여행객들에게 "백령도 굴은 맛이 달고 담백해요"라며 갈고리로 막 딴 생굴을 까서 입에 넣어준다. 낡은 용치가 바다의 목장으로 변신해 굴이 자라고 주민의 삶터가 되었다. 전쟁의 흉터 위에서도 삶은 계속되는 법.

백령도, 연평도, 대청도의 해변에는 1970년대에 용치가 집중 설치됐다. 녹색사회연구소와 인천녹색연합, 황해섬보전센터가 2018년 백령도, 연평도, 대청도 일대의 용치를 조사한 결과 3미터 이상 크기의 용치가 총 12곳에서 최소 3,000개가 확인되었으며 대부분 쓰러지거나 훼손된 채로 방치되어 있었다.

백령도에서는 하늬해변 등 5곳 이상에서 용치가 확인되었다. 연평도에도 5곳에서 용치를 비롯한 훼손 잔존물이 최소 1,000개 확인되었으며, 이 가운데 새마을리와 구리동 해변 2곳은 주민과 피서객들이 이용하는 공간이다. 백령도와 연평도 주민들은 용치 때문에 어업활동에 지장을 받고 경관 훼손과 관광 활성화 저해, 해변이용객 안전에 위협이 된다며 철거를 요청하고 있다. 지질명소를 중심으로 지질생태관광에 적극적인 대청도에서도 용치는 애물단지 취급을 받고 있다. 용치는 북한군 탱크의 서울 진입을 저지하기 위해 파주와 고양, 의정부 등 경기 북부 하천에도 많이 설치되었다. 하천에 설치된 용치는 물 흐름을 방해해 수해의 원인으로 지적되면서 최근 제거 뒤 낙차댐 등 다른 시설로 대체하는 추세다.

문화길에서는 백령도의 역사 문화를 체험할 수 있다. 백령도는 전래소설 『심청전』의 배경 무대이기도 하다. 효녀 심청이 아버지의 눈을 뜨게 하기 위해 몸을 던진 인당수와, 심청이 환생했다는 연봉바위가 내려다보이는 곳에 심청각이 세워져 있다.

1898년 설립된 중화동교회는 한국 땅을 가장 먼저 밟은 네덜란드 선교사 귀츨라프, 대동강에서 순교한 영국인 선교사 토마스, 장로교의 공식적인 첫 한국선교사 언더우드를 비롯해 한국인 첫 목사가 된 서경조 등 '한국교회 최초'라는 수식어를 단 많은 사람의 발자취가 남아 있다. '한국 기독교 복음 전래 선구지 기념비'가 세워진 중화동 마을은 아무리 고기떼가 몰려와도 일요일에는 배를 띄우지 않았다고 한다. 마을 입구에서 중화동교회까지 이어지는 '백령도 믿음의 벽'에 벽화와 기록 사진들이 전시되어 있다. 각 코스는 용기포맞이길, 점박이물범길, 심청마을길, 은빛사곶길, 오색콩돌길, 용트림바위길, 중화포구길, 백령수호길, 두무비경길 등 섬마을의 특징을 담은 이름으로 지어졌다.

콘크리트로 덮여가는 습지에 백령공항 건설

백령도는 1990년대 사곶과 화동 사이를 막는 간척사업으로 476헥타르의 갯벌이 사라지고 간척지와 백령호가 생겼다. 남한에서 14번째 크기였던 이 섬은 간척사업으로 50.98평방킬로미터로 늘어 8번째로 큰 섬이 되었다. 하지만 쌀이 남아돌아 농토가 더는 필요 없게 되자 간척지는 황무지로 방치됐고, 담수호 또한 염분 농도가 높아 농업용수로도 쓸 수 없는 상태로 버려졌다. 마을 주민들은 굴, 꽃게, 가자미 등이 넘쳐나던 황금어장을 잃게 되었고, 갯벌에 깃들여 살던 생명들도 보금자리를 잃었다.

사곶해변에서 만난 백령도 영암택시 기사님은 불모지만 만들어낸 간척사업에 불만을 터트렸다. "간척사업 이전에는 비행기가 뜨고 내릴 만큼 모래가 단단했는데 조류 흐름이 바뀌어 푸석푸석한 모래밭으로 변했어요. 마을 앞에만 나가도 잡을 게 널렸었는데 지금은 바다에서 아무것도 해먹을 게 없어요. 도대체 무슨 짓을 한 것인지…."

한반도와 산둥반도를 오가는 철새들의 정거장 구실을 하는 백령도에는 2029년, 50인승 비행기가 오가는 공항이 들어설 예정이다. 인천에서 배를 타고 4시간 넘게 걸리는 데다 유일한 교통수단인 여객선이 기상악화 때마다 결항이 잦아 백령도 주민들은 항공편을 요구해왔다. 이에 국토교통부는 간척사업으로 쓸모없는 땅이 된 솔개 지구에 공항을 추진하여 2022년 말 예비타당성 조사가 통과되었다. 백령공항 건설은 북방한계선(NLL)과 인접해 항공기 운항에 신중한 태도를 보였던 국방부가 전격 동의하면서 본궤도에 올랐다. 백령공항은 생태환경 파괴와 함께 비행기와 조류의 충돌 위험, 항공기 월경방지 대책 등 많은 문제점이 제기되었다. 여객 수요예측 과다, 지방공항의 적자 문제를 이유로 기획재정부도 예비타당성 사업 대상에서 두 차례나 탈락시킨 바 있다.

환경단체들은 불편을 호소하는 주민들의 요구 때문에 마냥 반대할 수도 없었다. 환경운동연합, 인천환경운동연합, 새와생명의터, 한스자이델재단은 2020년 1월 성명에서 "백령공항 건설 예정지인 솔개 간척지는 황새, 검은머리물떼새, 저어새, 두루미, 말똥가리, 흰꼬리수리 등 수많은 멸종위기종이 찾는 곳으로 생물 다양성을 유지할 수 있는 대안이 필요하다. 섬 주민의 생활 불편 해소를 위해 공항 건설이 필요하다고 인정하더라도 철새의 서식지이자 이동통로에 공항을 만드는 것은 버드 스트라이크 위험으로 인간의 안전까지 위협할 수 있는 만큼 공존 방안을 찾아야 한다"고 밝혔다.

우려와 반대에도 불구하고 솔개 지구에는 25만 4,000평방미터(7만7천 평) 부지에 1,200미터짜리 활주로 1개와 계류장, 터미널 등을 갖춘 공항이 건설될 것으로 보인다.

"공항이 들어서면 관광객이 찾아오기는 쉽겠지만 환경은 파괴되고 섬은 쓰레기 등으로 몸살을 앓게 되겠죠. 한국이 1970~80년대처럼 돈 없는 나라도 아닌데 경제 마인드로만 생각하면 좋은 미래가 없습니다. 새로운 생각, 다른 방법이 필요해요. 백령도는 빼어난 경관과 섬이 지닌 역사, 문화, 생태 등 지속가능한 생태 · 평화 관광지로서 가치가 높습니다. 논밭과 습지, 갯벌 관리를 잘하고 황새를 복원하면 외국처럼 팜스테이 관광이 가능할 텐데 말이죠." 무어스 박사의 말에 백령도의 생태와, 백령도를 이용하는 새들을 지켜주지 못한 안타까움이 배어났다. 백령도의 미래 먹거리인 생태관광, 농촌여행을 위해서라도 자연은 보전되고 새는 보호되어야 한다. 새는 환경과 생태의 최고 지표종으로, 새 한 종류가 멸종될 때 그 새와 관련한 100여 종의 생물이 멸종한다고 알려져 있을 만큼 생태환경에 있어 중요한 요소이다.

백령도 빼닮은 진먼섬의 재탄생

중국과 접경인 대만의 진먼섬(金門島)은 백령도와 쏙 빼닮은 섬이다. 진먼섬은 대만에 속하지만, 대만 본섬에서 200킬로미터 이상 떨어져 있고 중국 푸젠성 샤먼(厦門)과는 불과 8킬로미터 거리다. 샤먼과 같은 생활 · 경제권을 형성해온 진먼섬은 1949년 국공내전에서 패퇴한 국민당 정부가 대륙에서 대만으로 쫓겨 가면서 최후의 방어선이자 본토를 되찾기 위해 최전방 군사기지로 삼은 곳이다. 섬의 크기는 백령도의 약 3배(151평방킬로미터)이며 상주인구는 6만여 명이다. 진먼섬 주민들은 오랜 기간 냉전의 섬에 고립돼 군사적 긴장 상태를 겪어야 했다.

중국 본토와 가장 인접한 진먼섬은 2000년대 들어 중국과 대만의 교류가 확대되면서 '평화의 섬'으로 재탄생했다. 중국 관광객을 맞기 위해 대형 면세점과 쇼핑몰, 고급호텔이 줄줄이 들어섰고 진먼과 샤먼을 오가는 대형여객선도 30분 간격으로 운행을 늘렸다. 국공내전을 거치면서 냉전 시기 섬 곳곳에 설치된 진지와 참호, 용치, 확성기 등 군사시설물과 수십 년간 포격을 주고받았던 탱크, 박격포, 포탄 등은 관광자원으로 변모했다.

2019년 11월 18일, 샤먼의 고층빌딩이 아른거리는 진먼섬 서북단 구닝터우(古寧頭) 마을 해안에 설치된 확성기에서는 가수 덩리쥔(鄧麗君)의 노래 〈첨밀밀〉이 흘러나왔다. 중국 사람들 사이에서는 '낮에는 라오덩(老鄧: 덩샤오핑)을 듣고, 밤에는 샤오덩(小鄧: 덩리쥔)을 듣는다'는 말이 있을 만큼 냉전 시기에도 중국인들을 설레게 한 감미로운 목소리였다.

구닝터우 마을의 '북산양루'는 마치 강원도 철원의 노동당사처럼 폭격을 당해 처참한 모습으로 손님을 맞았다. 북산양루는 1949년 진먼섬 상륙작전에 나섰다가 패퇴한 중국인민군의 지휘소가 잠시 머물렀던 곳이다. 국공내전에서

대만 진먼섬에서 중국 샤먼을 향해 설치된 확성기. 이 확성기에서 밤마다 덩리쥔의 노래가 흘러나왔다.

승리한 공산당군 2만 명이 여세를 몰아 진먼섬에 상륙해 전투를 벌였으나, 후롄(胡璉) 장군의 국민당군에 참패했다. 양루란 19세기 중반 이후 싱가포르, 말레이시아 등 동남아에 진출해 부자가 된 화교들이 서양식 건물을 본떠 지은 집으로 진먼섬에는 화려한 양루가 많이 남아 있다.

구닝터우 해변에는 백령도 하늬해변보다 훨씬 큰 규모의 섬 상륙저지용 용치 수만 개가 촘촘히 설치돼 있고, 암벽을 이용해 만든 참호에는 대포가 웅크리고 있었다.

1958년부터 1978년 중-미수교까지 20년 동안 '홀숫날은 쏘고 짝숫날은 쉬는' 포격전을 벌였던 중공군의 포탄 수백만 발은 음식을 만드는 칼로 재활용

진먼섬에 상륙한 중국인민군의 지휘소가 머물렀던 구닝터우 마을 북산양루. 폭격을 맞아 처참한 모습이다.

되고 있다. 중공군이 쏜 20킬로그램짜리 포탄 1개는 40~60개의 칼로 재탄생된다. 3대에 걸쳐 칼을 만들어온 대장간 주인 우정둥(嗚增棟)은 "포탄 90만 발을 수집해 칼을 만들고 있는데, 관광객들의 반응이 좋다. 수십 년 칼을 만들 수 있는 분량의 포탄이 더 남아 있다"고 했다. 샤먼 다덩섬(大嶝島)에는 세계 최대 크기의 확성기와 함께 포탄을 쏘았던 박격포들이 전시되어 있다.

샤먼과 진먼은 청나라에 저항한 명나라 장수 정성공(鄭成功)이 '반청복명' 운동의 거점으로 활용했던 요충지다. 생활, 문화, 혈연으로도 분리될 수 없는 형제의 섬은 냉전기의 혼돈 속에서 '이산의 섬'이 되었다. 1949년 10월 17일 샤먼에서 일을 보고 오후에 돌아오려던 진먼 주민 7천여 명은 배를 타지 못해

중국 샤먼 다덩섬에서 대만 진먼섬을 향해 설치되었던 확성기

중국에 남게 됐다. 이산가족이 된 이들은 군사진지로 변한 선착장과 지뢰밭으로 변한 해안을 원망하며 가족 상봉을 위해 38년을 기다려야 했다.

냉전의 섬에 갇힌 진먼섬 주민들은 자위대에 편성되어 군사훈련과 참호 건설 등 군사지원 임무를 떠안아야 했다. 마을과 집마다 지하 벙커를 만들어 섬 전체가 군사기지로 변했고 주민의 일상생활은 엄격히 통제되었다. 중-미수교 뒤에도 권위주의적 통치방식을 고수한 국민당 정부는 1987년 계엄령을 해제했지만 최전방인 진먼섬과 마주섬(馬祖島)에 대해서는 안보상의 이유로 계엄령을 유지하고 군사시설을 확충했다. 주민들의 끈질긴 항의로 1990년에야 대만 출입이 자유로워졌고 1992년 7월 마침내 계엄령이 해제되어 진먼에 주둔하던 10만 명의 군대가 철수하기 시작했다. 진먼은 군대 철수에 따른 지역경제의 침체를 극복하고자 관광업 육성에 나서 1996년 민간 항공기 운항이 시작되었다.

변방의 진먼섬이 대만 본섬과 연결되고 대만경제에 통합된 것은 '금문고량주' 생산이 결정적이었다. 진먼을 통치하던 군부는 주둔군을 위해 만든 58도짜리 금문고량주를 본격적으로 시판해 수익금을 섬 주민들을 위해 썼다. 이 술은 대만 본섬에서 불티나게 팔렸다. 고량주 생산으로 물이 부족한 진먼섬은 2018년부터 푸젠성에서 상수도를 공급받고 있다. 정수장 앞 표지석에는 '중국과 대만은 한 강물을 함께 마신다'(兩岸與飮一江水)라는 글이 새겨져 있다.

2001년 중국과 대만은 샤먼과 진먼 사이에 무역, 우편, 화물의 직접 교류를 허용하는 '소삼통'(小三通) 정책 시행을 합의했다. 진먼이 긴장과 갈등의 장소에서 평화와 교류 공간으로 탈바꿈한 순간이었다. 소삼통의 시행으로 두 지역 간 교류가 빈번해지면서 과거처럼 공동생활권이 복원됐다. 경계가 개방되자 두 지역 주민들은 상대 지역을 자유롭게 왕래하면서 소통, 융합을 통해 새로운 접촉문화를 만들어냈다. 당시 진먼 주민의 절반 이상이 샤먼에 집을 구입해 부동산 열풍도 불었다.

진먼섬을 안내한 서울대 사회학과 출신의 우쥔팡(吳俊芳) 박사는 "대만의 변방이던 진먼이 소삼통을 통해 양안 교류의 교두보가 되면서 양안의 통일에 중요한 구실을 하고 있다. 대만의 50대 이상 세대와 국민당은 통일을 주장하는 반면, 젊은 세대와 민진당은 '대만은 중국이 아닌 대만'이라는 생각이 강해 세대 간 의식 차이와 마음의 장벽을 좁히는 작업이 필요하다"고 했다. 최근 중국의 대만 침공설이 불거지면서 평화의 섬으로 탈바꿈한 진먼섬은 새로운 도전을 맞고 있다. 샤먼 출신으로 연세대에서 석사과정을 마친 진황걸 씨는 "진먼에는 샤먼 출신 주민들이 많고 대만보다 샤먼과 교류가 훨씬 많다. 진먼이 양안 관계나 국제정세에 휘말리지 않고 비무장 평화의 섬으로 남기를 바란다"고 말했다.

2 냉전의 바다가 된 서해 5도

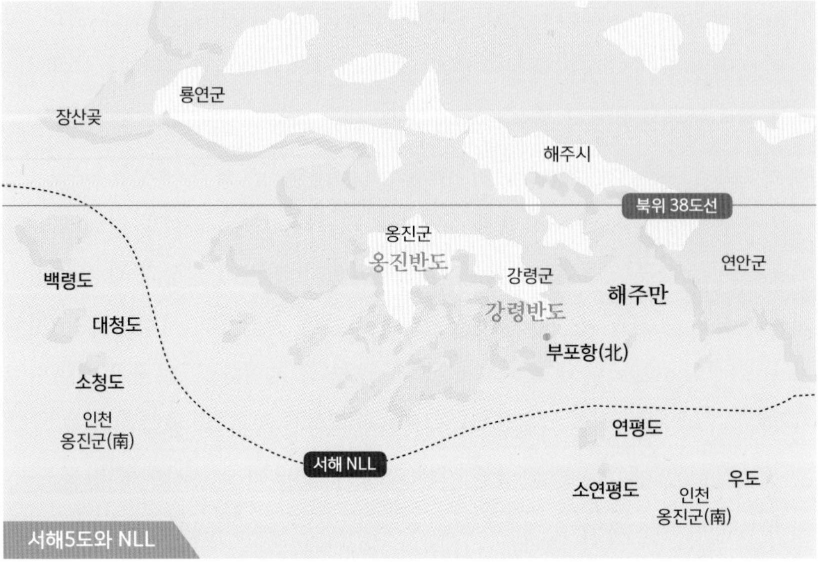

서해5도와 NLL

옹진의 섬들은 해방 이후 분단선이 생겨난 뒤 어떻게 고통의 현장이 되었는지 박물관처럼 그 원형을 보여준다. 옹진반도와 주변 섬들은 38선 이남에 속해 해방과 함께 분단된 한반도에서 남한 영토가 되었다. 1945년 8월 14일, 연합군 사령관 맥아더는 북위 38도 선을 경계로 미군과 소련군이 분할 점령한다는 내용의 '일반명령 1호'를 공포했다. 두 점령군의 작전지역을 구분하기 위해 그어진 38선은 해방과 동시에 분단선이 되었다. 남인지 북인지 구분하는 것조차 의미가 없었던 이 선은 전쟁이 끝난 뒤 오갈 수 없는 통한의 벽이 되어버렸다.

남한 영토이면서도 다른 남한 땅과 떨어져 있는 옹진반도는 한국전쟁 이전부터 전투가 끊이지 않았다. 육로로는 들어갈 수 없고 해상으로만 진입이 가능한 지형적 약점을 이용해 북한은 옹진반도의 남쪽 고지들을 수시로 공격했고, 남한은 연대급 병력을 투입해 맞공격했다. 소련군과 미군이 철수하고 남과 북의 군대가 38선에 마주선 1949년부터 전쟁 발발 전까지 1년 6개월 동안 38선에서는 760건의 국지적 충돌이 벌어졌다.

전쟁 발발 하루 만에 옹진반도 상실

1950년 6월 25일 새벽 4시, 안개가 짙게 낀 옹진반도에 쏘아 올린 조명탄을 신호로 북한군의 포격이 시작되었다. 30분 뒤 1개 대대 규모의 북한군이 전방에 배치된 한국군 17보병연대 1대대의 주 저항선으로 밀어닥쳤다. 옹진반도를 방어하는 한국군은 백인엽 대령의 17보병연대와 7야전포병대대, 대전차포부대, 공병대 등 총 3,600여 명이었다. 오전 6시, 개전 2시간 만에 1대대장 김희태 소령이 폭격으로 전사했다.

개전 8시간 만에 북한군 6사단 14연대는 전차와 장갑차를 앞세우고 양원과 신강령역을 점령해 옹진반도 내 국군을 반 토막으로 갈라놓았다. 북한군 6사단은 5사단과 함께 중국 국공내전에서 복귀한 전투 경험이 많은 핵심 병력이었다. 소련으로부터 탱크와 대포, 대공포, 전투용 항공기 등을 지원받은 북한군은 화력과 병력 등 모든 면에서 한국군을 압도했다. 지형적으로도 국사봉(527미터)을 비롯한 주요 고지들이 38선 북쪽에 위치해 있고, 배수진 형태의 남측 방어선은 45킬로미터에 달했다. 17보병연대가 무너지기 시작하자 미국 군사고문관 5명은 냉정리에서 경비행기를 타고 탈출했다.

6월 26일 0시 30분, 백인엽 연대장은 철수명령을 내렸다. 오전 10시 30분 북한군이 국군의 유일한 보급항인 부포항 앞까지 접근하자 마지막 남은 병력이

어선을 타고 항해거리로 90킬로미터나 떨어진 인천으로 철수했다. 오전 11시 백인엽 대령과 7포병대대장인 박정호 소령이 조각배를 타고 부포항을 떠났다. 표류하던 두 사람은 오후 2시 어선에 구조돼 오후 7시 연평도에 도착했다. 국군의 무계획적인 철수로 선박이 부족해 중화기와 보급품 등을 모조리 소각하거나 파기해 바다에 버려야 했고, 민간인들은 각자 알아서 철수해야 했다. 옹진반도 전투로 한국군은 지원병력을 포함해 총 3,600명 중 1,420명이 숨지거나 실종되었다.

백인엽이 필사적으로 옹진을 탈출하던 26일 오전 11시, 국방부는 한국군의 '해주 점령'을 발표했다. 17보병연대가 반격에 성공해 해주를 점령했다는 가짜뉴스는 〈뉴욕타임스〉 〈워싱턴포스트〉 등 국내외언론의 헤드라인을 장식했다. 〈조선일보〉의 6월 27일자 1면 제목은 '국군 일부 해주 돌입' '적 사살 1,580명, 전차 등 격파 58대'였고, 〈동아일보〉 1면 제목은 이보다 한 발 더 나간 '국군정예 북상 총 반격전 전개' '해주시를 완전 점령'이었다. 28일에도 황당한 뉴스가 이어졌다. 〈조선일보〉는 28일자 신문 1면에 '제공권 완전장악, 국군 의정부를 탈환'이라는 제목으로 국방부 발표자료를 확인 없이 인용 보도했다. 방송에서는 '해주 점령에 이어 평양 원산을 향하여 진격중'이라는 어이없는 오보까지 나왔다.

해주점령설의 진원은 취재차 옹진 17연대에 갔던 〈연합신문〉 국방부 출입기자 최기덕의 전언이었다. 최 기자는 25일 옹진 현지의 여관에서 전쟁을 맞았다.

"여관에 들었는데 새벽에 포성에 놀라 잠을 깼습니다. 8시 30분쯤 17연대본부로 가서 백인엽 연대장을 만났습니다. 그는 전면전인 것 같다면서 '이 백인엽이가 부대 병력을 이끌고 해주로 결사 돌입한다고 전해주시오' 합디다. 서울에 와서 저녁 때 국방부에 들렀는데, 보도과장 김현수 대령이 옹진 전황을 물어요. 오면서 들으니 육본이 벌써 후퇴명령을 내렸다는데, 오히려 백 연대장은 해주로 진격한다고 할 정도로 사기가 높더라고 말한 게 다인데, 해주 점령이라고 보도된 것을 보고 깜짝 놀랐습니다."(한국언론자료간행회, 『한국전쟁 종군기자』)

최 씨는 훗날 KBS 인터뷰에서 "연대장의 말을 전한 것뿐인데 어떻게 된 거냐고 김 대령에게 따지니, 이왕 그렇게 된 것 사기 앙양을 위해 그냥 두자 하더라"고 말했다.

그러나 군의 사기 앙양을 위해 조작된 가짜뉴스의 파장은 너무나 컸다. 정부의 말을 믿고 피란을 가지 않은 100만 서울 시민은 3개월 동안 공산 치하에서 온갖 고초를 겪었고 군사작전에도 엄청난 악영향을 미쳤다. 북한은 가짜뉴스를 근거로 두고두고 북침을 주장했다.

황해도 출신 반공유격대, 동키부대

한국전쟁 기간 백령도를 비롯한 서해 5도에서는 황해도 출신 피란민들의 반공유격전이 활발하게 전개되었다. 이들은 인천상륙작전 이후 미군이 북진하자 고향에서 치안대나 청년조직을 꾸려 반공 활동을 하다가 중국군 참전으로 미군이 후퇴하자 피란을 와서 서해안 섬을 근거지로 유격전을 벌였다.

백령도에서 활동한 반공유격대는 '동키부대'다. 당나귀란 뜻의 동키(Donkey)라는 이름은 1951년 미군이 지급한 '앵글로 9' 무전기의 안테나 2개가 삐죽 튀어나와 멀리서 보면 당나귀처럼 보인다고 해서 붙여졌다. 부대원들은 동키부대라는 이름을 용맹의 상징처럼 느꼈을지 모르지만 실상 그 이름에는 미군의 멸시, 비하의 뜻이 담겨 있었다.

중국군의 참전 이후 전쟁이 교착상태에 빠지자 미군은 현지 지리에 밝은 황해도 출신 피란민들을 끌어들여 비정규 첩보부대인 동키 1~20부대를 만들었다. 8240부대에 속한 동키부대는 1951년 초부터 미 태평양 사령부의 지휘를 받으며 1954년 초까지 서해 5도와 황해도 등에서 기습공격과 첩보활동을 벌였다. 국방부 군사편찬연구소가 펴낸 『한국전쟁의 유격전사』에 따르면 8240부대 산하에는 20여 개의 동키부대가 존재했다. 8240부대에는 유격부대뿐 아니라 1949년 맥아더가 창설해 첩보활동을 벌여온 맥아더 사령부의 한국연락사무소인 켈로(KLO, Korean Liaison Office)부대도 포함되었다.

동키부대는 옹진반도 서북부에서 압록강 하구까지가 작전지역이었다. 첫 공식 임무는 1951년 3월 6일 부여됐다. 대원 26명이 적진에 침투해 근거지를 확보하고 반공 동조자를 규합한 뒤 군사정보를 수집하고 교량 · 철도 및 주요 군사시설을 파괴하라는 명령이었다. 대원 대부분이 17~21살로 계급도 군번도 없는 동키부대에게 침투작전은 목숨을 건 행위였다. 당시 18살로 동키부대를 지원해 통신병으로 참전했던 한 백령도 주민은 “백령도에서 양산호를 타고 장산곶을 돌아 남포시 초도 소사리에서 통신병으로 근무했다. 1개 중대가 출동해 생환한 사람은 10명 안팎이었기에 생사 여부는 하늘의 몫이었다”고 말했다.

정규부대가 아니어서 처우도 매우 열악했다. 정기적으로 급여를 받지 못하고 ‘적 사살, 생포’ 등 전과를 올려야 성과급으로 식량이나 보급품, 무기 등을 공급받을 수 있었다. 하루 800그램의 쌀을 얻기 위해 유격부대에 몸을 의탁한 청년도 있었다. 연명을 위해 바다 건너 고향 마을의 정보를 수집한 대가는 고향 마을 폭격으로 이어졌다.

백령도 진촌리에는 동키부대원이 사용했던 막사 1동과 한미 연합으로 건립한 우물(백령정)이 남아 있다. 그 옆에는 ‘유격군 백호부대 전적비’가 세워져 있다. 안내판에는 ‘1951년 2월부터 1954년 2월까지 계급도 군번도 없이

5,610명의 북한 출신 유격대원이 공산군 3개 군단을 최후방에서 견제하는 전략적 효과를 거두는 전공을 세우고 장렬히 산화한 백호부대(Donkey-4) 전우 228명을 추모하고 행방불명자 83명, 전상자 120명을 위로하고자 나라와 겨레를 위해 목숨 바친 젊은이의 넋과 뜻을 기려 전적비를 세우게 됐다'고 적혀 있다. 전적비 인근에는 장연군에 고향을 둔 실향민의 망향탑이 있다.

진촌리 산에는 1961년 당시 대통령 윤보선이 휘호를 쓴 '반공유격 전적비'가 있다. '1950년 중공군 참전으로 1 · 4후퇴 당시 이곳으로 북한의 많은 사람들이 피난해 왔으며 1951년 2월 28일 UN군 관할 하에 8,000여 명이 반공유격대(8240부대, 동키부대)를 조직, 황해도 일원의 기습작전을 수행하고 적 사살 4,000명, 생포 57명 등 백령도 수호에 많은 전공을 세웠으므로 그 전공을 기리고 장렬히 산화한 516명 영령들의 넋을 위로하고자 비를 건립했다.'

휴전협상이 막바지로 치닫던 1953년 6월 12일, 동키부대는 해체 절차에 들어갔다. 백령도 기지사령관 페루 중령은 서해 38도선 이북 도서의 유격부대장들에게 비밀전문을 타전했다. '귀하가 지휘하는 모든 공작원의 본대 복귀를 명령한다. 새로운 대북공작은 보류하라. 부대를 정비하고 사령부의 명령에 따라 24시간 이내에 승선, 이동할 태세를 갖춰라.' 곧이어 미 해군 LST 함정이 유격부대원들을 38선 남쪽 섬으로 실어 날랐다.

국방부는 미 8240부대 유격대원 가운데 3,400여 명이 전사한 것으로 정리했다. 약 2만여 명으로 추산되는 부대원들은 참전 사실 자체도 인정받지 못해 다시 입대해야 하는 경우도 많았다. 동키부대원들은 70년이 지난 2021년에서야 '6 · 25 참전 비정규군 공로자 보상에 관한 법률안'이 공포돼 대한민국 정부로부터 공로금을 받을 수 있는 길이 열렸다.

당개해안, 밧지름해변의 민간인학살

한국전쟁에서 미군은 우세한 전투 장비를 바탕으로 바다와 하늘을 장악했다. 옹진의 섬 주민들은 육지에서 벌어진 전쟁이 자신들과 상관없다고 생각했는데 처음부터 전선 사이에 끼어버렸다. 전투와 무관한 곳인데 전쟁 기간 내내 북한군과 국군의 중간에서 눈치를 보며 숨을 졸여야 했다. 서해 섬은 1·4후퇴 이후 첩보전의 최전방이 되었고, 최근까지도 간첩 조작사건의 진원지가 되어 고통을 겪었다. 전투가 없었던 섬 곳곳에서는 민간인 학살이 자행됐다.

수백 년 된 적송이 우거진 덕적도 밧지름해변. 인천상륙 직전의 해병대 작전으로 많은 민간인이 희생되었다.

철조망으로 차단된 백령도 당개해안은 학살당한 주민들의 피로 몇 달 동안 땅에서 핏물이 배어났다는 이야기가 전해진다. 학살은 좌우를 가리지 않았다. 진실화해위에서 옹진군 민간인 학살 진상조사를 한 신기철 금정굴인권평화연구소장에 따르면, 당개해안에서는 두 달간 인민군 점령기에 부역했다는 이유로 수복한 군인들에게 20여 명의 주민이 총살을 당했다. 희생자 중에는 아기가 있는 젊은 부부가 있었는데 '부모 없이 아기가 혼자 살 수 없을 것이니 함께 죽여 달라'고 했다는 가슴 아픈 사연도 전해진다. 당개에서 300미터 쯤 떨어진 바닷가에서는 두 청년이 후퇴하던 좌익인사들에게 총살당한 사건도 있었다. 그는 2020년 옹진군 주민 105명을 면담해 이런 내용을 담은 책 『한국전쟁, 전장의 기억과 목소리』를 펴냈다.

주민들이 동키부대로 활동했던 백령도, 대청도, 연평도보다는 옹진의 남쪽 섬인 덕적도, 이작도, 영흥도 등에서 민간인 학살 피해가 더 많이 드러났다. 진실화해위의 조사 등을 종합하면 덕적도에서 임산부를 포함해 26명, 대이작도에서 8명, 문갑도에서 교사 김종철 씨, 영흥도에서 100여 명의 민간인이 목숨을 잃었다.

국방부가 펴낸 『한국전쟁사』(1971~1980)에는 주민이 아니라 '적'을 사살했다고 기록했다. 해군이 이(李) 작전을 통해 옹진 섬에 상륙하면서 덕적도에서 26명, 대이작도에서 7명, 영흥도에서 6명의 인민군을 소탕했다는 것이다. 하지만 섬 주민들은 이(李) 작전이 시작되던 1950년 8월 16일 당시 덕적도에 주둔하던 인민군은 없었으며 심지어 소총을 갖고 있던 사람들조차 없었다고 했다. 작전을 지휘했던 이희정 사령관 스스로도 인민군이 없었다고 증언했다.

무력 저항이 있을 수 없는 상황에서 왜 해군은 섬 주민들에게 총을 쏘았을까. 신 소장은 "미 극동사령부는 인천상륙작전의 성공을 위해 첩보부대를 먼저 투입하려 했고, 해군은 미군 첩보부대의 안전을 위해 작전지역 내 주민들을 공격했던 것"이라고 해석했다.

앞서 1950년 7월 25일 미군 지휘부와 대통령 이승만은 대구에서 회의를 열어 '피란민들은 전선을 통과할 수 없다'라는 결정을 내리면서 작전지역 내 민간인에 대한 공격이 가능하도록 했다. 회의 직후 충북 영동에서 민간인 수백 명을 사살한 '노근리사건'이 발생했다. 그 이전에도 국민보도연맹사건 등 작전지역 내 민간인에 대한 공격이 일상적이었다. 신 소장은 옹진에서 이(李) 작전 민간인 학살 피해는 그 연장선이라고 설명한다. 섬 주민을 바라보는 해군의 태도가 미군 지휘부나 이승만의 시각과 크게 다르지 않았다는 것이다.

미군과 이승만은 1950년 8월부터 수복 후 부역자 처리를 준비했고 9월에는 구체적인 지침을 공문으로 지시했다. 이어 이승만은 1950년 9월 16일과 18일 기자회견을 열어 '부역자를 단호히 처단하겠다, 공개 총살하겠다'고 밝혔다. 9월 22일에는 '공산당이었다면 부모 형제간이라도 처단하라'고 했다. 한강 다리를 끊고 가장 먼저 도망갔던 이승만에게는 자신이 방위하지 못해 적의 손에 넘어간 국민에 대한 미안함이나 반성, 생명에 대한 경외심 따위는 찾아볼 수 없었다.

아름드리 적송 600여 그루가 싱그러운 덕적도 밧지름해변에는 전쟁 찬양 일색인 '해병대 상륙장소' 기념비가 세워졌다. 안내문에는 "인천상륙작전에 앞서 유엔군 함선들이 월미도를 향해 함포사격을 한 장소이며, 덕적도를 점령 중인 적들을 몰아내기 위해 해병대가 상륙한 곳"이라고 적혀 있다. 억울하게 학살당한 주민들에 대한 기억은 점점 희미해지고 조작된 전쟁의 신화, 적나라한 허구만이 단단한 화강암에 새겨져 후대에 전해진다.

전쟁은 군인의 것이지만 피해는 지역 주민의 것이었다. 국방부 전사편찬위원회가 1977년 펴낸 『한국전쟁사 1』에 따르면, 한국전쟁 기간 민간인 피해자는 남한에서만 사망 · 실종 76만 1,343명, 부상 22만 9,625명으로 총 99만여 명에 달했다. 군인과 비교하면 사망 · 실종(27만 1,310명)은 3배 많고, 부상(71만 7,083명)은 3배 적었다. 민간인 피해 중 부상자보다 사망자 비중이 훨씬 높았던 것은 상당수가 조준 사격을 당했기 때문으로 풀이된다.

실제로 전쟁 기간에 학살을 피하려는 청년들의 자원입대가 잇따랐다. 마을보다 전쟁터가 목숨을 부지하기에 더 안전하다고 생각했던 것이다. 이쯤 되면 '전쟁이 아니라 학살'이라 불러야 한다. 한국전쟁을 군인의 역사로만 보지 말고 지역 주민이 어떤 일을 겪었는지 직시해야 하는 이유다.

꽃게 따라 넘어간 NLL, 군사충돌 진원지로

백령도 앞바다에서는 2010년 3월 26일 해군 초계함인 천안함이 침몰했다. 정부와 민군합동조사단은 북한군의 어뢰 공격으로 침몰했다고 결론지었다. 일부에서는 다른 주장을 굽히지 않아 침몰 원인을 둘러싼 갈등이 현재까지 이어지고 있다. 이 사건으로 천안함에 타고 있던 해군 장병 104명 중 40명이 사망했고 6명이 실종되었다.

앞서 백령도, 대청도, 연평도로 이어지는 서해 접경해역에서는 1999년, 2002년, 2009년 세 차례 남북 간 교전이 발생했다. 이른바 제1연평해전, 제2연평해전, 대청해전이다.

1999, 2002년 서해 군사충돌 원인은 꽃게였다. 연평도 해역은 꽃게 어장으로 6~7월이면 북한의 꽃게잡이 어선이 NLL을 넘어왔다. 어선을 경계하던 경비정이 쫓아 내려왔고, 서로 근접하다가 충돌이 발생했다. 지금은 어민 안전을 위해 서해 어로허용선을 설정해 어민들이 NLL 영역에 진입하는 것을 막고 있다.

충돌의 불씨는 정전협정에서 해상의 경계선을 설정하지 못한 데서 비롯되

백령도 해안에 설치된 천안함 46용사 위령탑.

었다. 1953년 7월 27일 정전협정에서 쌍방은 육상의 군사분계선(MDL, 휴전선)과 비무장지대(DMZ), 한강하구의 경계선을 확정했다. 하지만 해상의 경계선은 해상봉쇄를 우려한 북이 12해리를, 유엔은 3해리를 주장해 합의하지 못했다. 결국 정전협정에는 해상분계선에 관한 규정 없이 서해 5개 섬(백령도, 대청도, 소청도, 연평도, 우도)을 유엔사의 군사통제 아래 남기기로 했다. 북방한계선(NLL, Northern Limit Line)은 정전 직후인 1953년 8월 30일 마크 클라크 유엔군 사령관이 일방적으로 정한 해상경계선이다. 그는 당시 국제적으로 통용되던 영해 기준 3해리에 따라 서해 5도와 북한 황해도 옹진반도의 중간선을 기준으로 NLL을 정하고 일방적으로 선언했다. 한 예비역 장성은 "당시 유엔군 입장에서 북의 남침도 막고 이승만 정부가 북침을 못하도록 그어놓은 말 그대로 '북방한계선' 개념"이라고 설명했다.

북은 NLL에 대해 20년간 이의를 제기하지 않다가 1973년부터 서해 5개 섬 주변을 자신들의 연해수역(沿海水域, contiguous waters)이라고 주장하기 시작했다. 이어 1977년 200해리 경제수역을 설정하고 해상 군사분계선을 선포하며 NLL의 무효를 주장했다. 이후 NLL은 연평해전의 불씨가 되는 등 한반도 평화를 위협하는 진원지로 바뀌었다. 북한은 1차 연평해전 직후 서해 5도 통행로만 빼놓고 그 주변 해역을 북쪽 관할권에 둔 '서해 해상군사분계선'을 일방적으로 선포했다.

유엔군 사령관이 일방적으로 정한 NLL이 국제법상 경계선으로 효력을 갖느냐에 대해서는 해석이 분분하다. 언론인 겸 학자인 리영희(1929~2010) 선생은 NLL이 합법적 군사분계선이 아니라고 주장했다. 그는 연평해전 뒤 한 방송 인터뷰에서 "휴전협정에는 여기에 선이 없어요. 우리가 주장하는 북방한계선이 그어지는 지대인데 원래는 공해야. 남쪽의 바다도 아니고, 북쪽의 바다도 아니라고. 국제법으로도 그렇고. 휴전협정에 의해서도 이건 앞으로 정하기로 되어 있는 거라고. 그걸 이승만 정부 때 하도 우리 남한 쪽 해군이 올라가서 공격을 해대니까 여기까지만 올라와라. 이 이상은 못 올라간다고 해서 북방한계선을 만든 거지"라고 설명했다. 남북이 공식 합의한 서해 분계선은 한강하구 수역까지가 전부이며, 서해 5도 해상은 정전 뒤 계속된 대치로 협의할 기회조차 없었다는 것이 그의 주장이다.

이장희 한국외국어대 명예교수는 한국 사회에서 NLL에 대해 입법, 사법적으로 대응하는 것 자체가 불가능하다고 했다. 그는 NLL에 관한 3가지 법적 쟁점으로 NLL이 영토선인가, NLL이 합법적 군사분계선인가, NLL의 남쪽 해역은 남쪽 영해인가 등을 제시한 뒤 "NLL 문제는 이미 정치 이슈화되어 남북 어느 쪽도, 남쪽의 보수 · 진보 어느 쪽도 양보하거나 이성적, 객관적 토론과 해결 방법이 끼어들 틈이 없게 됐다. 따라서 통일이 될 때까지 평화적인 관리가 최선의 방법"이라고 했다. 이어 "10 · 4 남북정상회담에서 합의한 '서해평화협력특별지대'는 현 NLL을 건드리지 않고 NLL 위에 안보와 경제를 조화시키는 그림이라는 점에서 좋은 정책대안"이라고 평가했다.

'서해평화협력특별지대'는 2007년 노무현 대통령과 김정일 국방위원장이 민감한 NLL 문제를 창의적으로 해결하고자 합의한 구상이었다. '10 · 4 선언'에 담긴 이 구상은 해주 지역과 주변 해역을 포괄하는 공동어로구역과 평화수역을 설정하자는 게 뼈대다. 또 경제특구 건설과 해주항 활용, 민간선박의 해주 직항로 통과, 한강하구 공동이용 등도 적극 추진하기로 했다. "안보 군사 지도 위에 평화경제 지도를 크게 덮어서 평화문제, 공동번영의 문제를 일거에 해결하자"는 노무현의 제안에 따른 통 큰 합의였다. 김정일은 쌍방의 경계선, 즉 3해리의 NLL, 북의 12해리를 모두 포기하는 조건으로 평화수역 구상을 받아들일 수 있다고 밝혔고, 노무현은 이러한 평화수역 설정이 "기존의 모든 경계선이라든지 질서를 우선하는 것"이라고 수긍했다. 노무현은 4일 도라산 남북출입사무소에서 열린 정상회담 보고회 연설에서 "가장 핵심적인, 가장 진전된 합의가 이 부분"이라고 자평하였다. '선'을 '면'으로 덮으려는 이 신박한 구상은 이명박 정부의 합의 승계거부로 현실화하지 못했다.

3 대청도 홍어와 연평도 꽃게

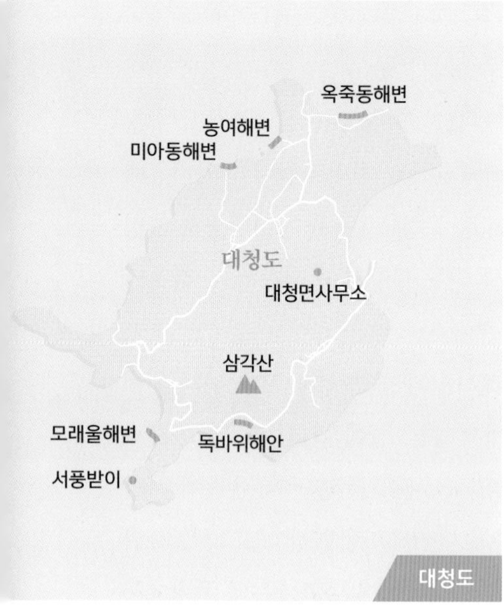

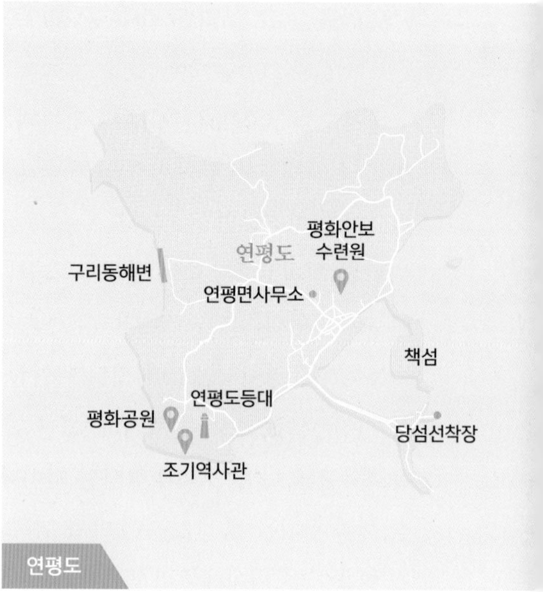

백령도에서 뱃길로 약 30분, 인천까지는 약 4시간 거리에 '푸른 섬' 대청도와 소청도가 있다. 크고 작다는 차이만 있지 두 섬 모두 푸른 섬을 뜻하는 청도(青島)다.

대청도에는 섬 남쪽에 자리한 343미터 높이의 삼각산을 중심으로 산줄기가 울창하게 뻗어내려 섬 전체가 푸른 숲을 이룬다. 신석기시대부터 사람이 살기 시작한 이 섬은 바위가 많아 암도(岩島)라 불렸는데 조선 명종 때 대청도 뽕나무에 맺혀진 상기향을 채취해 왕비 윤씨의 병이 완쾌된 뒤 돌만 있는 섬이 아니라 수목이 무성한 큰 섬이라 하여 '대청도'(大青島)라는 이름이 붙었다고 한다. 다른 유래로는 '멀리서 바라보면 울창한 것이 마치 눈썹을 그리는 검푸른 먹과 같다 하여 고려인이 붙인 것'이라고 전해진다.

흑산도보다 유명한 대청도 홍어

대청도와 소청도는 천혜의 경관과 함께 값진 지질 유산을 지닌 섬이다. 2019년 백령도와 함께 3개 섬은 국내 11번째로 국가지질공원이 되었다. '백령 · 대청 지질공원'은 백령도 5곳, 대청도 4곳, 소청도 1곳을 지질명소로 지정했는데, 대청도에는 농여해변과 미아해변, 옥죽동 해안사구, 서풍받이, 검은낭이 포함되었다.

농여해변은 규암으로 형성된 단단한 모래사장과 함께 서로 다른 무늬와 색을 가진 기암절벽이 펼쳐진다. 해변 입구에서 수억 년에 걸친 지각 변동으로 풍화와 침식이 반복되어 형성된 나이테바위(고목바위)를 만난다. 온몸에 다양한 색과 무늬를 새긴 모습이 마치 고목나무의 나이테처럼 보인다고 해서 붙여진 이름이다. 나이테바위 앞에 썰물 때 광활한 모래섬이 나타나는데 국내에서 가장 큰 '풀등'이다. 서해안 섬에서는 모래톱에 풀이 돋은 풀등을 곳곳에서 볼 수 있다. 대청도 주민들은 농여해변의 풀등이 점점 커져서 언젠가 백령도까지 이어질 것이라고 말한다. 노을이 지고 나면 농여해변은 '군사작전지역'으로 돌변한다. 대청도 해안 곳곳에 장병들이 배치되어 밤샘 경계근무를 한다. 청정해역과 천혜의 관광자원을 보유한 대청도가 최전방 안보 요충지임을 실감하는 순간이다.

대청도에는 '한국의 사하라사막'이라 불리는 모래사막이 있다. 사구의 크기가 가로 1킬로미터, 세로 500미터에 달하는 옥죽동 해안사구다. 사구에 낙타가족 모형을 조성해 사막에 온 것 같은 기분을 낼 수 있다. 대청도는 예로부터 "옥죽동 모래 세 말을 먹어야 시집을 간다"라는 말이 있을 정도로 모래바람이 세찬 곳이다. 모래로 인한 피해를 막기 위해 1980년대 후반부터 해안에 방풍림을 조성해 사구의 규모가 줄어들었지만 예전에는 축구장 60개 크기였다고 한다. 모래울해변은 울창한 해송 숲길을 걸으며 잔잔히 물결치는 바다와 해변을 감상하기 좋다. 이국적인 정취가 느껴지는 해변에는 군 순찰로와 벙커도 보인다.

대청도는 삼각산을 중심으로 완만한 능선을 오르내리며 걷기 좋은 길이 조성되어 있는데 그중 으뜸은 서풍받이다. 서풍받이 트레킹은 섬 남쪽 광난두 정자각에서 출발해 서풍받이, 마당바위를 거쳐 원점 회귀하는 7.3킬로미터 코스다. 서풍받이는 '서쪽에서 불어오는 바람을 막아주는 바위'로 칼로 자른 듯한 단면을 가진 회색빛 도는 해안절벽의 경관이 압권이다.

농업을 주로 하는 백령도와 달리 대청도는 1,200여 명의 주민 중 80퍼센트가량이 어업에 종사하는데, 접경지역 특수성 때문에 조업할 수 있는 시간과 장소의 제약을 크게 받는다. 주민들은 삶의 터전인 어장을 늘려주고 조업시간을 확대해달라고 요구하고 있다. 대청도 주민의 주 소득원은 꽃게와 홍어다. 특히 홍어는 어획량이 연간 180~200톤가량으로 전남 흑산도보다 많아 최대 주산지라 할 수 있다. 홍어는 수심 100미터 안팎에서 서식하는 냉수성 어종으로 여름에는 대청도 주변 바다에서 살다가 겨울에 남쪽 흑산도 쪽으로 내려간다. 1970년대 대청도, 소청도, 백령도 어부들이 홍어를 따라 흑산도로 내려가 흑산 주민들에게 미끼를 쓰지 않고 빈 낚싯바늘로 홍어를 잡는 '건주낙' 방식을 전수해주었다고 한다. 대청도는 흑산도와 달리 홍어를 삭히지 않고 싱싱한 회로 먹는다. 해안가 식당에서는 홍어회와 홍어삼합, 홍어탕, 홍어무침, 홍어튀김 등 다양한 홍어 요리들을 내놓는다.

❙ 소청도 지질 생태 트레킹

2019년 10월 7일, 소청도의 국가철새연구센터 한 직원은 국내에서 못 보던 새를 발견했다. 길이 30센티미터가량의 머리에 뿔처럼 긴 깃을 가진 검은 새가 소나무에 앉았다가 센터 상공을 2분가량 선회한 뒤 북쪽 대청도 방향으로 날아갔다. 자세히 살펴보니 가슴에 흰색의 넓은 가로띠가 있었고 날개 윗면이 검은 바탕에 흰색 점이 선명했다. 주로 태국, 베트남 등 동남아시아와 중국, 네팔, 부탄, 방글라데시에 분포한 텃새였다. 중국 서남부에 여름 철새로 도래하는 새인데 길을 잃어 우연히 소청도에 찾아온 것으로 추정됐다. 어쩌면 호기심이 많은 이 아이는 혼자서 대열을 이탈해 국립생물자원관이 소청도에 만든 국가철새연구센터를 구경하러 왔는지도 모른다. 센터 연구원은 이날 발견한 국내 미기록종 새의 이름을 '검은댕기수리'라고 붙여줬다. 한반도의 생물다양성이 한층 풍성해진 사건이었다.

소청도는 나그네새의 정거장이다. 대청도의 5분의 1 크기인 이 섬은 서해를 건너 이동하는 수많은 철새에게 휴게소 구실을 하고 있다. 철새들은 소청도를 거쳐 서해를 최단거리로 이동할 수 있으며 먹이를 보충하고 쉬었다 갈 수 있다. 서해를 건너기 전에 상승기류를 이용해 비행고도를 높일 수 있는 마지막 장소이기도 하다. 소청도는 매, 벌매, 검은머리촉새 등 다양한 멸종위기 조류를 볼 수 있어 국제적으로도 연구가치가 높은 섬이며 철새 탐조의 최적지다. 소청도에는 우리나라 조류의 60퍼센트가량인 328종의 서식이 확인되었으며 회색머리노랑딱새, 갈색지빠귀 등은 국내 최초로 기록되었다.

소청도는 대청도와 함께 8억 년 전 지층이 다수 분포되어 있다. 특히 국내에서 가장 오래된 생물 흔적 화석인 스트로마톨라이트와 분바위는 천연기념물 508호로, 국가지질공원 지질명소로 지정되었다. 스트로마톨라이트는 지구 생성 초기의 생명체인 시아노박테리아라는 남조류의 화석이다. 수천 장의 암석이 종잇장처럼 눌려 켜켜이 쌓인 고대의 미생물 화석에는 상상할 수 없는 시간의 무늬가 새겨져 있다.

분바위는 거친 파도에도 씻기지 않는 하얀 색의 결정질 석회암 대리석이다. 분을 바른 것 같다고 하여 분바위라고 하며, 밤이면 달빛에 반사되어 하얗게 빛이 난다고 해서 월띠라고도 부른다. 등대가 없던 시절에는 멀리서도 보이는 분바위를 보고 뱃길을 찾았다고 한다.

분바위 대리암에는 일제 침탈의 흔적이 곳곳에 남아 있다. 일제강점기에 대리암을 채취하기 위해 폭파했던 구멍과 조각난 바위들이 수없이 많다. 일제는 최고급 소청도 대리석을 반출하여 역사, 호텔, 백화점, 관공서 등 중요 건축물의 재료로 사용했다. 소청도 대리석은 1961년 세종문화회관의 전신인 우남회관과 1975년 준공한 국회의사당에도 사용되었다. 1970년대 들어 서해 5도에 긴장이 조성되어 어로 활동이 위축되자 소청도 주민들은 섬의 보물인 대리석 반출 작업으로 생계를 유지했다. 당시 소청도에는 8개의 광산이 있었다.

소청도는 조선 명종 이전까지는 소암도(小岩島)라 불렸다. 대청도와 가깝다 보니 대청도가 '암도'로 불릴 때는 소암도로 불렸고, '청도'로 불리니 덩달아 소청도가 되었다. 현재는 옹진군 대청면 소청리다. 240여 명의 소청도 주민은 예동과 노하동 두 마을에서 산다. 예동에는 10여 곳의 민박집이 있다.

예동 선착장에는 1945년 10월 발생한 기뢰 폭발사고 사망자들을 기리는 위령탑이 세워져 있다. 기뢰는 일제가 태평양전쟁 당시 인천 앞바다에 설치한 것이었다. 3기 중 하나는 자동 폭발했고, 2기는 화약을 연료로 사용하기 위해 주민들이 해체에 나섰다. 1기는 해체에 성공했지만, 남은 1기가 폭발하여 주민 59명이 사망하고 8명이 부상했다. 전쟁의 상흔이 조용한 어촌마을에 커다란 상처를 남겼다.

소청도 서쪽 끝 83미터 고지에는 1908년 우리나라에서 두 번째로 설치된 등대가 있다. 점등 당시의 등명기가 지금도 광채를 발하며 100년 넘도록 쉬지 않고 돌고 있다. 촛불 15만 개를 동시에 켠 것과 같은 밝기로 해상경계선의 등불이 되어 남북한 어부들의 길잡이 구실을 하고 있다. 백령도와 대청도, 소청도는 날씨 때문에 선박 운항이 자주 중단되어 하늘이 허락해야 섬에 들어올 수 있다는 말이 나온다.

섬 전체가 안보체험장인 '눈물의 연평도'

인천항에서 뱃길로 108킬로미터 떨어진 연평도는 서해 5도 중 NLL과 가장 가까운 섬이다. 연평도는 북한의 석도, 갈도 등과의 거리가 불과 3~4킬로미터인데 그 경계로 NLL이 흐른다. 이 때문에 연평도 어민들은 섬 북쪽 바다에서 조업하지 못하고, NLL 주변 황금어장은 북한에 돈을 주고 어업권을 산 중국 어선들이 독차지하고 있다. 주민 입장에서는 중국 어선들이 눈앞에서 싹쓸이 조업을 하는 모습을 보고도 손을 쓰지 못해 속 터질 노릇이지만 국제법상 저지할 방법이 없다고 한다.

2010년 11월 23일 오후 2시 30분, 수업 중이던 연평중고등학교 학생들은 북한군이 쏜 포탄에 놀라 학교 안 지하대피소로 긴급 대피했다. 포탄은 학교에서 200미터가량 떨어진 마을로 떨어져 집 3채를 박살냈다. 이 사건으로 해병대원과 민간인 각 2명이 숨지고 19명이 다쳤으며 주택 20여 채가 불에 탔다. 연평도 포격전은 정전 이후 북한군이 남한 영토를 직접 타격하여 민간인이 사망한 최초의 사건이었다. 파괴된 주택은 그대로 보존되어 안보교육장으로 쓰이고 있다. 연평도 포격전은 십수 년 지난 지금까지도 주민들에게 트라우마로 남아 있다. 주민들에게 전쟁이란 오래된 이야기가 아니라 실체로 다가왔다. 포격전 이후 연평 주민 대부분이 인천으로 대피해 섬이 텅 비었지만 이내 다시 삶의 터전으로 돌아왔다. 2023년 현재 1,510가구 2,133명이 평화를 갈구하며 살고 있다.

1 · 2차 연평해전에 이어 포격전까지 겪고 난 뒤 연평도는 팽팽한 긴장감이 감도는 최일선 대치현장이 되었다. 평평하게 뻗친 섬[延平島]은 나무조차 숨쉬기 힘든 삼엄한 군사기지로 변했다. 연평해전과 포격전 전사자 추모공원과 포병부대, 군터널, 주민대피소, 함상공원, 안보교육장 등은 안보체험 관광 자원으로 활용되고 있고, 포격을 피한 연평중고등학교는 리모델링을 거쳐 연평평화안보수련원으로 재탄생했다.

지금은 꽃게 어장으로 유명한 연평도는 1960년대 말까지만 해도 전라도 칠산어장, 평안도 대화어장과 함께 3대 조기 어장으로 이름을 날렸다. 회귀본능

연평도 포격전으로 부서진 주택들이 보존되어 안보교육장으로 활용되고 있다.

어족인 조기는 해마다 4~6월 산란을 위해 연평어장을 찾아왔다. 연평어장은 한강, 임진강, 예성강의 민물이 유입되어 수초와 플랑크톤이 풍부하고 산란장으로 적합한 수온을 갖추었다. 황금어장이었지만 항만시설이 열악하다 보니 태풍 등 자연재해에 취약했다.

당섬선착장에는 태풍 사라에 의해 희생된 어부들을 추모하는 〈눈물의 연평도〉라는 노래비가 세워져 있다. "조기를 담뿍 잡아 기폭을 올리고 온다던 그 배는 어이하여 아니 오나. 수평선 바라보며 그 이름 부르면 갈매기도 우는구나. 눈물의 연평도…." 1964년 당시 23세인 가수 최숙자가 불렀던 노래다. 태풍 사라는 1959년 9월 17일 한반도를 강타해 사망 · 실종 849명, 부상 2,533명의 인명피해를 냈다.

등대공원에는 황해도수산회가 1934년 세운 '조난 어업자 위령비'가 서 있다. 1934년 6월 1일 태풍을 피해 연평항으로 들어온 어선 600여 척이 폭풍우로 충돌해 323척이 부서지고 204명의 사상자가 발생했다는 내용이다.

연평도는 1968년까지 조기 파시(波市)로 성업을 이뤘다. 파시란 고깃배 위에서 열리는 생선 시장을 말하는데, 조기잡이 기간인 4월 중순부터 6월 초까지 약 50일 동안 전국의 어선 3,000여 척과 수만 명의 선원이 연평도로 몰려들었다. 작은 섬에 260곳의 술집이 들어섰고 400여 명의 여성이 일했다. 돈이 얼마나 흔했는지 연평도에서는 개도 지폐를 물고 다닌다는 풍문까지 나돌았다. 경기민요 〈군밤타령〉의 첫 소절은 "바람이 분다, 바람이 불어. 연평바다에 어~얼싸 돈바람 분다"로 시작한다.

연평도 조기잡이는 조선 인조 14년(1636) 임경업 장군이 청나라에 가던 중 연평도에 들러 지금은 연육이 된 당섬과 모이도 사이의 안목해변에 가시나무를 박아 조기를 잡는 법을 주민들에게 가르친 것이 시초라고 전해진다. 임경업은 연평도에서 '어업의 신'으로 받들어지며 해마다 봄이면 임경업 장군을

용치의 잔해가 남아 있는 연평도 최고 휴양지 구리동해변

모시는 사당 충민사에서 풍어제를 지낸다. 조기잡이 배에서 조기를 퍼 실을 때 부르던 노래 〈배치기소리〉가 중요무형문화재로 전승되고 있다.

"돈 실러 가세 돈 실러 가세/ 연평바다로 돈 실러 가세/ 연평바다에 널린 조기/ 양주만 남기고 다 잡아들이자/ 뱀자 아즈마이 정성 덕에/ 연평바다에 도장원 했네/ 나갈 적엔 깃발로 나가고/ 들어올 적엔 꽃밭이 되었네/ 연평장군님 모셔 싣고/ 연평바다로 돈 실러 가세"

연평도의 전성기를 재조명하는 조기역사관 주변에는 영화 〈빠삐용〉에서 주인공이 탈출하기 위해 뛰어내린 절벽과 닮은 '빠삐용 절벽'과 가래칠기 해변, 병풍바위 등 기암괴석의 절경이 펼쳐진다. 해발 105미터 언덕에서 1960년 처음 빛을 뿌린 연평도 등대는 남북 간 군사적 긴장 고조로 1974년 소등되었다가 45년 만인 2019년 재점등되었다. 우여곡절 끝에 재점등한 등대는 북쪽 방향 빛을 막은 반쪽짜리 등대였다.

등대공원에서 '평화기원 둘레길'을 따라 걸으면 북한 해안이 바라보이는 구리동 해수욕장을 만난다. 푸른 물이 넘실대는 찰진 몽돌과 단단한 모래가 1킬로미터 펼쳐진 연평도 최대 휴양지다. 이 해변에는 철책과 출입문이 설치되어 있으며 밤에는 이용하지 못한다. 최북단 바닷가 언덕에 세워진 망향전망대에는 눈앞에 고향을 두고도 못가는 실향민들의 망향가가 새겨져 있다. "어매 뜨거운 심정이 살아, 모성의 피 되어 가슴 절절 흐르네…."

45년 만에 불을 밝힌 연평도 등대.

연평도는 요절한 시인 기형도(1960~1989)가 태어나 유년 시절을 보낸 곳이기도 하다. 기형도의 시에는 황량한 섬에서 보낸 어린 시절의 우울한 기억이 묻어난다.

"내 유년 시절 바람이 문풍이를 더듬던 동지의 밤이면 어머니는 내 머리를 당신 무릎에 뉘고 무딘 칼끝으로 시퍼런 무를 깎아주시곤 하였다. 어머니 무서워요 저 울음소리…." (기형도, 「바람의 집-겨울 版畫 1」에서)

"열무 삼십 단을 이고/ 시장에 간 우리 엄마/ 안 오시네, 해는 시든지 오래/ 나는 찬밥처럼 방에 담겨/ 아무리 천천히 숙제를 해도/ 엄마 안 오시네, 배추잎 같은 발소리 타박타박/ 안 들리네, 어둡고 무서워/ 금 간 창틈으로 고요히 빗소리/ 빈방에 혼자 엎드려 훌쩍거리던// 아주 먼 옛날/ 지금도 내 눈시울을 뜨겁게 하는/ 그 시절 내 유년의 윗목" (기형도, 「엄마 걱정」)

전교생이 54명인 연평중·고등학교의 문학동아리 학생들은 제2의 기형도를 꿈꾸며 글쓰기 수업에 열성이다.

연평도에서 5킬로미터 떨어진 곳에는 해안선 길이 4.7킬로미터인 작은 섬 소연평도가 있다. 출입이 불가능한 우도를 대신해 '서해 5도'로 불리기도 하는 섬이다. 소연평도에는 오뚝한 콧날과 움푹 들어간 눈을 가진 잘생긴 얼굴바위가 바다를 응시하고 있다. 어서 평화시대가 돌아와 연평도의 화양연화가 재현되기를 바라면서.

우도가 서해 5도 막내섬이 된 사연

서해 5도의 막내 섬 우도는 강화군 서도면 말도리에 소속된 섬이다. 서해 5도 중 유일하게 옹진군 소속이 아니며, 거리상으로도 연평도(25킬로미터)보다 말도(14킬로미터)에 가깝다. 남북분단 이전에도 경기도 소속이었고 황해도였던 적은 역사상 한 번도 없으나, 한국전쟁 당시 미군이 황해도 연백군의 섬으로 잘못 등재된 지도를 사용하는 바람에 황해도에 속했던 것으로 알려졌다.

섬 둘레가 2.3킬로미터로 한 바퀴를 도는 데는 30분이면 충분하다. 민간인은 살지 않으며, 해병대와 해군만 거주한다. 원래 이름은 모로도(毛老島)였는데, 한번 발을 들이면 머리가 하얗게 셀 때까지 못 나온다는 뜻이다. 작은 섬이지만 깎아지른 절벽, 급한 조류, 천연동굴 등으로 이뤄져 난공불락의 요새다. 우도에서 가장 가까운 북한 섬은 함박도다. 조수간만의 차가 커서 썰물 때는 우도에서 함박도 사이가 갯벌로 이어진다.

연평도에서 한강하구로 이어지는 해역은 남북을 통틀어 유일하게 자연형 하구와 대규모 연안사구가 잘 보존되어 있다. 이 해역에서는 세계적인 멸종위기종인 저어새와 노랑부리백로, 물범, 대청부채 등 희귀 동식물들이 살고 있다.

4 한강하구의 시작, 말도와 볼음도

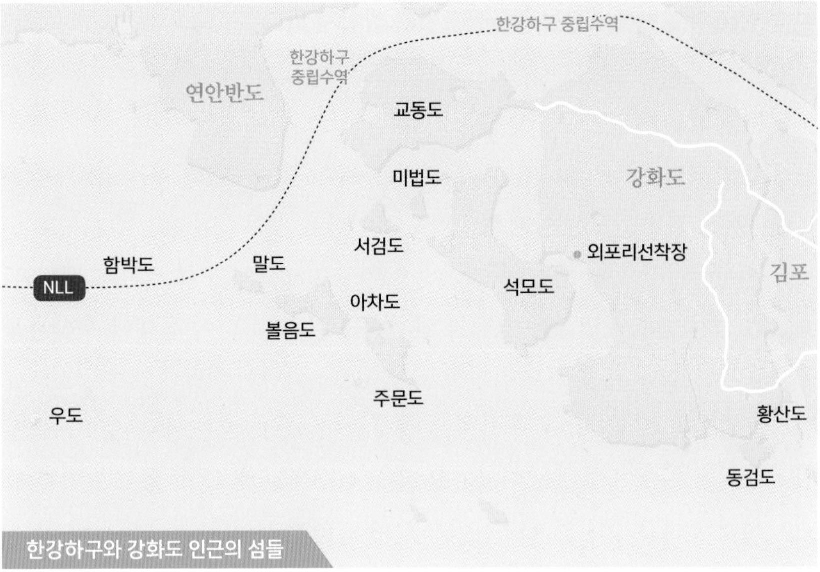

한강하구와 강화도 인근의 섬들

우도를 지나 말도에 닿으면 남북의 경계를 가르는 물길의 이름이 'NLL'에서 '한강하구 중립수역'으로 바뀐다. 한강하구의 서쪽 끝 지점은 10여 명의 주민이 사는 해안선 길이 5.91킬로미터의 작은 섬 말도다. 말도에서 시작한 물길은 강화, 김포 북변을 지나 임진강 하구의 파주 만우리까지 67킬로미터 흐른다.

말도는 서해 5도와 한강을 잇는 전략적 요충지로 강화군 서도면의 유인도 4개 섬(주문도, 볼음도, 아차도, 말도) 가운데 서북쪽 방향의 '끝섬'이다. 절해고도인 서도면 주민들 사이에서는 '말도 마라, 아차에서 주문하면 볼음도에서 보름은 족히 걸릴 것이여'라거나, '아차도에서 아침 먹고 볼음도에서 보름쯤 머물다가 끝섬(말도)에 가면 인생 끝장'이라는 자조 섞인 이야기도 나돈다. 말도는 인천에서 45킬로미터, 강화군 외포리에서 21킬로미터 떨어져 있으며 북한 연백군 해성반도에서는 약 6킬로미터 떨어져 있다.

북파공작원의 근거지, 말도

한국전쟁 전에 말도는 어패류도 잡고 조기잡이, 새우잡이 어선이 수시로 드나드는 황금어장으로 어업종사자들만 90가구 200여 명이 살 정도로 제법 풍요로운 섬이었다. 주민들은 연백과 인천의 중간 지점인 이 섬에서 수산물을 중개했다. 그러나 전쟁 이후 최전방 군사지역이 되면서 어로행위가 금지되고 민간인 출입이 통제되었다. 주민 수도 점점 줄어 2023년 2월 현재 15가구 18명만이 농사를 지으며 명맥을 이어가고 있다. 나루에는 배 한 척 없고 고기를 잡으러 바다에 나갈 수도 없으니 섬이라 할 수도 없는 섬이다.

말도라는 지명은 옛날 관할 관청에 보고할 때마다 항상 늦어 꾸지람을 많이 받았다고 해서 끝 말(末)에 꾸짖을 질(叱)을 붙여 말도(唜島)가 되었다고 한다. 『세종실록』「지리지」에는 "서쪽 수로 15리에 말도(末島)가 있다. 둘레는 10여 리이고, 밭은 3결 있다. 교동에서 사람들이 왕래하며 농사를 짓는다"고 기록되어 있다.

한국전쟁 때부터 1960년대까지 말도는 북파공작원들의 근거지로 활용되었다. 조개잡이 어부로 위장한 공작원들이 북한에 침투해 북한 기관원 납치, 정보 입수 등 특수임무를 수행하였다. 한국전쟁 때 북파 공작을 했던 정영훈(1930년생, 예비역 대위) 공군정보전우회 간사는 당시 어부로 위장해 북한에서 사리원비행장 감시 및 북한 기관원 납치 공작을 벌이고 있었다.

공군 정보국에서 활약한 정 씨는 〈신동아〉와의 인터뷰에서 다음과 같이 회고했다.(송홍근, 「“90특무대 ‘북파공작’ 기억해 달라” 아흔살 노병들의 외침」, 〈신동아〉 2017년 9월호)

“말도는 1 · 4 후퇴 때부터 북파 공작의 요지였습니다. 말도 이장에게서 독립가옥을 거점으로 알선 받은 뒤 영미호, 영락호를 공작선으로 삼아 NLL을 넘었죠. NLL 이북으로 넘어가면 항상 만선이었습니다. 대합은 너희가 차지하는 대신 우리를 도우라고 어민들을 회유했죠. 조개잡이 어민으로 위장해 북한 기관원 납치 활동을 벌였습니다. 해주 인근 무인도에서 망원경으로 사리원비행장을 감시했고요.”

그러던 중 1965년 10월 29일 오후 4시께 북한군 20여 명이 기관단총과 수류탄으로 무장하고 공격해왔다. 서해 NLL 이북 수역에 안개가 자욱하게 깔린 날이었다. 남쪽 어선 영미호, 영락호를 포함해 승리호, 용복호, 칠복호 등 남쪽 어선 5척을 향해 북한군이 기관단총 사격을 개시하자 영락호와 영미호에서 공작원들과 말도 파견대원이 M1 소총으로 대응사격을 했다. M1 소총의 사거리가 250미터인데 견주어 북한군 기관단총은 50미터여서 가까스로 어부 120명을 구출할 수 있었다. 하지만 112명은 귀환하지 못했다. 어선 1척은 북한군의 수류탄 공격을 받아 침몰했다. 어부 112명이 납북된 이른바 ‘함박도 어부 납북사건’을 계기로 말도에 근거지를 둔 공군 첩보부대의 북파 공작활동은 중단되었다.

강화 어부 112명이 납북된 ‘함박도 사건’

‘함박도 어부 납북사건’를 다룬 1965년 10월 31일자 〈조선일보〉 1면 머리기사는 이렇게 시작한다. “10월 29일 오후 4시 25분쯤 강화군 함박도 근해 개펄에서 조개잡이 하던 어부 232명이 무장한 북괴군 20여 명의 공격을 받아 그중 97명이 납치되고 135명이 무사히 탈출했다."

〈동아일보〉는 이튿날 '잔인한 붉은 만행… 분노의 개펄 100리'라는 제목의 기사에서 "어부 232명이 공격을 받아 112명이 납북됐다"며 〈조선일보〉의 전날 보도 중 사실과 다른 부분을 바로잡았다. 이어 "이번 사건은 북괴의 만행이 가장 큰 원인인 것은 물론이지만 섬 주민의 가난한 약점을 이용해 돈벌이에 눈이 어두운 선주가 어로 금지구역에 출어시킨 무모한 처사를 꼽지 않을 수 없다"라며 선주의 욕심 탓으로 책임을 떠넘겼다.

어로 금지구역에 출어했다가 납북된 어부들은 "감시의 눈총 속에 낮에는 교양강좌를 듣고 밤에는 억지 구경"을 한 뒤, 그해 11월 21일 판문점을 통해 귀환했다. 함박도에 조개잡이를 나갔던 어부와 선원들은 강화에 속한 이웃 섬인 말도와 주문도, 볼음도, 미법도, 교동도 사람들이었다. 무사 귀환한 어부들은 안도의 한숨을 쓸어내렸고 마을마다 축하 잔치가 벌어졌다. 앞으로 닥칠 고난의 세월을 예견하지 못한 채.

함박도는 말도에서 약 9킬로미터 떨어진 작은 무인도로, 대합과 같은 고급 조개가 많아 강화 어민들은 오래전부터 이 섬 주변에서 조개잡이를 해왔다. 해상에는 보이지 않는 경계선인 NLL이 그어져 있었지만 그때까지만 해도 강화의 어민들은 남북 양쪽 군인들의 눈치를 살피며 주변 섬에서 대합을 캐고 고기를 잡았다. 8.6킬로미터 떨어진 우도와 함박도는 썰물 때면 갯벌로 연결된다. 섬 모양이 함지박처럼 생겼다는 함박도(咸朴島)는 축구장 3개 크기의 작은 섬이다. 연안, 연백, 배천, 강화, 교동 사이의 애매한 위치에 자리한 탓에 1800년대 이후 황해도와 경기도의 줄다리기로 여러 차례 관할권이 바뀌었다.

함박도는 정전협정 13항 5목의 첨부한 지도(제3도)에 따라 NLL 북쪽이 되어 북한의 관할 영토로 정리됐다. 그러나 남한이 이후 행정상 영토로 등록하면서 또다시 영유권 분쟁이 재현되었다. 1973년부터 북한이 서해 5도 주변이 북한수역이라고 주장하자, 1975년 박정희 정부는 맞대응 차원에서 미등록도서 지적공부 등록사업을 통해 함박도에 '경기도 강화군 서도면 말도리 산97번지'라는 주소를 부여했다.

2017년 함박도에 북한군 기지가 들어선 사실이 알려지면서 일부 언론이 '대한민국 주소지에 북한군이 주둔한다'고 보도해 논란이 되었다. 논란이 커지자 유엔사령부는 2019년 9월 함박도가 NLL 북쪽에 위치해 있음을 공식 확인했다. 국방부도 같은 날 NLL 이북 약 700미터 지점의 북한 관할 섬임을 확인해 논란은 일단락되었다. 함박도 어부 납북사건이 벌어진 뒤 섬 주민들은 공안당국에 불려가 간첩 혐의에 대한 혹독한 조사를 받았다. 정부는 1970년 초 말도에 두 가구가 한 집에 사는 집을 지어 서로를 감시하고 북의 침입을 대비하도록 했다.

말도의 사실상 주인은 해병대다. 말도의 해병대 초소에는 '해병대가 있는 한 서부전선 이상 없다!'라는 글귀가 붉은 바탕에 하얀 글씨로 선명하게 쓰여 있다. 이 문구는 레마르크의 소설이자 전쟁 영화의 고전이 된 〈서부전선 이상 없다〉에서 빌려온 것이다. 영화는 인간이 고작 한 개의 총알로 전락한 참혹한 전투의 현장을 '이상 없다'는 최고 사령관의 한 마디로 허탈하게 덮어버리는 과정을 보여준다.

말도는 정기여객선이 다니지 않고 섬을 육지와 연결하는 유일한 교통수단은 일주일에 세 번 오는 강화군청의 행정선 '서도 509호'뿐이다. 이 배는 말도 주민들만 이용할 수 있다. 관광객이나 군 면회를 위한 입도조차 허락이 안 되는 이 섬의 서남쪽 100미터 고지에는 '한강하구 미등록선박 출입금지 제1호'라고 쓰인 말뚝이 세워져 있다.

어업이 불가능하니 사람이 살기 어렵게 된 비운의 섬 말도. 70년간 밀봉된

이 섬의 상처를 '서부전선 이상 없다'는 한 마디로 계속 덮고 있는 게 능사일까. 전쟁과 분단의 참혹함이 섬 주민의 삶에 어떤 영향을 미쳤는지 발로 더듬어 느껴볼 수 있도록 이제는 말도의 문을 열어야 할 때다. 말도에는 인근 다른 섬에서 볼 수 없는 암석과 벼랑이 있다. 할매바위, 죽바위, 쌍바위, 갈래바위, 금강꼬치 등 기암괴석의 풍광이 수려하다. 말도 개방은 한반도 평화를 확장하는 길이다.

저어새가 들려주는 볼음도 이야기

외딴 섬 말도의 이웃이자 형님뻘 되는 섬은 '저어새의 낙원' 볼음도다. 해안선 길이 16.2킬로미터인 이 섬은 강화군 서도면의 유인도 중 가장 큰 섬으로 강화도에서 서북쪽으로 7킬로미터 떨어져 있다. 2022년 9월, 강화도 농협이 조합장에게 말대꾸했다는 이유로 여성 직원을 초등생 자녀가 다닐 학교도 없는 볼음도 분점으로 인사발령을 내 '현대판 유배' 논란이 불거졌던 곳이다. 여성 직원의 유배 자체도 문제지만 볼음도를 고작 유배지로 전락시킨 어처구니 없는 처사라니.

볼음도라는 지명은 보름에서 유래한다. 조선 인조 때 명나라 원병 수신사로 떠나던 임경업 장군이 풍랑을 만나 이 섬에서 보름간 체류하다 둥근 달을 보았다 하여 만월도(滿月島)라 불리다가 우리말 보름달의 한자식 표현인 볼음도가 되었다고 한다. 한양에서 이 섬까지 오는 데 보름이 걸려 보름도가 되었다는 설과, 해방 전 연백이나 인천에서 들어온 사람들이 날씨가 불규칙하고 교통이 불편해 보름 정도 머물러야 집으로 돌아올 수 있었다고 해서 보름도가 되었다는 설도 전해진다. '보름은 머물러야 했던' 이 섬은 지금은 강화도 선수포구에서 정기여객선으로 한 시간이면 갈 수 있어 당일치기 여행도 가능하다.

황해도 연백군과는 5.5킬로미터 떨어진 이 섬에는 연백에서 피난 온 실향민과 후손들이 많이 살고 있다. 조선시대까지 경기도 교동군에 속했다가 일제강점기인 1914년 교동군이 폐지되면서 강화군에 편입되었다. 해병대가 출입증을 내주는 민간인통제구역인 볼음도는 주민 284명이 주로 쌀, 보리, 마늘, 고추 등의 농사를 짓고 산다. 바다에서 밴댕이, 병어, 숭어 등을 잡거나 개펄에서 백합 양식도 많이 한다.

선착장에는 '저어새가 들려주는 볼음도 이야기' 안내판이 붙어있다. 동아시아에 3천여 마리만 서식하는 세계적인 멸종위기종이자 천연기념물 205호인

볼음도 갯벌은 천연기념물 205호인 저어새의 집단서식지이다.

저어새는 북과 인접한 한국의 서해안 섬에서 주로 번식한다. 1990년대 볼음도 해안에서 40~50여 마리가 관찰됨에 따라, 2000년 여의도의 53배에 해당하는 세계 3대 갯벌인 강화갯벌이 천연기념물(제419호)로 지정되는 결정적 계기가 되었다.

볼음도가 저어새의 집단서식지가 된 것은 썰물 때 6킬로미터가량 펼쳐지는 갯벌 덕분이다. 바닷물이 빠지면 끝없이 드넓은 갯벌이 드러나는데 주민과 관광객들은 이때를 기다려 영뜰해변이나 조개골해수욕장 앞에서 경운기를 몰고 바다 깊숙이 들어가 백합, 모시조개, 동죽, 상합, 소라를 잡는다. 조개잡이 하기 가장 좋은 날은 조수간만의 차가 가장 큰 7~8물(음력 15, 30일) 때다. 이때가 되면 사람들뿐 아니라 섬에 서식하는 저어새와 노랑부리백로, 알락꼬리마도요, 물닭, 큰기러기 등 새들도 덩달아 바빠진다. 저어새(black-faced spoonbill) 무리는 주걱처럼 생긴 검정색 부리로 갯벌을 저으면서 먹이를 찾아 먹어서 저어새라는 재미있는 이름이 붙었다. 볼음도 갯벌에는 조개류뿐 아니라 농어, 숭어, 망둑어, 밴댕이, 병어, 돌게 등 어류도 풍성해 사람과 철새 두루 단골손님이 많다. 밀물이 되면 썰물 때 빠지는 속도만큼이나 빠르게 섬을 삼켜버릴 듯한 기세로 물이 달려들어 순식간에 원래의 섬 모습으로 바꿔놓는다.

사라져버린 볼음도 은행나무 풍어제

볼음도의 또 다른 명물은 높이 24미터, 둘레 8.96미터의 노거수 은행나무다. 800여 년 전 8킬로미터 떨어진 연안군 호남리에 암수 두 그루의 은행나무가 살았는데 홍수로 한 그루가 떠내려온 것을 볼음도 주민들이 건져 심었다고 전해진다. 사람들처럼 남북으로 이산한 부부 은행나무는 분단의 상징이 되었다. 오랜 세월 주민들의 관심과 보살핌 속에서 살아온 볼음도 은행나무는 식물학

800년 전 바다 건너 연안군 호남리에서 떠내려온 볼음도 은행나무. 천연기념물로 지정되어 있다.

적, 민속적 가치가 뛰어나 천연기념물 304호로 지정되었다. 연안군 호남중학교 뒷마당에 사는 암나무도 조선 천연기념물 165호로 지정되었으니 부부 은행나무가 모두 남과 북에서 천연기념물 대접을 받고 있다.

한국전쟁 전까지만 해도 볼음도와 호남리 주민들은 해마다 정월 그믐에 풍어제를 지내면서 헤어진 은행나무 부부의 슬픔을 달래줬다. 하지만 전쟁 이후 호남리가 북한 땅이 되고 섬에 기독교가 깊숙이 파고들면서 미신 행위라 하여 풍어제는 끊기고 말았다. 풍어제와 기독교가 추구하는 근본이 다르지 않을 텐데 이분법적인 배척이 평안을 기원하는 전통문화유산의 소멸을 불렀다. 풍어제 의식을 치르기에 이 은행나무만큼 좋은 성소가 또 어디에 있을까. 볼음도 은행나무 풍어제가 부활하여 남과 북이 한날한시에 풍어제를 지내는 풍경을 상상해 본다. 남북의 물길이 하나이고 고기가 하나이듯 남북의 나무도 사람도 하나이기를.

서도면의 섬에는 볼음도(13코스, 13.6 킬로미터)와 주문도(12코스, 11.3 킬로미터)에 '강화나들길'이 나 있어 솔숲 길과 바닷길을 걸으며 힐링하기 좋다. 저어새와 은행나무와 바다 솔숲 길의 선물이 저 멀리 연백 땅을 건네다 보아야만 하는 아쉬움을 일부나마 달래줄 것이다.

한양 가는 중국 배 검문했던 서검도

볼음도를 지나 만나는 작은 섬은 어업전진기지이자 해상 교통의 중심지인 서검도(西檢島)다. 조선시대에 한양 가는 배들을 조사하는 해상 검문소가 설치되어 유래된 이름이다. 교동, 양사, 송해면과 연백군, 개풍군 사이의 바다를 지나 한강을 통해 한양으로 진입하는 중국 배를 주로 검문하였으며, 강화도 서쪽을 감시하는 섬이라는 의미로 서검도라 불렀다. 강화도 동남쪽에는 강화해협(염하)을 통해 한양으로 진입하는 일본과 서양 선박들을 주로 검문했던 동검도(東檢島)가 있다. 수상한 배가 한강 하류로 들어가려고 하면 배를 멈추고 검문을 했는데 불응하면 즉시 봉화를 올려 위험을 알렸다고 한다.

해안선 길이 5.7킬로미터인 서검도는 미법도, 석모도와 함께 강화군 삼산면에 속한다. 원래 서검도와 솔책도라는 두 개의 섬이었으나 두 섬을 잇는 간척사업으로 15만 평의 농토가 새로 생겼다. 20여 년 전까지 염전이었던 땅은 소금기 때문에 농토로 쓰지 못하고 갈대군락지로 변했다. 80여 명의 주민 대부분이 간척지에서 벼농사를 지으며 일부는 선착장 앞에서 숭어, 농어, 망둑어, 꽃게 등을 잡고 새우 양식도 한다. 관광객이 거의 찾지 않는 이 섬의 선착장에는 비바람을 피할 대합실조차 없다.

‘법 없이도 사는 섬’ 미법도에 공안바람 몰고 온 이근안

서검도와 석모도 사이에는 해안선 길이 4.8킬로미터의 작은 섬 미법도가 있다. 주민 대부분이 쌀, 보리, 콩 농사를 짓고 새우, 숭어잡이에 종사하는 전형적인 어촌 마을이다. 소나무와 상수리나무, 소사나무 군락이 섬 전체를 에워싸고 있다. 미법도(彌法島)라는 지명은 서검도에서 시작한 검문이 미법도에서 끝난다 하여 ‘그칠 미’자를 써서 미법도라고 했다는 설과, 주민들이 온순하여 법 없이도 산다는 뜻에서 미법도라 했다는 이야기가 전해진다.

미법도는 1970~80년대 박정희 · 전두환 정권 시절에 다섯 차례나 간첩 조작사건에 휘말려 크나큰 고초를 겪었다. 법 없이도 산다는 미법도 사람들을 옭아맨 것은 국가보안법이었다.

간첩 조작사건의 주범은 이근안. ‘고문기술자’로 악명 높은 경찰이었다. 1965년 함박도 사건 때 어부들이 집단 납북되었다가 귀환하자 이근안을 위시한 경기도경 형사들과 안기부 직원들이 수시로 미법도에 찾아왔다. 이들은 납북 어부들과 주변 사람들을 상대로 간첩 혐의를 조사해 섬을 공포 분위기로 몰아넣었다. 납북된 지 11년 만인 1976년부터 1983년까지 본격적으로 공안바람이 몰아쳤다. 힘없는 섬마을 주민들은 온갖 고문과 협박 속에 줄줄이 간첩으로 엮였고 외부의 차가운 시선에 고개를 떨궈야 했다.

미법도의 ‘마지막 간첩’ 정아무개 씨는 1982~83년 두 차례나 안기부에 끌려가 51일간 불법으로 구금돼 물고문 등 모진 가혹 행위를 당했다. 극한의 고통 속에 아내 등 가족까지 끌려와 협박과 회유를 당하자 정 씨는 결국 수사관이 불러준 각본대로 허위 자백을 하지 않을 수가 없었다. “납북됐을 때 평양에서 친척에게 포섭돼 강화도 일대의 군경 경비 상황, 주민 생활 실태 등을 조사해 보고하는 등의 간첩행위를 했습니다….”

1984년 대법원에서 무기징역을 선고받은 그는 1998년 특별가석방으로 풀려나기까지 15년간 억울한 옥살이를 했다. 미법도 간첩 조작사건은 2010년 '국가기관의 불법 구금과 가혹행위로 인한 허위 자백에 바탕을 둔 유죄선고는 잘못됐다'는 무죄판결을 받고서야 누명을 벗었다. 당시 서울고등법원 재판부는 "권위주의 통치 시대에 위법 · 부당한 공권력 행사로 인해 긴 세월 동안 교도소에서 심대한 고통을 입은 정 씨에게 국가가 범한 과오에 대해 진정으로 용시를 구한다. 정 씨의 가슴 아픈 과기사의 소중한 교훈을 바탕으로 사법부가 국민의 작은 소리에도 귀를 기울여 두 번 다시 그와 같은 비극이 재발하지 않도록 인권의 최후 보루로서 역할을 다할 것"이라며 이례적으로 사과까지 했다.

현대사 연구자로 '국정원 과거사 진실규명 발전위원회'에서 3년간 공안 조작사건 조사를 맡았던 한홍구 성공회대 교수는 미법도 사건에 대해 2008년 〈한겨레21〉에 다음과 같이 썼다. "곶감 꼬치에서 곶감을 하나씩 빼먹듯 가난하고 배우지 못한 납북 어부들이 차례차례 간첩으로 만들어졌다. 미법도의 마지막 간첩 정○○은 악명 높은 고문기술자 이근안이 납북 어선의 선장 안○○을 처음 간첩으로 만들러 미법도에 들어왔을 때, 이근안을 먹여주고 재워주고 또 안 씨의 재판에 나가 증언까지 한 예비군 소대장이었다. 그런 그가 몇 년 뒤 간첩이 된 것이다."

법원은 2021년에도 미법도 간첩 사건에 연루돼 고문을 받고 허위자백해 7년간 옥살이를 했던 고 박남선 씨에 대해 48년 만에 무죄를 선고했다. 서울고법 재판부는 "과거 권위주의 정부 시절 인권의 마지막 보루였던 사법부가 제 역할을 못한 점을 사법부 일원으로서 깊이 사과한다"며 다시 한 번 고개를 숙였다. 박 씨의 유족은 "아버지는 고문 후유증으로 늘 아프셨고 분노를 참지 못해 밥상을 엎는 등 억울해하셨다. 그런데 이근안 씨가 자서전에서 아버지가 체포되는 과정에서 총을 쏘고 저항했다며 소설 쓰듯 재미로 써 분노가 일었다"며 울먹였다.

박정희 · 전두환 정권에서 표창과 훈장을 받고 특진을 거듭하며 승승장구했던 이근안은 1988년 고문수사관에 대한 수사에 착수하자 잠적했다. 무려 12년간 도피생활을 이어가며 '안 잡나 못 잡나' 논란을 일으킨 그는 고문 경찰에 대한 형량이 생각보다 크지 않자 자수하여 7년간 옥살이를 했다. 법정에서 잠시 참회하는 듯한 모습도 보였던 그는 출옥하여 목사로 변신한 뒤, 스스로를 "고문기술자가 아닌 애국자"라 칭하며 자신의 범죄를 정당화했다.

비운의 섬 미법도는 10여 년 전까지만 해도 친인척이 섬에 살아야 방문이 가능했다. 지금은 인근 석모도 하리 포구에서 미법도를 경유하여 서검도까지 배가 운항해 30분이면 도착한다. 한나절이면 걸을 수 있는 작은 섬 미법도의 선착장에는 정겨운 사투리로 '어서오시겨'라는 환영 글귀가 붙어있다. 이근안에게 방을 내주고 먹을 것을 나눠줬던 법 없이도 살 10여 가구 20여 명의 주민들이 산다.

5 구름에 뜬 섬, 교동도

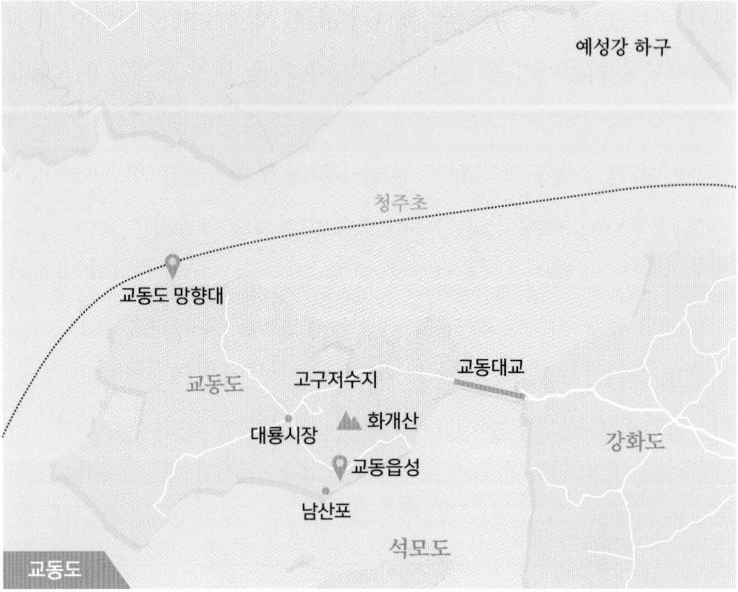

교동도는 연백 출신 실향민들이 모여 사는 '이산의 섬'이자 '유배의 섬'이다. 해방 당시 8,644명이 살았고 한국전쟁 이후 피란민이 몰려 1970년대 1만 5천여 명의 주민과 4개의 초등학교가 있었지만 1개만 남고 모두 폐교되었다. 2014년 강화도를 잇는 교동대교가 개통되어 접근성이 개선되었음에도 인구 감소는 지속되어 2023년 1월 기준 2,816명이 살고 있다. 교동도는 동서 길이 10킬로미터, 남북 6킬로미터, 해안선 36킬로미터로 강화의 부속 섬 가운데 가장 크다. 본래 3개 섬으로 이루어져 있었으나 고려시대부터 조선, 일제강점기까지 계속된 간척을 통해 섬들이 합쳐져 본섬의 4~5배가량 커졌다.

이색이 전국 8대 명산으로 꼽은 화개산

교동도에서 가장 높은 화개산(259미터) 정상에 오르면 남쪽으로 석모도, 서검도, 미법도, 주문도, 아차도, 볼음도, 말도 등 올망졸망한 섬들이 마치 한반도 남해안의 다도해처럼 펼쳐진다. 고려시대 문인 이색이 전국 8대 명산 중 하나로 꼽았을 만큼 바다 위에 떠있는 섬들을 조망하는 재미가 쏠쏠하다. 퇴적 작용으로 금방이라도 연육이 될 것 같은 바다 건너편 북쪽으로는 한국의 3대 평야로 꼽히던 연백평야와 비봉산, 예성강 하구를 볼 수 있다. 강화군은 최근 화

고려말 문인 이색이 전국 8대 명산으로 꼽았던 교동도 화개산 정상에서 바라본 강화 앞바다. 남해안 다도해처럼 올망졸망한 섬들이 바다를 수놓고 있다.

개산 중턱에 화개정원을 조성하고 연백평야 조망이 가능한 스카이워크형 전망대를 설치했다. 정원 입구에서 전망대까지 2킬로미터 구간에 모노레일을 깔아 관광객을 실어 나른다.

화개산 정상 서쪽 봉우리에는 강화, 통진, 김포, 양천을 거쳐 서울 남산으로 연결되는 화개산 봉수터가 있다. 화개산에는 둘레가 2,096미터나 되는 오래된 산성의 자취가 남아 있다. 화개산성은 391년 고구려 광개토왕에게 함락된 뒤 몰락의 길을 걸었던 백제의 관미성으로 추정되는 후보지 중 하나다.

화개산 남쪽에는 조선 인조 때 쌓은 교동읍성이 있다. 반정으로 집권 뒤 정묘호란(1627)을 겪은 인조는 1629년(인조 7) 경기수영을 남양(화성) 화량진에서 교동도로 옮겨온 뒤 고을 방어를 위해 읍성을 쌓았다. 둘레 430미터인 읍성에는 세 개의 문을 냈는데 남문인 유량루가 2017년 복원되었다. 인조는 경기수영을 옮긴 지 4년 지난 1633년(인조 11)에는 경기도, 황해도, 충청도 등 3도의 수군을 관장하는 최고 사령부인 '삼도수군통어영'을 교동읍성 주변 남산포에 설치했다. 교동도는 삼국시대, 조선시대에도 서해안 방어를 위한 핵심 요충지였던 것이다.

외딴섬이었던 교동도는 한양과 가까우면서 탈출이 어렵고 감시가 쉬워 왕족들의 유배지로 사용되었다. 중종반정으로 폐위된 연산군이 이곳으로 유배되어 화개산 북쪽 기슭에서 쓸쓸하게 생을 마감했으며, 광해군도 제주도로 이배되기 전 교동도에 갇혀 지냈다. 광해군의 형인 임해군, 인조의 동생인 능창대군, 세조의 동생 안평대군 등도 여기서 갇혀 지냈다.

연백 실향민들의 '유배의 섬'

한국전쟁 이전만 해도 불과 2.6킬로미터 떨어진 이웃이었던 연백과 교동은

38선 이남의 같은 생활권으로 왕래가 잦았다. 1914년 연안군과 배천군(白川郡)이 통합되어 만들어진 연백군은 1944년 당시 인구가 20만 명이 넘을 정도로 큰 지역이었다. 한반도의 3대 평야 중 하나인 연백평야가 연백과 인근 벽성군까지 펼쳐져 쌀이 풍족했고 조기, 새우, 토탄 등 자원도 많았다.

분단 이후에도 연백과 교동은 헤엄을 쳐서 탈·입북하는 일이 속출했다. 2012년 9월, 20대 북한 주민이 통나무를 잡고 교동도까지 떠내려온 뒤 섬에서 6일간 민가 음식을 훔쳐 먹으며 지내다가 주민 신고로 붙잡혔다. 2013년에는 40대 북한 주민이 헤엄쳐 교동도 해안으로 넘어오기도 했다. 2014년 8월에는 부자지간으로 추정되는 50대와 20대 남성이 교동도 해안으로 헤엄쳐 왔

교동도와 연백 사이 한강하구. 금방이라도 육지로 연결될 것처럼 모래톱이 강을 가득 메우고 있다.

다. 2020년 7월 강화도 연미정 인근 철책 밑 배수로를 통해 월북한 20대 탈북민 김아무개 씨는 월북 직전 답사를 위해 교동도를 다녀갔다. 옛날 같으면 같은 생활권 안에서 자연스럽게 왕래했을 텐데 이제는 정치적인 문제로 뉴스화되어 분단의 아픈 현실을 다시 떠올리게 한다.

교동도 대룡시장도 그런 곳이다. 대룡시장은 연백 출신의 실향민들이 고향의 연백장을 본떠 만든 골목시장이다. 1960~70년대에서 시간이 멈춘 듯한 오래된 가게 간판들과 벽화, 조형물이 드라마 세트장처럼 즐비하게 늘어선 시장은 옛날 연백장 모습을 고스란히 재현했다. 연백에서 온 이발사가 운영하는 이발소, 옛날식 쌍화차를 파는 다방, 북한의 전통 냉면 맛을 내는 냉면집, 잡화점, 신발점, 약방 등이 옛 향수를 자극하지만, 이렇게라도 고향의 모습을 간직하려는 이들의 노력에 비감한 마음을 감출 수 없다.

대룡시장 옆 관광플랫폼 '교동제비집'에서는 교동도의 과거, 현재, 미래를 체험할 수 있다. 제비는 교동도에서 귀한 대접을 받는다. 살던 곳으로 다시 돌아오는 습성을 지닌 제비를 보며 연백의 실향민들은 언젠가 고향에 돌아갈 수 있다는 희망을 품는다고 한다.

교동대교 개통 뒤 이색관광지로 발돋움

교동도 주민은 대부분 실향민이다. 전쟁이 끝나면 고향으로 돌아가려고 잠시 머물렀다가 가족과 생이별을 하게 된 교동도는 섬 전체가 고향 땅을 그리워하는 사람들의 조망대다. 민간인통제구역으로 오랜 기간 외부와 단절되었다가 2014년 강화도와 연결하는 교동대교가 개통된 뒤 변화의 바람이 불고 있다.

수도권 이색관광지로 떠오르면서 주말이면 섬 출입로에서 교통체증까지

빚어진다. 연륙교가 놓이면서 5분이면 강화도 땅을 밟을 수 있게 되었지만 군의 통제는 여전하다. 관광객들은 교동대교 앞에서 행해지는 번거로운 출입절차조차 독특한 관광 체험이라 생각할지 모르지만, 주민들의 불편은 이만저만이 아니다. 주민들은 섬의 80퍼센트가 철책으로 둘러싸여 있고 바닷가에 접근할 수 없어 수로나 포구에서 어로 활동을 할 수도 없다. 당신이 여행을 위해 방문한 외지인이라면 풍경을 보기에 앞서 교동도 주민의 애환을 잠시 느껴볼 필요가 있다. 훌륭한 여행이란 새로운 풍경을 보는 것이 아니라 새로운 관점을 갖게 하는 것이라고 하지 않던가.

교동도에는 섬의 면모와 사람들을 체험할 수 있는 강화나들길 9, 10코스가 나 있다. 강화나들길 9코스(다을새길, 16킬로미터)는 교동대교가 놓이기 전까지 강화도를 오가는 배가 오가던 월선포 선착장에서 출발해 교동향교와 화개산, 대룡시장, 남산포, 교동읍성, 동진포를 거쳐 원점 회귀하는 길이다. 다을새는 교동의 옛 지명이다. 달을신(達乙新)의 소리음인 다을새는 '하늘에 닿을 새'라는 뜻이다. 또 다른 이름으로 '구름에 뜬 섬'이라는 의미의 대운도(戴雲島)로도 불렸다. 구름에 뜬 것 같고 하늘에 닿은 새와 같은 섬. 교동도는 그런 섬이다.

대룡시장에서 출발해 원점 회귀하는 강화나들길 10코스(머르메 가는길, 17.2킬로미터)는 한국전쟁 때 활주로로 사용되었던 곧게 뻗은 도로를 따라 교동평야를 가로질러 난정저수지와 수정산, 죽산포, 머르메에 다다른다. 두 길 모두 산, 바다, 포구 등 교동도의 원시 자연과 역사 유적을 체험할 수 있으며 각 5~6시간이 소요된다. 섬을 일주하는 평화자전거길(30킬로미터)도 나 있다. 인천 · 강화 주민들은 월선포구에서 출발해 북방 어로한계선까지 '한강하구 평화의 배 띄우기' 행사를 2005년부터 여러 차례 시도했지만 한 번도 교동대교를 넘어가지 못하고 되돌아와야 했다. 월선포구에서 배를 타고 한강하구를 지나 연백까지 들어가는 실향민들의 꿈을 언제까지 막고만 있을 것인가.

한반도의 맨해튼이 될 뻔했던 '나들섬'

교동도와 강화도 사이에는 한강하구 수역에서 가장 너른 바다가 펼쳐져 있다. 바로 그 바다 북쪽, 강화만으로 불리는 한강과 예성강 합류 지점에 거대 규모의 인공섬이 들어설 뻔한 일이 있다. 교동도 북동쪽 바다 한가운데에 썰물 때면 잠깐 나타나는 퇴적지를 매립해 인공섬을 만들겠다는 기발한 상상력을 발휘한 사람은 이명박이다. 현대건설 회장 출신으로 2007년 당시 한나라당 대선 후보였다.

이명박은 한강하구 남쪽 수역 퇴적지에 여의도 10배 크기인 900만 평 규모의 인공섬을 조성해 '한반도의 맨해튼'을 만들겠다는 공약을 내걸었다. '나들섬 프로젝트'라 불리는 이 사업은 남북의 사람과 물자, 자본이 자유롭게 드나들 수 있도록 남북 경제교류의 교두보를 한강하구에 설치하겠다는 구상이었다. 지리적으로 나들섬은 한강과 임진강, 예성강이 서해로 유입되는 곳이며 한반도 대운하의 길목이라는 게 그의 주장이었다. 뼛속까지 토건족의 피가 흐른 그의 상상력은 남북 경협사업조차 토건 사업으로 가득 차 있었다.

'나고 드는 섬'이라는 뜻의 나들섬은 한강 · 임진강 · 예성강에서 내려온 이물질이 퇴적해 형성된 삼각주로 지도상에는 '청주초(礁)'로 나와 있다. 조선시대에 한강을 통해 마포나루를 오가는 중국 상선들이 이곳 주막에 들르곤 했다는데 지금은 홍수로 인해 사라져 실존하지 않는 섬이다.

나들섬 사업은 한반도대운하 공약과 함께 이명박의 당선 이후 쟁점으로 떠올랐다. 이명박은 정부 주도의 공영개발 방식으로 사업을 추진하겠다고 밝혔고, 통일부에 태스크 포스가 꾸려졌다. 사업을 반대하는 목소리도 곳곳에서 터져 나왔다.

가장 큰 문제는 생태계 파괴와 홍수 위험성이었다. 해당 지역은 세계 5대 갯벌 가운데 하나로 국제적으로 희귀한 조류들이 서식하고 있어 생태적 보전 가치가 높은 곳이다. 또 토사가 쌓이는 강 하구에 둑을 쌓아 인공섬을 만들면 강물의 흐름을 막아 북 예성강 하구 등에 홍수 피해가 불 보듯 뻔했다. 한강하구의 3분의 2가 막히게 돼 홍수 때 한강 주변의 빗물이 빠지지 않아 심각한 도심 침수도 우려되었다.

나들섬 사업은 보수 진영으로부터도 '졸속 프로젝트'라는 비판을 받았다. 강화가 지역구인 이경재 의원은 자신의 홈페이지에 "나들섬 대상지는 썰물 때 잠깐 나타나는 갯벌에 불과하다. 이 일대는 한강 상류에서 흘러온 토사가 쌓이는 곳으로 여의도의 10배에 달하는 인공섬을 만들면 강물의 흐름을 막아 장마철에 한강과 임진강 주변에 대재앙을 일으킬 수 있다. 또 비무장지대에 인공섬을 만드는 것은 북한 핵 문제가 해결되지 않은 상황에서 현실성이 떨어지며, 섬을 만드는 데 2조원이나 소요돼 경제성에도 문제가 있다"고 반대했다.

인천시장 안상수는 환경파괴 논란이 있는 신규 매립보다는 이미 매립된 섬을 중심으로 남북 물류기지 등을 조성하자며 인천경제자유구역의 확대를 요청했다. 그는 강화 · 개풍에 각 1,500만 평방미터 규모의 복합신도시 개발을 대통령에게 제안했다. 10 · 4 남북정상선언 이후 강화 · 김포 북부지역에는 정치적 목적으로 급조된 대형 개발사업 구상들이 '평화'라는 이름으로 포장되어 설익은 채로 쏟아져 나왔다.

한강하구는 '군사분계선 없는 비무장지대'

한강하구 남쪽 수역에 인공섬을 만들겠다는 이명박의 발상은 강 한가운데에 군사분계선이 있는 것으로 상정한 것이었다. 그러나 이에 대한 법적 근거는 없다.

정전협정 상 군사분계선은 강원도 고성에서 경기도 파주 임진강변까지 248킬로미터 길이의 육상에서 끝난다. 여기서부터 서해 입구 말도까지 67킬로미터 한강하구 수역에는 군사분계선이 없다. 정전협정 1조 5항은 이 수역을 다음과 같이 규정하고 있다. "한강하구의 수역으로서 그 한쪽 강안이 일방의 통제 하에 있고 그 다른 한쪽 강안이 다른 일방의 통제 하에 있는 곳은 쌍방의 민용선박의 항해에 이를 개방한다. 첨부한 지도에 표시한 부분의 한강하구의 항행규칙은 군사정전위원회가 규정한다. 각방 민용선박이 항행함에 있어서 자기 측의 군사통제하에 있는 육지에 배를 대는 것은 제한받지 않는다." 다시 말해서 한강하구 수역에서는 민간선박이 항해할 수 있으며, 자기 쪽 육지에 선박을 정박할 수 있다는 것이다.

또 1953년 10월 3일 군사정전위가 합의한 '한강하구 항행규칙'에는 "민간에 개방된 것 이외 비무장지대 규정은 한강하구에도 모두 적용된다"고 규정했다. 남북 간의 우발적인 무력 충돌을 막고자 육상 비무장지대와 같은 완충 구역을 한강하구 수역에도 설정한 것이다.

따라서 한강하구의 법적 성격은 '군사분계선이 없고 민간에 개방하는 비무장지대'라고 정리할 수 있다. 정전협정대로라면 남북의 어부들이 각자의 영역에 속한 포구에서 물고기를 잡고 나룻배를 띄워 관광도 할 수 있다. 하지만 나들섬과 같은 토목사업은 유엔사와 북한 쪽 동의가 없이는 불가능하다. 한강하구 항행규칙 8항에 따르면, 군사정전위의 비준이 없이는 어느 일방이 한강하구 내의 부표 등 사소한 항행보조물이나 표식물조차 설치할 수 없다.

강화도와 김포

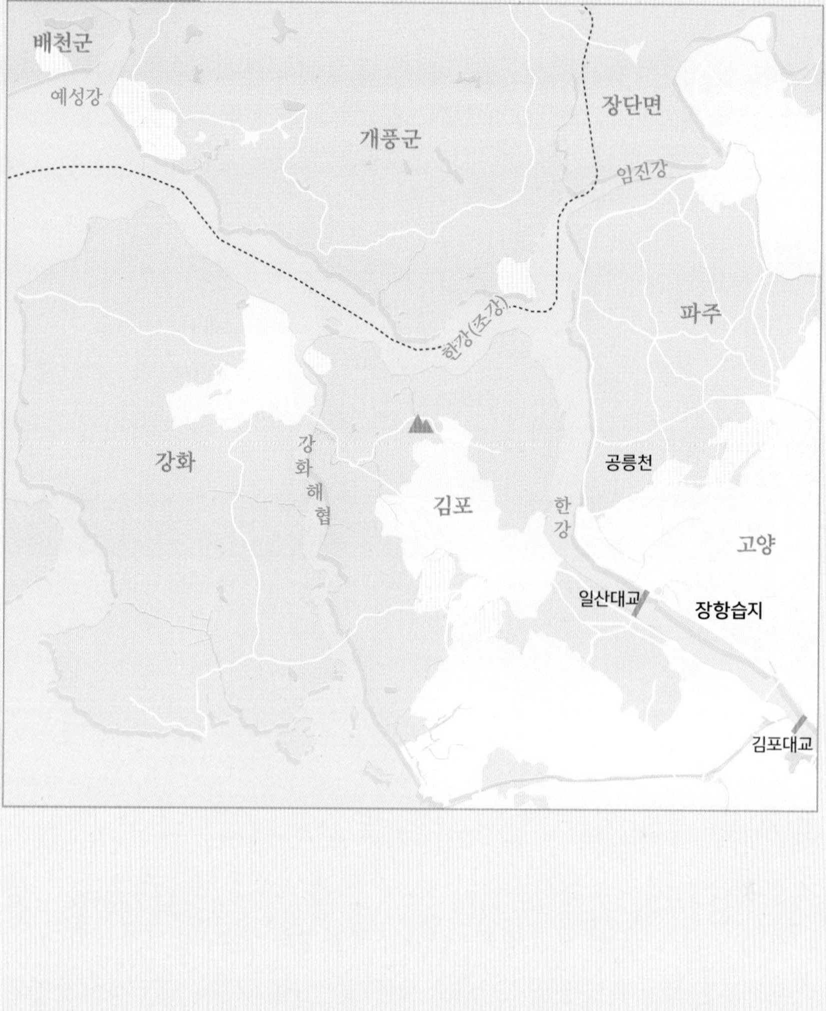

6 적을 제압하라, 제적봉 평화전망대

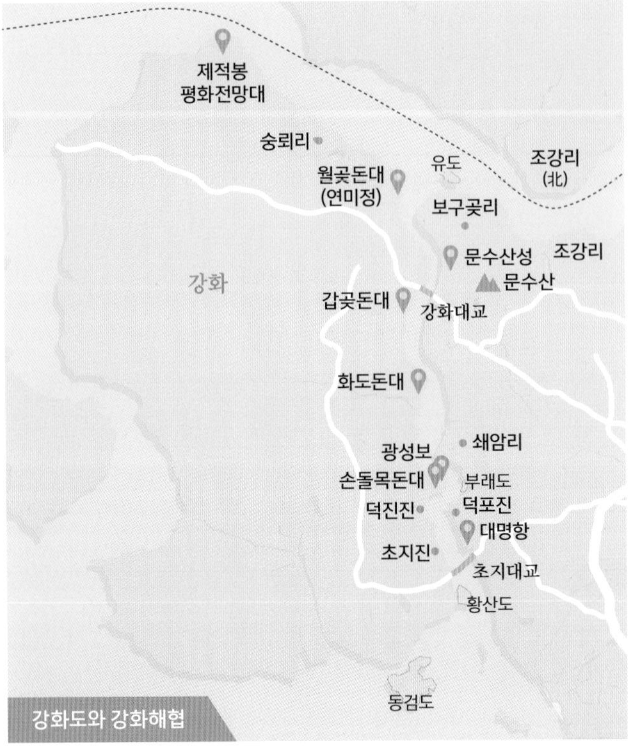

강화도와 강화해협

강화도 북단 양사면 철산리에는 강화 제적봉 평화전망대가 세워져 있다.

제적봉은 해병대 장병들이 강화도 북쪽 해안선을 경계하기 위해 주둔하던 고지다. 일반인의 출입이 엄격히 통제되던 지역이었으나 2006년 일부를 민간에 개방한 뒤 2008년 평화전망대를 개관했다. 개관 당시 '강화평화전망대'로 불렸으나 2011년 현재의 이름으로 개명되었다.

제적(制赤)이란 '빨갱이(공산당)를 제압한다'는 뜻이다. 평화협력사업 구상으로 한때 들썩거렸던 강화 북단의 전망대가 '제적, 평화'라는 형용모순의 이름을 갖게 된 사연은 좀 특이하다. 1966년 해병대 사령관 공정식은 북한 땅이 훤히 내려다보이는 이 고지를 '제적봉'으로 명명하였고, 5 · 16 군사쿠데타 주역으로 당시 권력 2인자였던 김종필 민주공화당 의장이 이곳을 방문해 제적봉이라는 친필 휘호를 썼다. 공정식은 애초 김포의 154고지(애기봉)를 제적봉이라고 명명하려 했으나, 1966년 평양감사와 애기의 사연을 들은 박정희 대통령이 김포의 고지를 '애기봉'으로 명명하는 바람에 강화도의 고지가 대신 제적봉이 되었다. 2008년 제적봉 고지에 평화전망대가 들어서면서 제적봉이라는 명칭을 사용하지 않게 되자 공정식은 "잇따른 북의 위협을 고려해 군이 안보정신을 확실히 새겨야 한다"며 제적봉을 현판에 넣자고 제안했다. 영문도 모르고 갈등과 대결의 이름으로 호명된 봉우리는 지금도 말없이 강 건너 북쪽의 마을들을 지켜보고 있다.

제적봉 평화전망대에서 바라본 북한 배천군 마을들

▌왕건과 견훤이 자웅을 겨루던 예성강

제적봉 평화전망대에 올라서면 강 건너 1.8킬로미터 떨어진 곳에 당두포리, 율동리, 탄동, 유정동 등 북한의 20여 개 마을이 파노라마처럼 펼쳐진다. 제적봉에서 개성시까지 직선거리는 18킬로미터로, 강화 남단의 마니산보다 더 가깝다.

제적봉 맞은편 황해남도 배친군과 황해북도 개풍군 사이로 예성강이 흐른다. 한강과 임진강의 물줄기가 합해져 흐르던 조강은 강화 북단에서 예성강을 만난다. 김포 북변을 지나는 조강이 강화에 들어서면 강과 바다의 중간쯤이 되었다가 예성강을 만나는 지점부터는 완연한 바다로 변한다.

예성강은 황해북도 수안군 언진산(1,120미터)에서 발원한 뒤 강화만에서 조강과 합류해 서해로 빠져나가는 187.4킬로미터 길이의 강이다. 고려에서 송나라와 교섭할 때 예의를 갖춰 이곳에서 모든 배를 띄워 맞아들이고 바래다주었다 하여 강 이름을 예성(禮成)이라 하였다. 상류는 현무암지대이며 중하류는 넓은 골짜기에 충적지가 발달해 주변 신계곡산평야(미루벌), 누천평야, 풍덕평야, 구연천평야 등 평야지대에 물을 공급한다.

북한의 최대 곡창지대인 연백평야가 펼쳐진 예성강 하류 유역을 차지하기 위해 삼국시대부터 각축이 치열했다. 삼국 초기에는 백제 땅이었다가 광개토왕 때 고구려의 영토가 되었다. 고구려 멸망 뒤 당나라에 잠시 속했다가 곧 신라의 영토가 되었다. 고구려의 통치 기간이 가장 길어 전반적으로 고구려의 색이 짙으며, 고구려를 계승한 고려가 이 일대를 중심으로 일어났다. 고려 초 왕건이 송악을 본거지로 해상에서 후백제의 견훤과 싸울 때 수군의 근거지가 되었다.

국제 무역항 벽란도가 있는 예성강 하류

예성강은 예로부터 수운이 발달하였다. 한강이나 대동강과 견줘 강폭이 좁지만 사계절 수량이 풍부하고 수심이 깊어 강 하구에서 100리 떨어진 한포까지 배가 자유롭게 드나들 수 있다. 예성강 하구 벽란도는 신라 말 해상세력의 근거지로 기능했으며 고려시대에는 국제 무역항이 되었다. 고려는 수도 개경과 가까운 벽란도를 통해 중국과 일본, 동남아시아, 아라비아 상인들과 교역했다. 벽란도는 책 · 비단 · 자기 · 수은 · 향료 등 진귀한 물건을 가지고 찾아오는 외국 상인들로 활기에 차 있었다. 고려라는 이름이 이들에 의해 서양에 알려져 지금도 우리나라를 '코리아'라고 부르고 있다.

조선 시기 한양으로 수도를 옮기면서 벽란도는 무역항으로서 기능은 사라졌으나 바다에서 황해도로 통하는 중요한 길목으로 여전히 기능하였다. 강 연안에는 포구가 여럿 있었는데 그중 연백군 유곡면 금곡포가 유명했다. 『신증동국여지승람』에는 "부근에 금곡연이 있고, 또한 금곡포창이 있어 연안, 배천은 물론 해주, 신천, 풍천, 장연, 문화 등 여러 고을의 전세 양곡을 이곳에서 수납하여 서울로 조운하였다"라는 기록이 남아 있다. 강 유역에 경의선과 개풍군 토성면~해주 간 토해선 등 철도와 1번 국도가 지나면서 수운 기능은 쇠퇴하였다. 강과 바다가 만나 기수역(汽水域)을 이루는 예성강 하구는 생태적 가치도 뛰어나 북한 천연기념물로 지정된 구락리 어름치와 쉬리 산란지, 자라 서식지 등이 있다.

예성강 합류 지점은 한탄강, 임진강, 소양강, 북한강, 남한강, 조강 등 한반도 중심을 흐르는 7개의 강물을 비롯해 남북한의 수많은 하천이 모여 하나가 되는 용광로 같은 곳이다. 한탄강을 끌고 온 임진강, 소양강을 끌고 온 북한강, 북한강과 남한강이 합쳐진 한강, 다시 임진강과 한강이 하나가 된 조강, 마지막으로 예성강을 만난 조강이 종착지인 서해로 흐른다.

조선시대 이후 예성강 하류는 경기도와 황해도의 경계를 이루었다. 해방과 함께 38선 이북인 예성강 상류는 북한, 하류와 개성은 남한에 속하게 되었으나 한국전쟁으로 모두 북한의 영역에 속하게 되었다. 지금은 북에서 남으로 흐르는 국경하천이자 황해남북도의 경계를 이룬다. 한반도의 배꼽과 같은 이 지역은 접근 금지지역이 되어 멀리서 바라다볼 수밖에 없다. 활기 넘쳤던 옛 코리아의 물길은 언제쯤 다시 살아날 수 있을까.

제비꼬리 닮은 물길, 연미정

한강하구 습지보호지역의 서쪽 끝인 숭뢰리를 지나 월곶돈대에 이르면 사방이 탁 트인 바다가 나타난다. 월곶돈대는 한강으로 들어가는 입구에 자리하며 남으로 강화해협(염하)과 연결되는 요충지로 꼽힌다. 숙종 5년(1679) 강화유수 윤이제의 지휘로 축조된 월곶돈대는 화강암으로 쌓은 홍예문을 통해 원형인 돈대 내부로 들어가며, 약 20~30명이 군사가 상시 주둔하였다.

강화도에는 임진왜란과 병자호란을 거치면서 군사조직으로 5진(鎭), 7보(堡)가 설치되었다. 또 방어시설로 강화산성, 외성과 함께 53돈대(墩臺)가 숙종 때까지 만들어졌다. 진과 보는 요즘으로 치면 대대와 중대급 규모에 해당하며, 만호와 별장 또는 첨사가 지휘했다. 돈대는 진과 보에 속한 10~20명 정도의 소대 병력이 주둔하는 초소로 적의 출몰을 감시하기 좋은 높은 위치에 세워졌다. 강화도만의 특수한 역사문화유산인 돈대는 대부분 헐리고 없어졌다가 현재 일부가 복원된 상태다.

한강하구 요충지를 방어할 목적으로 세워진 월곶돈대는 적북돈대, 휴암돈대, 옥창돈대와 함께 월곶진에 속한다. 초지진과 함께 강화 방어체계의 중추

한강하구와 강화해협이 만나는 요충지 월곶돈대에 자리한 연미정. 500살 된 뒤편 은행나무가 태풍으로 쓰러진 뒤 밑동에서 새싹이 돋아나고 있다.

였던 월곶진은 종4품 만호가 수장인 다른 진 · 보와 달리 종3품 첨사가 통솔했다. 병력은 군관과 지역 출신의 토병을 합해 약 130여 명 정도였다. 월곶진은 원래 교동도에 있었는데, 효종 7년 강화유수가 강화도 수비를 강화하기 위해 서해와 강화해협이 나뉘는 곳으로 옮겼다. 한강을 지키는 중요한 요새인 문수산성과 마주하고 있다. 한국전쟁 전 번성한 포구였던 월곶진은 지금은 비석만 덩그러니 서 있다.

월곶돈대 꼭대기에는 연미정(燕尾亭)이라는 정자가 조강의 물길을 굽어보고 있다. 한강과 임진강이 합류한 조강의 한 줄기는 서해로, 또 한 줄기는 강화해협으로 흐르는데 물길 모양이 마치 제비꼬리와 같다 하여 이런 이름이 붙었다. 연미정 달맞이는 강화 8경 중 하나다.

▌쓰러진 500살 느티나무, 강화반닫이로 재탄생

연미정에 오르면 개풍군과 김포 일대가 한눈에 들어온다. 옛날 서해에서 서울로 가는 배가 이 정자 아래에서 닻을 내리고 만조가 될 때까지 기다렸다가 한강으로 들어갔다고 한다. 썰물 때는 물이 빠져나가는 흐름이 보일 정도로 물살이 세다.

정자 옆에는 높이 22미터, 둘레 4.5미터의 우람한 느티나무 한 그루가 외로이 서 있다. 원래는 연미정을 사이에 두고 두 그루가 마주 서 있었으나 2019년 태풍 '링링'에 의해 한 그루가 쓰러졌다. 쓰러진 나무는 2021년 '강화반닫이'로 재탄생했다. 강화반닫이는 섬세하고 치밀한 세공으로 반닫이 중에서도 상품으로 꼽혀 조선 궁궐에서 많이 사용되었다.

국가무형문화재 제55호 이수자인 양석중 소목장은 느티나무가 쓰러졌다는 소식을 듣고 강화군청에 죽은 나무를 쓸 수 있게 해달라고 요청한다. '연미정 500년 느티나무 새 생명 불어넣기'라는 이름의 프로젝트가 진행되었고, 다시 탄생한 강화반닫이는 연미정의 기억을 품은 채 강화역사박물관에 소장되었다. 기억은 이렇게 간직되어야 마땅하다.

연미정에는 고려 23대 왕 고종은 구재(九齋, 9개의 과목을 가르쳤던 사립 교육기관)의 생도들을 모아놓고 공부를 시켰다는 기록이 있다. 조선 중종은 삼포왜란 때 전라좌도 방어사로 왜적을 무찌르고 1512년 함경도에서 반란을 진압한 황형 장군(1459~1520)에게 정자를 하사해 최근까지도 황씨 집안이 정자를 소유하고 있었다.

인조 5년(1627) 정묘호란 때 청(후금)과 굴욕적인 강화조약이 이곳에서 체결되었는데, 이 조약을 계기로 조선은 오랑캐라 여겨온 청을 형님으로 예우해야 했다. 임진왜란, 병자호란, 한국전쟁을 거치며 파손된 것을 1976년 현재 모습으로 복원하였다. 복원된 돈대의 성벽 아래로는 해안방어를 위한 철책선이 삼엄하게 둘러져 있다.

2020년 7월 18일 새벽 2시 46분, 한 탈북민이 연미정 철책선 아래 배수로를 통해 북으로 돌아갔다. 그는 한강하구로 빠져나간 뒤 조류를 타고 헤엄쳐 74분 만에 개풍군 탄포 강변에 도착했다. 아무리 철통같이 막아도 빠져나갈 구멍은 있다지 않은가. 2022년 통일부 국감 자료를 보면, 2012년 이후 10년간 한국에 정착한 탈북민 중 북으로 되돌아간 사람은 모두 31명이다.

탈북민이 다시 북으로 돌아간 가장 큰 이유는 한국 사회 부적응 때문이다. 북한 당국의 회유와 협박, 외로움과 죄책감도 작용했을 것이다. 재입북한 사람들은 북한 체제의 정당성을 입증하는 홍보 효과로 환영받는다고 하지만 동시에 이중간첩은 아닌지 의심의 대상이 될 게 뻔하다. 재입북자 중 다시 탈북해 재입국한 사람도 최근 5년간 2건이나 된다. 탈북, 재입북, 재탈북이라는 기막힌 삶은 우리 시대 이 땅 말고 세계 어느 곳에 또 있을까.

7 열강을 막아내는 조선의 임파선, 강화해협

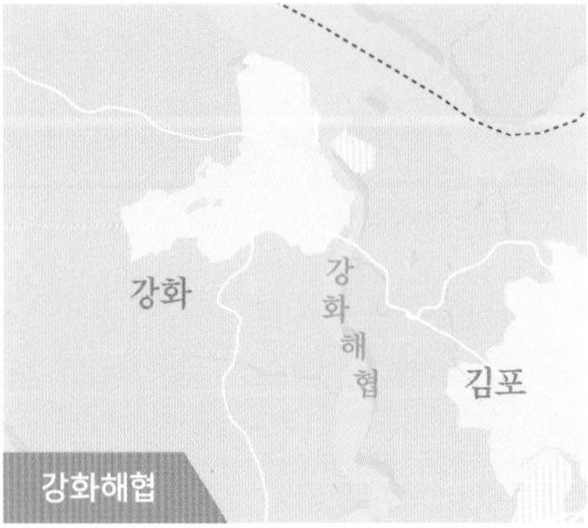

강화해협

강화와 김포 사이에 난 강화해협은 서울로 통하는 목구멍과도 같은 물길이다. 약 22킬로미터 길이의 이 물길은 삼국시대부터 중요한 해상 교통과 군사 요충지였다. 지방에서 올라오는 세곡선들은 강화도를 거쳐 한강으로 접어들었으며 서울에서 출발한 배들도 강화도를 지나 각 지역으로 이동했다.

폭이 1킬로미터 안팎에 불과한 강화해협은 월곶과 황산도 사이 남북 간 해수면의 차이로 물살이 빠르다. 험난한 여울목도 있는 이 물길은 조강을 통해 한양으로 들어가는 지름길로 여겨져 한국사 주요 사건의 배경이 됐다.

17세기 병자호란 때 청나라 군대가 강화 함락을 위해 강화해협을 건넜고, 19세기 프랑스, 미국, 일본 등 근대화에 성공한 제국주의 국가들이 침입 경로로 활용했다. 열강들은 조선에는 없던 증기기관으로 움직이는 이양선(異樣船)을 타고 몰려와 개항을 요구하며 조선 정부를 압박했고, 세계정세에 어두웠던 조선은 강화해협 양쪽에 산성과 보루, 진지들을 구축해 방어 태세를 갖추었다. 열려는 자와 지키려는 자가 맞붙은 한강하구는 피비린내 나는 싸움터가 되었다.

병인양요 – 한 달간 강화도 점령한 프랑스군

1866년 10월 14일 정오, 강화 갑곶진에 프랑스 함대가 들어섰다. 9월 18일 물길 조사를 위해 한강을 거슬러 올라갔던 프랑스 군함이 한 달 만에 다시 모습을 드러낸 것이다. 이번에는 1,525명의 군인과 군함 일곱 척을 동원한 침공이었다. 병인양요라 부르는 이 사건은 천주교 금지령을 내리고 수천 명의 조선인 신도와 베르뇌 주교 등 프랑스 신부 9명을 처형한 '병인박해'에 대한 응징이 직접적인 원인이었으나 한반도를 차지하여 동북아시아에서 입지를 강화하려는 의도도 있었다.

10월 16일 강화유수부가 프랑스군에게 점령당했다. 프랑스군은 한 달 가까이 강화를 점령하면서 강화유수부에 보관 중이던 은괴 19상자와 수많은 문서와 책을 약탈했다. 또 대포 80여 문, 화승총 6천 자루와 화약, 화살 등도 전리품으로 챙겼다. 계속된 승리에 기고만장해진 프랑스군은 당나귀에 술과 음식을 잔뜩 싣고 나들이하듯 정족산성에 진입했다가 양헌수의 지휘 아래 500여 명이 매복한 조선군 정예부대에 패해 최소 6명이 숨지는 인명피해를 입기도 했다.

11월 11일, 프랑스군은 약탈한 물건들을 가지고 강화도를 떠났다. 강화도 외규장각에 보관되어 있던 297권으로 구성된 의궤는 파리 왕립도서관으로 보내졌다. 인명 피해는 크지 않았지만 프랑스군의 방화로 왕실의 주요 보관품 78건, 귀중 도서 804종 4,730권이 소실되었다. 프랑스군은 또 강화유수부 내 모든 관청 건물과 군영, 민가 등 건물 수백 채에 불을 지르고 200여 척 이상의 배를 침몰시켰다. 그로부터 150년 지난 2011년, 외규장각 의궤는 프랑스가 여전히 소유권을 가진 채 대여 형식으로 반환되었고, 2022년 297권 전체가 국립중앙박물관에서 일반에게 공개되었다.

신미양요 – 미국 함대에 무너진 광성보

프랑스 함대가 물러난 지 5년만인 1871년(고종 8), 이번에는 미국 함대가 강화도에 나타났다. 신미양요다. 사건의 발단은 1866년 평양에 들어왔다가 불태워진 미국 상선 제너럴셔먼호에 대한 응징이었다. 무장한 제너럴셔먼호 상인들이 평양에 들어와 폭행을 일삼다가 24명이 죽임을 당하고 배는 불태워졌다. 조선 정부가 진상조사와 통상 요구에 응하지 않자 일본 나가사키에 있던 미국 함대가 움직였다. 미국 아시아함대 사령관 존 로저스는 군함 5척에 85문의 대포와 1,230명의 해병대 병력을 싣고 5월 19일 충청도 해미 앞바다에 도착했다.

미국 함대는 병인양요 때 프랑스 함대와 같이 강화해협을 봉쇄하기 좋은 물치도(작약도) 부근에 배를 정박하고 조선 정부에 조약 체결을 압박했다. 교섭이 결렬되자 미 함대는 6월 10일 강화도 상륙작전을 감행하여 초지진을 점령한 뒤 이튿날 새벽 덕진진까지 공략했다.

6월 11일 정오 무렵부터는 광성보에서 전투가 시작되었다. 광성보에는 조선의 장수 어재연(1823~1871)이 군사 1천여 명과 대포 143문을 총동원하여 항전 태세를 갖추고 있었다. 하지만 광성보는 전방에서 미 함대의 강력한 포격을 받고, 후방에서는 덕진진에서부터 쳐들어온 미 상륙부대의 곡사포 공격을 받아 진퇴양난에 몰렸다. 함포사격에 이어 상륙부대가 돌격전을 감행한 미국군에 맞서 광성돈대에서는 백병전이 벌어졌다. 조선군은 안간힘을 다해 싸웠으나 전력의 열세를 극복하지 못하고 속수무책으로 무너졌다.

광성보와 초지진 중간에 자리한 덕진진. 신미양요 때 미국군과 포격전으로 파괴된 것을 1977년 복원하였다.

광성보 전투에서 조선군은 어재연 · 어재순 형제를 포함해 전국에서 몰려든 포수 등 350여 명이 전사하였다. 미군은 3명이 전사하고 10여 명이 부상을 입었을 뿐이다. 대승을 거둔 미군은 한양으로 진격하지 않고 작약도로 철수한 뒤 조선 정부가 교섭에 응하지 않자 청나라로 돌아갔다. 이로써 신미양요는 종결되었다.

바다의 관문을 굳게 걸어 잠근 흥선대원군

조선 정부는 신미양요를 두고 전투에는 패했지만 외국의 침입을 물리친 사건이라고 아전인수격으로 평가하였다. 어린 왕을 대신하여 전권을 행사하던 고종의 아버지 흥선대원군은 개항하면 나라가 위태롭다고 판단하여 서학(천

흥선대원군이 덕진진에 세운 해문방수비.

주교) 금압령을 내리고 바다의 관문을 굳게 걸어 잠갔다.

병인양요 이듬해인 1867년 대원군은 덕진진 앞바다에 해문방수비(海門防守碑)를 세우고 쇄국정책을 강화했다. 해문방수비에는 '바다의 관문을 막고 지켜서 다른 나라의 배가 지나지 못하도록 하라'(海門防守他國船愼勿過)는 글자를 새겼다. 신미양요 이후에는 전국 곳곳에 척화비를 세워 쇄국 의지를 더욱 다졌다. 백성들의 피로 세운 척화비에는 병인양요 이래 사용해온 구호가 새겨졌다.

> "서양 오랑캐가 침입하는데 싸우지 않으면 화친하는 것이요, 화친을 주장하는 것은 나라를 팔아먹는 것이다. 우리의 만대 자손에게 경고하노라. 병인년에 짓고 신미년에 세운다."(洋夷侵犯 非戰則和 主和賣國 戒我萬年子孫 丙寅作 辛未立)

강화도조약-운요호 앞세운 일본, 불평등한 조약 강요

신미양요가 일어난 지 4년 만인 1875년(고종 12) 음력 9월 20일, 일본 군함이 강화해협에 나타났다. 강력한 쇄국정책으로 근대화의 기회를 놓친 조선과 달리, 메이지 유신을 통해 중앙집권화와 근대화에 성공한 일본은 침략전쟁을 통한 부국강병을 모색했다. 서구 열강을 모델로 삼은 일본의 근대화는 제국주의로 흘렀다. 원료를 수탈하고 상품을 내다 팔 시장이 필요해진 일본의 1차 식민지 대상은 대륙의 관문인 조선이었다.

일본은 영국에서 사들인 최신식 군함 운요호를 강화 앞바다에 출동시켜 초지진을 초토화시켰다. 이어 영종진에 상륙해 조선 수군을 궤멸하고 살인, 방화, 약탈을 자행한 뒤 돌아갔다. 이는 조선 침략의 구실을 만들기 위해 계획된 도발이었다. 잇따른 외침으로 국력이 소진된 조선은 대응하지 못하고 오히려 사건을 은폐하려 들었다. 일본은 육군 중장 구로다 기요타카를 전권대신으로 임명해 개항 조약을 압박했다.

조선 정부는 쇄국을 고집하던 대원군이 물러난 뒤 고종이 친정을 펼치고 개혁파가 개항을 주장하는 등 병인양요나 신미양요 때와는 상황이 많이 달라져 있었다. 고종이 임명한 접견대관 신헌과 구로다의 회담이 시작된 지 보름 만인 1876년 2월 27일 강화유수영 연무당에서 '조일수호조규'가 체결됐다. 조선의 첫 근대적 조약인 일명 '강화도조약'은 일본의 요구가 거의 수용된 불평등한 조약이었다. 강화 앞바다로 외국 배들이 몰려온 이래 10여 년 동안 이 일대를 전쟁터로 만든 조선의 문호 개방은 그렇게 귀결되었다.

자발성 없는 강제 개항의 대가는 참혹했다. 때늦은 근대화의 길은 국권 상실과 강제 병합이라는 한국 역사상 가장 치욕스런 결과를 초래하고 말았다. 개방된 조강에는 군함과 함께 상선들이 몰려들었다. 임오군란(1882) 이후 청나라 상인들이 한강 유역 상권을 놓고 일본과 경쟁을 벌였지만 청일전쟁(1894~1895)에서 일본이 승리함으로써 조강은 조선을 경제적으로 수탈하는 일본 배들이 독점적 지위를 차지하게 되었다. 서구의 공산품들이 일본 상인을 거쳐 물밀 듯 조선에 들어왔다. 기선의 취항과 함께 1899년 9월 인천과 노량진 사이 경인철도가 개통되고, 갑오개혁(1894)으로 세금을 곡식으로 거두어 배로 나르던 조운제도마저 없어졌다. 조강의 포구들은 급격하게 내리막길을 걷게 되었다.

강은 하나인데 부르는 이름은 여러 가지

서구 열강의 한반도 침공 루트였던 강화와 김포 사이의 바다는 강화해협 또는 염하라는 이름으로 불린다. 조선은 강화해협에 초지진, 덕진진, 광성보 등 대대급 군사시설 진 · 보와, 그 아래 갑곶돈대, 용두돈대 등 소대급 돈대들을 촘촘하게 배치했다. 건너편 김포 쪽에는 문수산성과 덕포진이 있다.

염하(鹽河)란 짠물, 소금 강이라는 뜻인데, 조선시대까지만 해도 염하라는 지명은 사용된 적이 없다. 조선의 각종 지도에는 강화해협 북단에서 만나는 한강 하류를 조강이라고 표기하고, 손돌목과 갑곶 등 강화해협 일대의 사건을 기록할 때는 '갑곶진 앞바다'(甲串津 前洋), '초지진 앞바다'(草芝鎭 前洋) 등으로 표기하였다.

고려시대에는 이 물길을 갑곶강, 착량이라고 불렀다. 『강화부지』(1783)의 기록에 따르면, 몽골군이 갑곶강에 이르러 군사시위를 벌이자 장군 이광이 수군을 거느리고 이를 막았다고 적었다. 또 우왕 3년(1377)에 왜적이 착량에 이르러 군함 50여 척을 불태웠는데 이때 착량(窄梁)은 손돌목이라고 기록되어 있다. 좁다[窄]는 뜻의 '솔다'와 물목[梁]을 뜻하는 '돌'을 합친 이름이라고도 하고, 고려 때 김포에 살던 뱃사공 손돌의 이름을 딴 것이라고도 한다.

1694~96년 조선 숙종 때 이형상이 강화도의 수어방략에 중점을 두고 편찬한 『강도지』에는 "북진(北津)에 경보가 있으면 두려워하지 않는 사람이 없으므로 백마(白馬)가 중요하고, 동강(東江)에 적이 이른다면 안전한 곳이 없으니 조강(祖江)이 중요하다"라고 기록해 강화 동쪽의 물길을 동강이라 불렀다. 이

김포 문수산에서 바라본 강화해협. 강화대교 건너편이 강화 갑곶돈대이다.

말은 강화 북부 해안을 돌아 조강으로 들어오는 적의 방어를 위해서는 백마산(개풍군)이 중요하고, 강화해협으로 들어오는 것을 막기 위해서는 조강 일대 방어책이 중요하다는 뜻이다.

강화해협이 '염하'가 된 사연

그렇다면 염하라는 이름은 어떻게 생겨난 걸까. 그 유래는 19세기 제국주의 열강의 조선 침략사와 관련이 깊다. 염하의 기원은 1866년 병인양요 때 강화를 침공한 프랑스군이 강화해협을 그린 해도에 'Rivière Salée'(소금기 많은 강)이라고 표기한 것에서 비롯되었다.

강화해협을 따라 북상하던 프랑스 해군 가운데 해도 제작을 맡은 견습소위 앙리 쥐베르가 그 주인공이다. 갑고지[갑곶] 나루에서 현지 탐문조사를 하던 쥐베르가 한 촌로에게 강 이름을 물었다. "저건 강이 아니라 짠물(바다)일 쇠다." 촌로가 답변했다. 이방인의 눈에는 폭이 1킬로미터도 안 되는 이 해협이 강으로 보였을지 모르겠지만 강화 주민들에게는 엄연히 바다였다.

훗날 유명 화가가 되는 쥐베르는 1873년 〈르 투르뒤몽드〉라는 매체에 현장에서 스케치한 삽화 10컷과 함께 두 차례에 걸친 강화도 원정기를 실었는데 강화해협을 'Rivière Salée'라고 적고 그렇게 명명한 경위를 적어놓았다. 『프랑스 군인 쥐베르가 기록한 병인양요』라는 책에서 쥐베르는 처음 본 강화도의 풍경을 이렇게 묘사했다.

"갑곶이 언덕에서 내려다보는 전망은 매우 아름다웠다. 이른 아침의 풍경은 특히 아름다웠다. 숙영지가 잠에서 깨어 활기를 띠기 시작하고, 푸르스름한 연기가 곧게 하늘로 올라가는 시간이면 아름다운 논과 밀밭, 옥수수밭, 무밭, 그리고 옹기종기 모여 있는 숲과 촌락들이 서서히 어둠을 벗고 모습을 드러내기 시작한다. 희한하게 볼록하니 둥글린 두렁으로 삐뚤삐뚤 이어가며 경계를 짓고 있는 논밭의 모습은 마치 아이들이 한 조각 한 조각 맞추어 놓은 퍼즐처럼 보이면서 우리네 평야가 보여주는 직선의 단조로움에서 벗어나 있다. 평야가 끝나는 지점에 강화의 성벽이 보이는데, 성벽의 일부는 둔덕에 가려 보이지 않았다. 그리고 더 멀리 겹겹이 포개어진 산들의 명암과 안개 자욱한 그 사이의 계곡들은 따뜻하고 행복한 배경을 이루고 있었다."

1867년 일본 해군성 수로국은 프랑스의 해도를 입수해 연미정에서 황산도 앞까지 약 22킬로미터에 이르는 강화해협 해도를 「고려서안 염하지도」라는 제목으로 펴냈다. 프랑스어로 적힌 'Rivière Salée'를 '염하'로 직역한 것인데, 강화해협이 일본식 땅이름으로 개명된 순간이었다. 일본은 갑곶나루와 문수산 일대의 지형까지 자세히 묘사한 이 해도를 가지고 조선 침략의 길라잡이로 삼았다.

1871년 신미양요를 일으킨 미국 해군도 프랑스 원본을 편집한 해도를 가지고 강화도 침공을 감행했다. 미 해군사편찬협회에서 발간한 책자 『1871년 해병대의 한국 상륙작전』에는 강화해협을 프랑스의 표기를 따라 'Salée River'라고 적었다.

한반도를 강제 합병한 일본은 1914년 행정구역을 개편하면서 조선의 지명을 일본식 한자로 바꾸었다. 강화해협은 50년 전 만든 「고려서안 염하지도」를 근거로 염하로 굳어졌다. 이후 염하라는 지명은 간간이 사용되다가 최근 들어 유행처럼 쓰이고 있다. 일본 식민통치에서 비롯된 '염하'라는 명칭 대신 육지와 섬 사이로 강줄기처럼 흐르는 바닷물의 정취를 담은 적절한 새 이름은 없을까.

8 강화나들길 2코스 호국돈대길

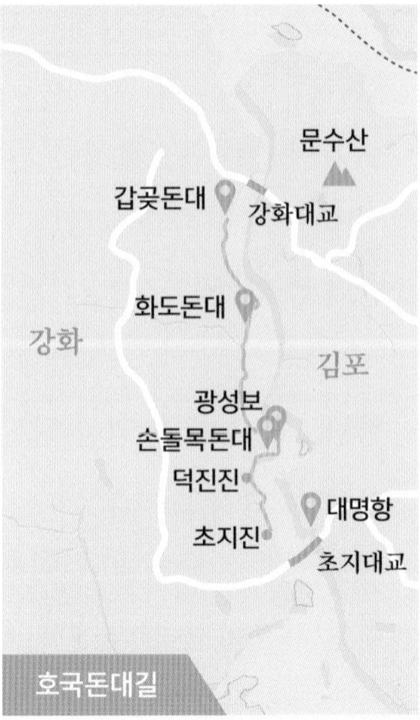

서울로 들어가는 길목으로 열강들이 번갈아 침입했던 강화해협에는 해안을 따라 걷기 좋은 강화나들길 2코스 '호국돈대길'이 나 있다. 강화역사관이 있는 갑곶돈대에서 출발해 광성보, 용두돈대, 덕진진을 거쳐 초지진까지 17킬로미터 이어지는데 5시간 남짓 걸린다. 강화해협 해안에는 원래 대대급 진·보 각 4개와 소대급 돈대가 10여 곳이 있었지만 대부분 유실되었고 최근 일부가 복원되었다.

갑곶돈대는 고려가 강화도로 도읍을 옮긴 뒤 강화해협을 지키던 주요 요새로 1977년 복원됐다. 갑곶이라는 지명은 몽골군이 강화해협을 건너려다 번번이 실패하자 '우리 군사들이 갑옷을 벗어 바다를 메워도 건너갈 수 있을 텐데'라며 한탄했다는 데서 유래한다.

갑곶돈대가 속했던 갑곶진은 병인양요 때 프랑스군의 함포사격에 소실되었다. 돈대 한편에 외적의 침입을 막기 위해 심었던 것으로 추정되는 탱자나무가 천연기념물로 보호받고 있다.

용진진, 용당돈대, 화도돈대, 오두돈대를 지나면 신미양요 때 미국과 처절한 전투를 벌였던 광성보가 나온다. 광성보에는 어재연 장군을 비롯해 포로가 되기를 거부하고 죽기 살기로 싸우다 전원이 순국한 무명용사들을 기리는 비각이 세워져 있다.

광성보 인근 용두돈대는 요충지인 손돌목을 지키는 곳이다. 손돌목은 이순신 장군이 대승을 거둔 명량대첩의 울돌목에 견줄 만큼 물살이 센 여울목이다. 용두돈대에서 언덕을 오르면 신미양요 때 미군과 결사 항전을 벌였던 손돌목돈대에 닿는다.

용두돈대에서 3킬로미터 지나면 강화해협에서 가장 강력한 포대로 알려진 덕진포대와 남장포대를 지휘하는 덕진진이다. 신미양요 때 미군은 초지진을

조선말에 외국군의 손돌목 진입을 저지하기 위해 설치한 용두돈대의 대포. 강화해협 건너편 김포에 고려 때 뱃사공 손돌의 묘가 있다.

강화 초지진의 400년 된 소나무. 신미양요 때 포탄 파편에 의한 상흔이 아직도 남아 있다.

점령한 다음 날 새벽 해문방수비가 세워진 '바다의 문' 덕진진을 무너뜨렸다.

호국돈대길의 마지막 지점은 강화해협의 진입로인 초지진이다. 1655년 설치되어 병인양요, 신미양요, 운요호사건 등 열강의 침공이 시작된 곳이다. 열강의 함대는 작약도 부근에 배를 정박하고 강화도 상륙작전을 펼쳤는데 가장 먼저 적을 맞닥뜨린 곳이 초지진이었다. 지금도 150여 년 전 포화의 흔적이 성벽과 노거수에 새겨져 있다.

군사요충지, 생태계 보고로 빛나는 강마을

강화도는 오래전부터 천혜의 군사요충지였다. 강화해협 언덕에서 적의 동태를 정찰하기 쉽고 바다를 통해 침입하는 적을 공격하기가 쉬운 지형 때문이다. 격랑의 역사가 켜켜이 쌓인 강화도는 지붕 없는 역사박물관이라 불릴 만큼 유적지가 산재해 있다. 고려는 몽골의 침입에 항쟁하기 위해 강화로 천도해 임시수도에 고려궁지와 고려왕릉을 지었고, 조선은 열강의 침입을 막기 위해 강화산성과 해안가에 진 · 보 · 포대 · 돈대 등 방어시설을 설치했다. 선사시대 고인돌 유적은 세계문화유산으로 지정됐다. 또 저어새 · 두루미가 서식하는 생태계의 보고인 갯벌은 세계 3대 갯벌이라는 평가를 받는다. 마니산과 고려산, 서해안 낙조, 농촌 마을의 풍경 등 자연생태 환경도 양호하게 보전되어 있다.

'강(江)을 끼고 있는 빛나는(華) 고을'이라는 뜻을 가진 강화 앞바다는 한강과 임진강, 예성강의 세 물줄기가 만나는 삼합수다. 강화의 최초 지명인 갑비고차는 '두 갈래로 갈라진 물(바다, 강)가에 있는 고을'이라는 뜻으로 고조선 때까지 그 이름으로 불렀다. 삼국시대부터 고려 초까지는 혈구, 해구, 열구 등으로 불렸는데 모두 강과 바다의 입구라는 뜻이다. 고려 고종 때 몽골의 침입으로 수도를 옮기면서 강도(江都)로 불리다가 이후 강화로 바뀌었다. 강화도 한가운데 자리한 혈구산(穴口山, 466미터) 정상에는 '한반도의 중심 강화! 백두산 정상까지 499킬로미터, 한라산 정상까지 486킬로미터'라는 표지석이 세워져 있다.

무궁무진한 이야기가 깃든 강화나들길

강화도가 품고 있는 무궁무진한 이야기들을 꿴 것은 강화나들길이다. 총 20개 코스 310.5킬로미터인 강화나들길은 강화도 14개, 교동도와 석모도 각 2개, 주문도와 볼음도 각 1개씩 조성되어 있다.

강화나들길이 탄생한 것은 강화도 선비인 화남 고재형(1846~1916)이 100여

강화도 혈구산 정상에 세워진 '한반도의 중심 강화' 표지석. 백두산과 한라산까지의 거리가 거의 같다.

년 전 남긴 『심도기행』이라는 마을답사기가 바탕이 되었다. 심도(沁都)는 조선 시대에 나라의 심장과 같이 중요한 지역이라는 의미에서 강화의 별칭으로 사용되었다.

『심도기행』은 고재형이 1906년 봄, 고향인 강화군 불은면 두운리 두두미마을에서 출발해 강화도 전역의 200여 개 마을을 여행하며 마을의 유래와 풍광, 인물, 풍습 등을 소상하게 담은 기행시집이다. 그는 강화도의 거의 모든 마을과 명소를 직접 말을 타고 다니며, 사람들을 만나보고 자료를 수집한 다음 한시 칠언절구 256수를 짓고 마을의 역사와 당시 모습을 정리하였다.

"봄바람 맞으며 두두미를 걷노라니/ 온 마을의 산과 내가 한눈에 들어오네/ 밝은 달 푸른 버들 여러 구씨 탁상에서/ 잔 가득한 술맛이 힘을 내게 하는구

나.”(斗頭我步帶春風 一府山川兩眼中 明月綠楊諸具榻 滿杯麵味使人雄)

그가 이 책을 쓴 시기는 일제와 서구 문명이 물밀듯 들어와 커다란 시대적 변화를 겪으며 강화도의 전통과 풍습이 점차 사라져가는 때였다. 당시 심도기행의 발문을 지은 구창서는 “심덕부 선생의 충의를 좋아하고, 김상용 선생의 대의를 흠모하였는데, 그 유풍이 점차 사라지는 것을 이 고을의 선비로서 어찌 개탄해 마지않겠는가. 생각건대 나의 할아버지뻘 되는 화남 선생은 이러한 걱정을 더욱 심하게 하셨던 것 같다”고 서술했다.

나라의 운명이 기울어가던 암울한 시대에 급변하는 풍속을 개탄하며 자신이 나고 자란 고향 땅을 걸었던 선비의 길은 100여 년이 지난 뒤 생태역사문화 탐방로로 새롭게 탄생하였다.

2005년 『심도기행』 강독 모임을 열었던 강화역사문화연구소 김형우 박사는 “강화도의 영광과 수난의 다양한 역사를 되새기며, 산과 바다, 갯벌과 들녘을 가로지르며, 바람과 노을의 아름다움을 느끼고 배우며 천천히 걷는 것이 심도기행”이라며 강화의 오래된 길 걷기를 제안했다. 강화나들길을 걸으면 비록 힘없는 나라의 백성으로 태어났지만 질곡의 역사를 이겨내고 더욱 충만해진 강화 사람들의 생명력을 온몸으로 느끼게 된다.

해협 경계로 인천-경기로 갈린 강화와 김포

강화해협을 경계로 인천광역시와 경기도가 갈린다. 강화는 원래 경기도 땅이었으나 1995년 행정구역 개편 때 김포군 검단면, 옹진군과 함께 인천광역시에 편입되었다. 1994년 주민 찬반투표에서 약 68퍼센트의 주민이 인천 편입을 찬성했다.

강화가 경기에서 인천으로 편입된 이유는 분명치 않다. 주민들이 재정 상태가 열악한 경기도보다 발전 가능성이 큰 인천을 원했다고 하지만, 한편에서는 인천 편입의 장점만 일방적으로 홍보되어 불공정한 투표가 진행되었다는 이야기도 나온다. 인천 편입 근거로는 경제권 · 생활권이 인천과 연계되어 있고, 인천에 진출한 강화 출신자들이 많고, 경기도청(수원)보다 인천광역시청이 더 가깝다는 점 등이 제시되었다. 이것만으로는 인천 편입의 설득력이 부족하다. 애초에는 김포시 전역을 인천에 편입하는 것을 검토했는데 김포 검단만 내주는 것으로 조정되었다. 당시 인천시의 편입 요구가 얼마나 강했는지 한 경기도 공무원은 "인천 사람들은 뭔 땅 욕심이 그리 많은지"라며 고개를 저었다.

강화는 인천에 편입된 지 30년이 되었지만 배를 타지 않고는 인천에 바로 진입할 수 없다. 육로를 통해 인천을 가려면 김포를 반드시 거쳐야 한다. 강화의 농업용수 또한 김포 양수장에서 공급된다. 인천 편입 뒤 강화 주민들 사이에는 다시 경기도로 돌아가자는 목소리가 지속적으로 나오고 있다. 경기도 의회에서도 경기도 환원촉구 결의안까지 냈으나 인천시의 반대로 진전이 없는 상태다.

조강과 강화해협을 공유하는 강화와 김포는 지리, 역사, 문화, 생태, 생활권이 유사하다. 이 지역을 다른 광역 지방정부로 갈라놓은 것은 바람직하지 않다. 그렇다고 경기도로 되돌아가기도 어렵다면, 추진 중인 '경기북부 특별자치도'에 강화와 김포를 함께 편입시키면 어떨까. 한강을 기준으로 경기도를 남북으로 분할하자는 경기북도 설치안에는 경기 북부 10개 시군과 김포시가 포함되어 있다. 김포는 한강 이북은 아니지만 고양, 파주 등 경기북부권과 밀접하게 연결되어 있고 경기남부권과는 생활권이 단절되어 있다. 강화와 김포가 경기북도에 포함된다면 한강하구에서 임진강으로 이어지는 DMZ 중서부 일원의 효율적인 관리와 보전이 한층 수월해질 것이다.

9 밴댕이가 유혹하는 대명항 평화누리길

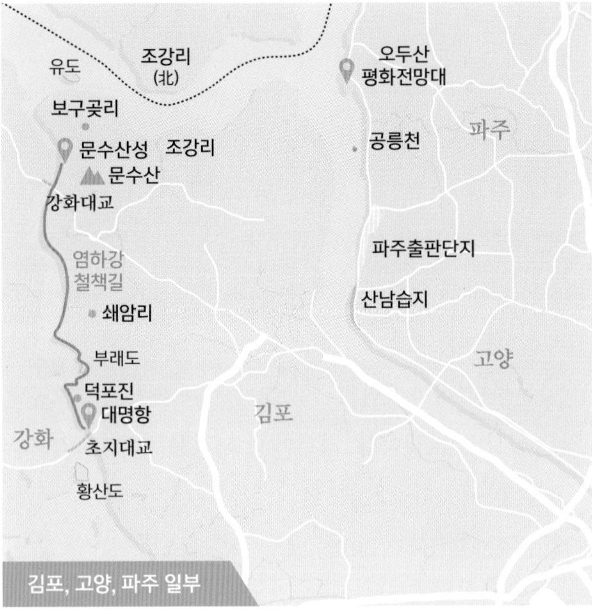

강화와 김포 사이에는 2개의 다리가 놓여있다. 강화도에서 남쪽의 초지대교를 건너면 경기도 김포시 대곶면 대명포구다. 김포시 유일의 지방 어항인 대명항에서는 봄이면 밥알을 가득 채운 주꾸미와 밴댕이, 삼식이, 여름에는 농어, 광어, 우럭, 병어, 가을에는 꽃게와 새우, 젓새우, 겨울에는 숭어, 동어 등이 난다.

어부들은 포구에 등록된 어선을 타고 덕적도 앞바다까지 나가서 고기를 잡아 수산물 직판장 42개의 점포에서 좌판에 놓고 판다. 판매는 주로 어부의 아내가 맡는데, 남편이 잡은 제철의 신선한 해산물과 직접 담은 젓갈 등을 저렴하게 팔아 사철 방문객이 끊이지 않는다. 해산물이 잡히는 시기에 따라 봄에는 밴댕이 축제, 가을에는 꽃게 축제가 열리고, 해마다 5월에는 '서해안 풍어제'도 열린다.

다리 건너니 '염하강' 철책길

대명항은 경기도가 DMZ 접경지역에 조성한 평화누리길과 경기둘레길의 출발점이다. 2004년 은퇴한 운봉함 등이 전시된 함상공원을 지나면 경기도 평화누리길 1코스가 시작된다. 2010년 개통된 이 길은 김포에서 고양, 파주를 지나 연천까지 189킬로미터를 잇는다.

대명항에서 문수산성 남문까지 강화해협의 경계철책을 따라 14.5킬로미터를 걷는 1코스의 이름은 염하강 철책길이다. 강화에서 다리를 건너니 염하라 불리던 물길이 '염하강'으로 바뀌었다. 경기도와 김포시에서는 김포와 강화 사이의 물길을 염하강이라 부른다. 염하도 아닌 염하강이라는 동어반복형 신조어를 만들어 사용하는 것은 인천과 경기라는 광역 지방정부의 벽이 빚은 결과로 볼 수밖에 없다.

철책길에서 처음 만나는 군사유적지는 덕포진이다. 강화해협 중 가장 좁은 폭을 사이에 두고 용두돈대와 마주한다. 물살이 빠르고 소용돌이가 심한 손돌목에 설치해 강 건너 강화 덕진진, 광성보와 협력해 적을 막았던 요새다. 병인양요, 신미양요 때 프랑스, 미국 함대와 포격전을 벌일 때 사용했던 토성과 포대가 남아 있다.

덕포진 북쪽 해안 언덕에는 고려시대 뱃사공 손돌의 묘가 있다. 손돌은 몽고군에 쫓겨 강화도로 피난하는 고려 고종을 나룻배에 태웠던 사공이다. 배가 물살에 요동치자 왕은 겁에 질려 자신을 죽이려는 줄 알고 손돌의 목을 치라 했다. 아무리 설명을 해도 오해가 풀리지 않자 손돌은 "작은 바가지를 바다에 띄우고 그 바가지를 따라가면 목적지에 무사히 도착할 것입니다"라고 말한 뒤 죽음을 받아들였다. 손돌의 말대로 강화에 무사히 도착한 왕은 자신의 경솔함을 깨닫고 손돌의 주검을 거두어 후하게 장사를 지낸 뒤 사당을 세워 그의 넋을 위로하였다. 매년 음력 10월 20일 손돌의 진혼제가 열린다.

손돌묘를 지나면 '떠내려온 섬' 부래도(浮來島, 덕포나루)가 나온다. 둘레가 4리로 채 2킬로미터가 안 되는 이 섬은 원래 한강에 있었는데 강화해협으로 떠내려왔다[浮來]는 전설이 전해진다. 병인양요 당시 양헌수 장군이 덕포진에서 강화해협을 건널 때 전초기지로 사용했으며 섬 안에 성터가 남아 있다. 부래도 안쪽에 있던 덕포나루는 지덕이 좋아 선박과 사람이 모여들었다. 일제 강점기에는 작은 포구에 5가구 15명이 두 척의 배로 고기를 잡으며 살았다고 한다. 지금은 철조망 안이라 사람이 들어갈 수 없고 흰뺨검둥오리들이 제집 안마당처럼 사용하고 있다.

'부서지는 바위'라는 뜻의 쇄암리(碎岩里)의 원래 이름은 바삭바위였다. 해안 암벽이 잘 부스러져 그런 이름이 붙은 것으로 보인다. 강화의 광성나루를 오가던 쇄암리 나루에는 만조가 되면 바다에 잠기는 샘물이 있었는데 피부병에 특효가 있었다고 한다. 인근의 약암온천은 천연 염천수로 이름 높다. 전망대, 쉼터, 생태습지가 조성된 쇄암리를 지나 해안가 낮은 산등성이에는 김포씨사이드CC가 1995년 개장했다. 회원제 18홀 골프장인 이곳은 파란 잔디밭에서 시원한 바다를 즐길 수 있는 또 다른 세상이다. 겨울 철새를 만날 수 있는 포내리 들판을 지나면 염하강 철책길의 종점인 문수산성 남문이다.

김포의 금강산, 문수산

김포시 월곶면 북단에 자리한 문수산은 김포의 진산 또는 김포의 금강산으로 불린다. 해발 376미터에 불과하지만 평야지대인 김포에서 가장 높아 전망이 좋다. 한남정맥의 북서쪽 끝에 자리한 문수산은 조선시대에는 통진 비아산으로 불렸다. 통진은 김포 월곶면 일대를 일컫는 독립된 현이었으나 현재는 김포시에 속한다.

문수산 정상 장대지에 오르면 사방으로 시야가 탁 트여 요충지임을 느낄 수 있다. 서쪽으로 강화대교 건너 강화도가 발아래 굽어보이고, 북으로는 조강

김포 문수산은 한강하구와 강화해협이 만나는 요충지다. 강 건너 강화와 북 개풍군이 발아래 굽어보인다.

너머 개성 송악산과 백마산이, 동으로는 조강을 따라 애기봉과 오두산성, 멀리 북한산이 시야에 들어온다.

정상에서 바라본 남북의 모습은 낮에는 크게 다르지 않지만, 밤이 되면 극렬한 명암의 대조를 이룬다. 전력 사정이 좋지 않은 북쪽은 칠흑 같은 어둠의 세상이 되고, 남쪽은 도시의 불빛과 가로등으로 불야성을 이뤄 밤이 깊을수록 경계가 도드라진다.

문수산에는 1694년 조선 숙종 때 축성하고 1812년(순조 12) 중수한 둘레 15리(현재는 2.4킬로미터)의 문수산성이 해안지대를 성채로 연결하고 있다. 갑곶진 맞은편에서 강화 입구를 지키던 요새로 쓰였다. 1866년 병인양요 때 프랑스군과 격전을 치르면서 해안 쪽 성벽과 문루가 모두 파괴되었고 산등성이를 연결한 성곽만 남아 있다. 문수산성 남문에서 애기봉 입구까지 연결되는 평화누리길 2코스 '조강 철책길'이 성곽을 따라 나 있다.

북한 황소가 머무른 섬, 유도

문수산성을 지나 김포 북변의 보구곶리에는 유도라는 작은 섬이 떠 있다. 유도(留島)는 이름 그대로 '머무른 섬'이다. 1996년 8월 홍수 때 임진강을 통해 북에서 떠내려온 것으로 추정되는 황소가 머물러 평화통일의 상징적 장소가 되었다. 조선시대에는 한양으로 들어오는 세곡선이 머무른 선착장으로 사용되었으며 한국전쟁 전에는 농사를 지은 농가 두 채와 주막도 있었다고 전해진다. 지금은 철책에 갇힌 민통선 지역으로 사람이 살지 않는다.

김포시는 유도로 떠내려와 5개월 넘게 고립된 소를 1997년 1월 구조해 '평화의 소'라고 명명했다. 해병대원들이 황소를 고무보트에 싣고 나오는 데 소요된 시간은 불과 2분 40초였다. 원래 북한에 소를 돌려주려 했지만 북이 잃어

북에서 떠내려온 황소가 머물러 평화통일의 상징적 장소가 된 김포 유도

버린 소가 없다며 돌려받기를 거부해 제주의 소와 짝을 맺어줬다. 현재 후손 수십 마리가 김포와 제주에서 사육되고 있다고 한다. 당시에는 평화의 소에 국민적 관심이 컸는데 지금은 거의 잊힌 상태다.

유도 인근은 멸종위기종인 매화마름 군락지이고 세계적인 멸종위기종이자 천연기념물 205호인 저어새 번식지이기도 하다. 저어새는 강화도와 옹진군의 무인도, 유도 등에서 번식한다. 한강 하구와 예성강 하구의 갯벌을 먹이터로 이용하며 북한의 연안, 남포 등을 오가며 생활하는 것으로 알려졌다. 이 때문에 남북 생태협력 대상으로 한강 하구에서 가장 주목해야 할 종으로 저어새가 꼽힌다.

김포시는 사유지인 유도를 남북이 교류하는 '평화의 섬'으로 가꾸기 위해 매입을 추진 중이다. 김포 북부에는 보구곶리에서 용강리, 조강리, 가금리, 마근포리, 시암리까지 강변 마을이 이어진다. 지금은 대북, 대남 선전방송이 사라져 조용해졌지만 2018년 이전까지만 해도 강변 마을 사람들은 아침에 눈뜰 때부터 저녁 늦은 시간까지 종일토록 귀가 먹먹할 정도로 소음에 시달려야 했다.

10 천연기념물 개리 마을, 조강리

100여 년 전 김포는 강안과 해안을 따라 30여 개의 포구가 내륙 깊숙이 존재한 포구의 도시였다. 1925년 을축년 대홍수로 제방을 쌓으며 내륙 포구는 대부분 사라지고 현재는 지명에서만 그 흔적을 찾을 수 있게 되었다. 30여 개의 포구 가운데는 대명포구, 전류리, 신덕리, 원모루나루 등 4곳만이 명맥을 잇고 있다. 포구가 있어야 할 강기슭은 군부대의 통제에 들어갔고 한강하구는 육상의 비무장지대 못지않은 중무장지대로 바뀌고 말았다.

삼면이 강과 바다로 둘러싸인 김포는 삼국시대 이전부터 내륙으로 통하는 물류의 통로로 조강과 역사를 함께 했다. 조강을 따라 조성된 포구의 중심지는 조강리였다. 조강리는 분단 이전 삼남 지방에서 서울을 오가는 수로 교통의 길목이자 물류와 해산물 집산지였다. 조강리 건너편에는 황해북도 개풍군 조강리가 있어 상조강 · 하조강으로 불렀다.

19세기 지도와 일제강점기 지적원도를 보면 통진군(현 월곶면)은 조강포(祖江浦), 풍덕군 임한면은 조강진(祖江津)이라고 적혀 있다. 조강을 사이에 두고 쌍둥이 마을이었던 상 · 하 조강리는 분단으로 왕래가 끊겼다. 김포시는 분단 마을인 조강리에 통일경제특구와 '조강 평화대교' 건설 등을 추진하고 있다.

이규보·이지함이 지은 '조강물참' 노래

한강하구의 다른 이름인 조강(祖江)은 '할아버지 강'이라는 뜻인데 유래를 두고 견해가 분분하다. 400킬로미터를 흘러온 한강 물이 민물의 생을 다하고 늙었다 해서 붙여졌다고도 하고, 할아버지처럼 편안한 강이라는 의미라고도 한다. 한국전쟁 이전까지 조강이라 불렀고『세종실록』「지리지」에도 조강으로 표기되어 있다.

"강물이 도성 남쪽을 지나 금천 북쪽에 이르러 양화도가 되고, 양천 북쪽에서 공암진이 되며, 교하 서쪽 오도성에 이르러 임진강과 합하고, 통진 북쪽에 이르러 조강이 되며, 포구곶이에 이르러서 나뉘어 둘이 되었으니, 하나는 곧장 서쪽으로 흘러 강화부 북쪽을 지나 하원도가 되고, 교동현 북쪽 인석진에 이르러 바다로 들어가니, 황해도에서 배로 실어온 곡식이 모두 이곳을 거쳐 서울에 다다른다. 하나는 남쪽으로 흘러 강화부 동쪽 갑곶나루를 지나서 바다로 들어가니, 전라 · 충청도에서 배로 실어 온 곡식이 모두 이곳을 거쳐 서울에 다다른다."(『세종실록』「지리지」'경도 한성부')

여러 견해 가운데 '조수의 물참이 가장 정확하여 강 중에 으뜸이며, 조석의 기준이 되는 시간을 측정하는 시초가 되는 강'이라는 해석이 이 강의 특성을 잘 설명하고 있다.

고려시대 문인 이규보(1168~1241)는 조강에서 밀물이 들어오는 시각으로 '축일조석시'라는 시를 남겼다. 이 시는 하루에 두 번, 8시간 밀물이 들어오고 4시간은 썰물이 되어 물이 빠져나가며 물때가 주기적으로 변화한다는 내용이다.

삼토삼용수(三兎三龍水)
삼사일마시(三蛇一馬時)
양삼원역이(羊三猿亦二)
월흑부여사(月黑復如斯)

시를 해석하면 이러하다. 조강에서 밀물이 가장 많이 들어차는 물참 시각이 1~3일은 오전 5~7시(묘시), 4~6일은 오전 7~9시(진시)이며, 7~9일은 오전 9~11시(사시), 10일 하루는 오전 11시~오후 1시(오시)이다. 11~13일은 오후 1~3시(미시), 14~15일은 오후 3~5시(신시)이며, 보름 이후에는 다시 이와 같다.

토정 이지함(1517~1578)은 훗날 이규보의 시를 쉽게 풀어 '조강물참'이라는 노랫말을 만들어 뱃사람들이 노래로 부르게 했다.

처음 사흘은 토끼 때	다음 사흘은 용 때
또 사흘이 뱀 때	다음 하루는 말 때
양 세 마리 지나가면	잔나비가 두 마리
물참은 하루 두 번	같은 날도 늦어지네
보름달 이지러지면	밤낮만 바뀐다네 (후략)

조강리 철책선 부근에는 조강포의 옛 위치와 유래를 표시하는 조강포 유허비가 세워져 있다. "『동국여지승람』에 조강도(祖江渡)로 기록될 만큼 유명했다. 이곳은 토정 이지함 선생이 이곳 뒷산에서 조수간만의 때를 정확히 측정하여 '조강 물참'이라는 일화를 남긴 한강하구의 중요한 나루터였다."

한때 세곡선과 화물, 여객선이 드나들며 붐비던 조강포와 강령포, 마근포 등 사라진 옛 포구들은 복원될 날을 손꼽아 기다리고 있다. 3개 마을 주민들은 번성했던 시기에 즐겼던 민속놀이인 조강치군패를 최근 복원, 재현하였다. 치군패란 여럿이 무리지어 논다는 뜻으로 강변 마을에서 성행했던 풍물 민속놀이인데, 아이들을 3단까지 무동(舞童) 태우고 마을을 돌아다니곤 했다. 치군놀이는 상쇠, 부쇠, 장구, 북, 징, 태평소, 바라, 소고, 치군아이로 구성되었으며 치군아이는 여장이 잘 어울리는 남자아이들이 맡았다. 강령포의 치군놀이가 특히 유명했는데 치군놀이패가 마을 집들을 돌며 덕담을 건네면 집주인이 상을 차려 대접했다고 한다.

한강하구에 매혹된 푸른 눈의 젤리거 박사

조강리를 비롯한 한강하구는 DMZ 접경지역 중 남북 협력사업의 최적지로 꼽힌다. 그만큼 활용계획도 다양하다. 경기도는 2019년 한강하구의 평화적 활용방안 청사진으로 뱃길 복원과 포구마을 조성, 도보다리 건설, 개성~김포 다리 연결, 평화시장 플랫폼 설치, 자유무역지역 지정 등 4대 분야 15개 사업을 제시했다. 그 중심이 되는 곳이 조강리이다.

남북관계의 물꼬를 틀 수 있는 조강리는 훼손되지 않은 기수역 생태계로도 가치가 높다. 한국전쟁 이후 사람의 간섭을 받지 않게 된 조강은 막대한 토사가 퇴적되어 각종 동식물의 보고가 되었다.

수은주가 영하 10도 아래로 곤두박질친 2018년 12월 30일, 한스자이델재단 한국사무소 베른하르트 젤리거 대표의 한강하구 생태조사에 동행했다. 한스자이델재단은 '민주주의와 평화, 발전을 위한 봉사'라는 슬로건을 걸고 1967년 독일 뮌헨에 설립된 재단으로 주로 민주시민교육과 개발도상국을 돕는 사업을 하는 곳이다. 이날 월곶면 보구곶리, 용강리, 조강리, 하성면 시암리

김포 한강하구 철책선에서 생태조사 중인 독일 한스자이델재단 대표 베른하르트 젤리거 박사

의 강변에서 확인된 조류는 멸종위기종이자 천연기념물 325호인 개리 270마리를 비롯해 흰뺨검둥오리, 흰꼬리수리, 큰기러기, 쇠기러기 등 겨울 철새 3천여 마리였다.

중립수역의 철책선 안에서는 개리 수백 마리가 날아올랐다. 개리는 전 세계에 서식하는 6만~9만 마리 중 절반가량이 청천강 하구 평안남도 문덕습지에서 지낸다고 한다. 문덕 철새보호구는 두루미와 흑두루미 등 22종의 멸종위기생물이 찾는 세계적인 철새도래지다. 두만강 하구 함경북도 라선 철새보호구와 함께 2018년 5월 북한 람사르 습지 1호가 되었다.

젤리거 박사는 한강하구에서 대량으로 발견된 개리를 통해 남북 생태계의 유사성을 찾을 수 있다고 보았다. 그는 통독 이전 동서독의 경계 지역이었던 그뤼네스 반트(Grünes Band)에 빗대어 한강하구 보전의 필요성에 대한 의견을

김포 조강리 한강하구 중립수역에 찾아온 천연기념물 개리.

들려줬다.

"김포 한강하구 일대는 강원도 고성, 철원, 경기도 연천 등 다른 접경지역보다 개발이 덜 돼 자연생태가 우수하고 문화적으로도 보전 가치가 높습니다. 너무 현대화나 개발에만 치중하지 말고 이 지역처럼 자연과 문화가 어우러진 전형적인 한국 농촌사회의 특성을 살려 발전시키면 좋겠습니다. 도로와 철도 등 인프라 시설도 미리 협의하고 준비했다가 필요할 때 놓으면 됩니다."

그의 설명에 따르면, 독일은 1990년 통일 이전부터 환경에 대한 인식을 가지고 생태 가치를 파악하고 준비했다. 통일 후 '철의 장막'으로 불리던 1,400킬로미터 접경지 경계의 85퍼센트가 그뤼네스 반트로 탈바꿈해 모범 사례로 인정받았다.

개리가 잇는 한반도 생태계에 대해 한동욱 PGA생태연구소장은 남북 생태통일의 중요성을 말했다. “개리는 물때에 따라 청천강에서 한강하구, 강화 북단까지 자유롭게 이동해요. 철새들에게 국가나 지역 경계는 의미가 없고 남북 생태계는 하나입니다. 남북 간 정치통일뿐 아니라 생태통일도 중요한 일입니다.”

11 애기의 순애보가 절절한 애기봉

월곶면 조강리와 하성면 가금리 사이 강기슭에는 154미터 높이의 애기봉이 솟아 있다. 애기봉 전망대에서는 1.8킬로미터 떨어진 개풍군 암실마을과 쌍마고지, 북한군 감시초소(GP)가 있는 한터산이 내려다보인다. 강 너머 북쪽의 풍경은 느리고 한가하다. 마을 가운데에 '위대한 김일성 동지와 김정일 동지는 영원히 우리와 함께 계신다'라는 문구가 쓰인 주체사상탑이 세워져 있고, 주변 논에는 소로 쟁기질을 하거나 자전거를 타는 주민들을 볼 수 있다. 강변의 철조망은 남쪽과 달리 높지도 위압적이지도 않았다. 오랫동안 선박 출입이 통제된 강에는 퇴적물이 가득 쌓여 썰물 때면 걸어서 건널 수 있을 것처럼 보였다.

원래 이름이 쑥갓머리봉인 이 봉우리는 여기봉(女妓峰) 또는 예기봉(禮妓峰)이라고도 불렸는데, 여기에는 다음과 같은 전설이 내려온다. 병자호란이 일어나자 평양감사는 사랑하는 기생과 함께 황해도 개풍군 조강 앞까지 쫓겨 왔다가 적에게 붙들려갔다. 홀로 남은 애기는 날마다 조강의 쑥갓머리봉에 올라

김포 애기봉에서 바라본 개풍군 산하. 애기봉 등탑에 불을 밝히면 개성에서도 보여 남북 갈등의 빌미가 되었다.

평양감사가 돌아오기만을 기다렸다. 그리움과 외로움으로 병을 얻은 애기는 님이 계신 북녘 땅이 잘 보이는 산 정상에 묻어달라는 유언을 남기고 세상을 떠났다.

1966년 10월 이곳을 방문한 대통령 박정희가 이 이야기를 듣고 "애기의 한은 강 하나를 사이에 두고 오가지 못하는 1천만 이산가족의 한과 같다"며 한국전쟁 이후 '154고지'로 불리던 봉우리를 애기봉(愛妓峰)이라 명명하고 친필 휘호를 내렸다. 애초 이 봉우리는 공정식 해병대 사령관이 제적봉(制赤峰)이라 명명하려 했지만, 박정희가 애기봉으로 명명하는 바람에 강화평화전망대 고지가 대신 제적봉이 되었다는 일화를 앞서 소개한 바 있다.

등탑과 삐라 진원지가 그리움의 상징으로

한국전쟁 당시 154고지는 서부전선 최전방 요충지로 이곳을 차지하기 위해 치열한 격전이 벌어졌다. 정전 이후에도 북과 가까운 애기봉은 등탑 점등과 삐라 살포, 확성기 방송 등 대북심리전의 본거지가 되었다.

애기봉 등탑의 기원은 1954년 성탄절 때 소나무를 베어 만든 성탄 트리에 불을 밝히면서부터다. 이후 1971년 기독교 단체가 중심이 되어 성탄 트리 대신 18미터 높이의 십자가가 달린 철탑을 세우면서 갈등이 본격화되었다. 북은 불을 밝히면 개성에서도 보이는 애기봉 등탑을 선전시설이라며 철거를 요구했다. 남북은 2004년 2차 장성급 회담에서 군사분계선 지역에서의 선전활동을 중지하고 선전수단도 없애기로 합의함에 따라 애기봉의 점등은 중단되었다.

6년간 꺼져있던 등탑은 2010년 연평도 포격 사건을 계기로 다시 밝혀졌다. 종교단체의 계속된 점등 시도에 북은 "심리 모략전을 벌이는 것은 북침전쟁의 도화선에 불을 달려는 행동으로, 용납할 수 없는 도발"이라며 강도 높게 반발했다. 애기봉에는 언제 포탄이 날아들지 모르는 팽팽한 긴장감이 이어졌다.

43년간 남북 대결의 상징이었던 애기봉 등탑은 2014년 철거돼 역사의 뒤안길로 사라졌다. 해병대 2사단이 노후화에 따른 안전상 이유로 등탑을 철거했다. 뒤늦게 이 사실을 알게 된 당시 대통령 박근혜는 청와대 내부 회의에서 '왜 등탑을 없앴느냐, 누가 결정했느냐'며 격노했다. 국방부 장관, 해병대 사령관은 철거 보고를 받지 않았다고 해명했다. 책임자 처벌론과 등탑 자리에 대형 전광판 설치 주장까지 나오는 등 한동안 여론이 들끓었다.

70년간 바람 잘 날 없던 애기봉은 2021년 평화생태공원으로 재탄생했다. 전시관에서 평화, 생태, 미래를 주제로 영상과 전시물을 감상할 수 있고, 조강전망대에서는 서해, 조강, 한강, 북녘의 경관과 철새의 이동 등 생태환경을 관찰할 수 있다. 애기봉 평화생태공원을 설계한 건축가 승효상은 '그리움'을 강조했다. "조강은 임진강과 예성강까지 만나 서해로 흐르는 굉장히 아름다운 풍경을 갖고 있습니다. 안보시설로도 쓰이겠지만 남북을 잇는 하나의 중요한, 그리움에 관한 시설로 이용되길 바랍니다."

한강하구의 허파 시암리 습지와 모새달의 수난

강화 · 교동 · 김포 · 파주와 개성 · 개풍 · 연안 · 배천을 아우르는 한민족 역사문화의 중심지였던 한강하구는 분단 이후 한반도 생태계의 보고가 되었다. 남한에서 유일하게 하굿둑이 설치되지 않은 자연 하구로 민물과 바닷물이 만나는 기수역인 한강하구는 생물 다양성이 풍부하고 생태적으로 우수한 자연경관을 보전하고 있다.

2006년 4월 환경부는 한강하구를 습지보호지역으로 지정했다. 원시 자연 상태를 유지하고 있는 장항습지, 산남습지, 시암리습지 등 대규모 습지를 중심으로 다양한 생태계가 발달하고, 저어새 산란지인 유도 등이 위치한다는 이유에서다. 또 한강하구 습지에 저어새, 흰꼬리수리, 매, 검독수리 등 멸종위기종 1급 4종과 재두루미, 개리, 큰 기러기, 매화마름 등 멸종위기종 2급 22종의 보호 가치 높은 야생동물이 서식 · 도래해 보전이 필요하다고 밝혔다.

습지보호지역은 여의도 면적의 약 20배인 60.7평방킬로미터가 지정됐다. 고양시 신곡수중보에서 강화군 송해면 숭뢰리 사이의 하천 제방과 철책선 안쪽이 포함되었고, 신곡수중보에서 김포시 하성면 전류리까지 김포 쪽 수면부와 하천부지는 제외됐다. 습지보호지역에서는 하천 골재 채취 및 어로행위, 건축물 신 · 증설, 토지형질 변경 등의 행위를 할 수 없다.

한강하구가 시작되는 김포 시암리 습지.

한강과 임진강이 만나는 조강 입구에 자리한 하성면 시암리 습지는 한강하구의 허파 같은 곳이다. 2.0평방킬로미터 규모로 삼각주 습지 형태를 갖추고 있는 이 습지는 저어새 등 희귀철새의 낙원이자 희귀식물인 '모새달'의 군락지로 보전 가치가 높다.

강 하구에서 자라는 습생식물인 모새달은 갈대와 모양이 비슷하나 크기가 더 작고 초여름에 이삭이 먼저 피며 갈대와 달리 줄기 속이 차 있다. 법적 보호종은 아니지만 산림청 희귀식물 194호로 기후위기 시대에 탄소 흡수원으로 가치를 평가받고 있다.

2014년까지만 해도 시암리 습지는 모새달이 90퍼센트 이상을 덮고 있었으나 2021년에는 60퍼센트에도 못 미칠 정도로 줄었다. 경기도, 김포시, 해병 2사단과 한우협회 김포시지부가 2013년 '군부대 관할 유휴지 풀사료 이용을 위한 업무협약'을 맺고 해마다 5~6월 소먹이용으로 모새달을 베어냈기 때문이다. 풀베기에 대형 콤바인이 동원되면서 습지의 육화가 가속화되어 외래종과 육상생태계 식물이 들어오는 등 부작용도 잇따랐다.

김포시와 해병 2사단은 풀베기 사업을 시작하면서 주무관청인 한강유역환경청의 의견조차 구하지 않았다. 시암리의 풀베기 사업은 지뢰 폭발 위험 때문에 2021년 이후 중단된 상태다. 한강하구의 생태 핵심지역인 시암리습지에는 1960년대 재두루미 3,000여 마리가 월동했다고 전해지지만 지금은 거의 볼 수 없다.

한강하구 람사르 등재의 험난한 여정

한강하구 습지보호지역은 2.5미터 높이의 철책으로 막혀 있고 군사시설 보호구역으로 설정돼 있어 사람의 자유로운 왕래가 불가능하다. 덕분에 원시 자연 상태가 유지되면서 저어새 등 국제 멸종위기종의 도래지로 보호받고 있다.

환경부는 한강하구를 습지보호지역으로 지정한 뒤 보호지역 전역의 람사르 습지 등록을 추진했다. 람사르 습지란 우리나라가 1997년 가입한 람사르 협약에 따라 등재하는 보전 가치가 큰 습지를 가리킨다. 협약의 정식 명칭은 '물새 서식처로서 국제적으로 중요한 습지의 보전에 관한 국제협약'인데, 1971년 이란 람사르(Ramsar)에서 체결되어 '람사르 협약'이라 부른다. 이 협약에 따라 우리나라에서는 인제 대암산 용늪, 한강 밤섬 등 24곳이 람사르 습지로 지정되었다.

한강하구의 람사르 습지 추진이 공론화되자 이해관계에 따라 지역의 반응이 엇갈렸다. 습지가 자유로 밖 강변에 위치한 고양시는 찬성했고, 도심에 가까워 개발 기대감이 높은 김포시와 파주시는 반대했다. 특히 재산권 침해를 우려한 김포 북부 쪽 주민의 반발이 심했다. 환경부가 김포, 파주지역 주민을 상대로 설득에 나섰다가 실패한 뒤 주민설득 작업은 각 지자체로 넘어갔다. 하지만 지자체들도 반대 주민들을 설득할 마땅한 방안을 내놓지 못해 람사르 등재는 지지부진한 상태로 빠졌다.

람사르 등재가 무산될 조짐을 보이자 고양시는 시민 10만 명의 서명을 받아 환경부를 압박했고, 장항습지는 2021년 국내 24번째 람사르 습지가 되었다. 고양에서 민관이 똘똘 뭉쳐 장항습지에 대한 람사르 단독 등재를 추진하자 김포, 파주지역 환경단체들의 심사는 복잡해졌다. 논란의 와중에서 지역 주민의 반대여론이 결집해 시암리습지와 유도, 산남습지의 람사르 등재가 더 요원해졌다. 김포지역 45개 시민사회단체가 참여하는 '한강살리기 시민연대'는 "한강하구 일부의 람사르 등재는 성과에만 집착한 행정편의적 발상이자, 한강하구의 역사와 문화, 생활을 훼손 · 단절시키는 정책 폭거"라며 단독 등재를 강하게 비판했다. 김포의 습지보호지역은 23평방킬로미터로 한강하구 전체의 약 38퍼센트를 차지한다.

한강하구 습지 생태축을 온전하기 보전하기 위한 가장 바람직한 방안은 국가 단위의 종합계획 수립과 남북한이 람사르 습지에 동시 등재하는 것이다. 하지만 현실은 북한이 빠진 반쪽짜리 사업조차도 10년 논란 끝에 불발될 만큼 습지 보전의 길은 멀고도 험난하다.

12 겨울철 참숭어가 쫄깃한 전류리 포구

임진강과 한강으로 물길이 나뉘는 시암리에서 남쪽으로 한강을 따라 후평리, 석탄리를 지나면 철책으로 꽁꽁 묶여있는 항구가 나타난다. 한강에 남은 유일한 포구이자 최북단 포구인 전류리다. 전류리(顚流里)는 '물이 뒤집혀 흐른다'는 뜻이다. 민물과 바닷물이 하루 두 번씩 만나 부딪히며 거센 조류를 일으키는 까닭에 그런 이름이 붙었다.

조선시대 서해에서 마포로 가려는 배들이 밀물을 기다리며 머물다 가는 기착지였던 전류리는 어부들이 농어와 웅어, 장어, 숭어, 황복 등을 내다 팔고, 마포에서 물건을 들여오는 유통의 중심지로 사람들이 늘 북적거렸다고 한다. 그러나 전쟁이 모든 걸 바꿔놓았고 전류리는 남한의 최전방 포구가 되었다. 철책으로 가로막힌 포구의 철문 옆에는 해병대 초소가 들어섰다. 전류리보다 하류 쪽 조강포, 신리포, 마근포, 시암리, 후평리 등 김포 북단과 강화 북단의 포구 10여 곳은 한국전쟁 뒤 폐지되었다. 어민들은 곳곳으로 흩어졌고 일부는 1톤 미만의 동력 없는 목선을 끌고 전류리 포구로 옮겨 왔다.

전류리에서는 군부대의 허가를 받은 마을 어부 30여 명만이 군부대에 출항 신고를 하고 27척의 어선을 이용해 조업한다. 이들은 김포대교 앞에서 북방어로한계선까지 14킬로미터 구간에서 숭어, 웅어, 황복, 새우 등을 잡아 생계를 꾸린다. 고기잡이를 나갈 때는 어선에 붉은 깃발을 단다. 조류를 잘못 타거나 고기를 쫓아 북한 개풍군으로 넘어갈 수 있어서다. 어로한계선에 접근하면 군인들이 신호를 보내 저지한다. 군인들의 훈련이 있거나 안개가 심한 날, 도발이 발생할 때는 수역을 폐쇄해 배를 못 띄운다. 전류리 상류 쪽으로 다섯 개의 선단이 있어 어부들은 각자 정해진 구역에서만 고기를 잡아야 한다.

전류리 어부들은 하루에 두 번, 바닷물이 밀고 들어와서 잠잠해진 시간에 주로 고기를 잡는다. 밀물 때는 3시간 정도 그물을 내리고 기다린다. 그물 길이는 150센티미터 정도 되는데 강물 바닥에서 30~50센티미터 정도까지 내리면 물 흐름에 고기들이 따라와 그물에 코를 박고 걸린다.

전류리는 봄철에는 황복을 비롯해 웅어, 숭어, 점농어 등이 잡힌다. 숭어는 4월부터 잡기 시작하며 5월 중순이 지나면 알이 꽉 차 어란을 만들기도 한다. 노란 눈에 까만 동공이 있는 참숭어는 11월부터 5월까지가 제철로 겨울에 살이 쫄깃하다. 어부 심미섭 씨는 "겨울에 참숭어가 가득 걸리는데 십여 년 전에는 하루에 20톤까지 잡았다. 지금은 어획량이 줄어 많아야 1톤 정도"라고 했다. 보리숭어는 6월부터 11월이 제철이다. 황복은 여름이 되기 전에 숭어보다 조금 늦게 찾아온다. 황복은 킬로그램당 15만 원이 넘는 고가에 팔려 어부들도 맘 놓고 먹지 못한다. 조선시대 임금의 수라상에 올랐다는 웅어는 3월 말부터 바다에서 한강 하류로 올라와 6~7월 갈대 습지에서 산란이 끝날 때까지 잡힌다. 3~5월 초까지는 뼈가 연해 뼈째 회로 먹지만 5월 중순께면 뼈가 억세져

포를 뜨거나 구이로 먹는다. 여름이 시작되는 6~7월은 여름철 보양식인 점농어가 올라온다.

여의도에서 전류리까지 '평화의 배 띄우기'

한강하구는 정전협정상 남북한의 민간선박이 자유롭게 오가며 어로활동과 항행이 가능한 중립수역이지만, 지난 70년 동안 남과 북 누구도 드나들지 못하는 중무장지대가 되었다.

중립수역을 민간선박이 운항한 사례는 손꼽을 정도다. 첫 운항은 1990년 11월이었다. 홍수로 무너진 고양지역 한강 제방 복구와 자유로 건설을 위해 남쪽의 준설선 등 8척이 교동도에서 출발해 월곶리, 전류리를 거쳐 고양 한강하구에 도착했다. 이어 유도에서 홍수로 떠내려온 황소 구출(1997), 서울 한강에 정박해 있던 거북선의 경남 통영 이동(2005) 등이 예외적으로 허용됐을 뿐이다.

한강을 끼고 있으면서 정치적 이유로 접근조차 할 수 없는 김포시와 시민사회는 어로한계선을 지나 한강하구를 통과하는 '평화의 배 띄우기'를 추진했지만 매번 중립수역 앞에서 뱃머리를 돌려야 했다.

정전협정 65돌을 맞은 2018년 7월 27일, 김포시민들은 다시 한 번 한강하구 물길 열기를 시도했다. 전류리~시암리~마근포리~조강리~용강리를 오가는 45킬로미터 구간 항행과 생태조사를 추진하겠다는 김포시의 공문이 국방부와 해병 2사단에 접수되었다. 평창동계올림픽과 잇단 남북정상회담으로 기대감이 높아진 탓인지 분위기가 어느 때보다 좋아 보였다.

오전 7시, 서울 여의도에서 1톤짜리 어선 2척이 출발한 항행은 고양 행주나루에서 1척, 김포 영사정에서 3척, 전류리에서 4척이 합류해 어로한계선에 이

한강하구 뱃길 열기에 나선 김포 시민들.

르렀을 땐 10척으로 불어났다. 이들의 염원인 중립수역 항행은 국방부가 항행 구간을 전류리 어로한계선까지로 제한함으로써 이번에도 실패했다. 하지만 평화의 배는 이날 서울~고양~파주~김포를 이은 한강 하류 뱃길 탐사라는 첫 기록을 세웠다. 강 위에서 만난 한강 하류는 경이로웠다.

13 수라상에 올랐다는 행주나루 웅어

여의도에서 출발한 어선이 잠두봉, 선유도, 양화나루를 지나 고양 행주나루에 이르자 숭어 떼가 뱃머리 위로 뛰어올랐다. 행주어촌계 장창무 선장에게 어황을 물었더니 "요즘 숭어가 많아 물반 고기반이다. 한 달에 열흘 정도는 신곡수중보를 넘나든다"고 말했다. 그는 1.1톤급 경순호를 이용해 신곡수중보와 일산대교 사이에서 조업한다.

고양 사람들은 행주 덕양산(124미터) 아래 한강을 행호(杏湖)라고 불렀다. 창릉천이 합류하면서 강폭이 넓어지고 물살이 약해 강이 마치 호수와 같다 해서 붙여진 이름이다. 서해의 조수와 한강의 민물이 만나는 기수역인 행호에는 웅어, 장어를 비롯해 많은 어류가 모여든다. 음력 4월 말이면 행주나루는 웅어잡이 배로 가득했다. 행주 웅어회는 고양시의 대표적 먹을거리로, 조선 말기에는 행주에 사옹원 소속의 위어소(葦魚所)를 두어 웅어를 잡아 왕에게 진상했다고 한다.

덕양산에는 1592년(선조 25) 임진왜란 때 장군 권율(1537~1599)이 정예군

2,300명으로 3만여 명의 왜군을 백병전 끝에 무찔렀던 행주산성이 있다. 산허리에 목책 자리가 남아 있고, 삼국시대의 토기 조각이 출토된 것으로 미뤄 임진왜란 전에도 요충지였음을 알 수 있다. 1602년(선조 35)에 세운 행주대첩비와 1963년 건립한 행주대첩비가 있다. 1970년 권율의 사당인 충장사를 다시 짓고 정자와 문을 세웠다.

고양시 덕양구의 이름이 이 덕양산에서 유래했고 원래는 덕양현으로 독립된 행정구역이었으나, 조선 태종 때 한뫼[一山]라고도 하는 고봉산 주변의 고봉현과 함께 한 글자씩을 따서 '고양현'이 되었다.

덕양산 자락의 행주마을은 경치가 아름다워 조선시대에도 한양 세도가들의 별장이 즐비했다. 지금은 자유로가 덕양산 기슭의 마을과 농경지 사이를 갈라놓아 전통마을의 활력이 떨어졌고, 외지인들이 낸 카페와 식당이 전망 좋은 자리를 차지하고 있다. 행주 원주민들은 오랫동안 문화재구역관리법, 그린벨트, 군사보호지역 등 삼중의 규제에 짓눌렸다. 이들은 행주산성의 관광 활성화와 함께 마을에 자리한 중국 원나라 태후였던 기황후의 생가터를 관광 상품으로 만들고 싶어 한다. 여기에 곁들여 '한강 하류 어류 생태관'이나 '행주나루 어류 박물관'을 건립하면 행주마을은 장항습지와 연계해 경기 북부의 대표적인 생태역사관광지가 될 수 있을 것으로 보인다. 풍부한 자원과 사람들이 있고 안성맞춤인 터도 보인다. 행주 일원에서 낙조 풍경이 가장 아름답기로 소문난 옛 한강선착장 관리소 자리다. 고양시가 리모델링해 2011년부터 공무원연수원으로 사용하고 있는 곳이다.

한강에 유람선 띄우기 위해 만든 신곡수중보

김포 영사정에서 김포시장 등을 태운 배 3척이 합류해 모두 6척이 된 어선들은 오전 9시께 김포대교 주변에 모였다. 만조에 맞춰 신곡수중보를 넘기 위해서였다. 신곡수중보가 물에 완전히 잠기자 어부들은 신호를 주고받으며 2.7미터 높이의 물속 콘크리트 구조물을 뛰어넘었다. 상 · 하류 간 수위 차 때문에 작은 어선들은 쿵 소리를 내며 약간 흔들거렸으나 무사히 안착했다.

평화의 배 띄우기 행사의 안전을 담당한 김포 어부 오태식 씨는 가슴을 쓸어내렸다. 그는 "군인, 경찰, 소방, 한강사업본부 등에서 배가 신곡수중보를 넘을 수 있을지에 대해 논란이 많았는데 직접 확인한 것도 큰 성과"라고 말했다. 뱃길 탐사를 위해 서울에서 신곡수중보를 통과해 전류리 어로한계선까지 항행한 것은 이날이 처음이었다.

신곡수중보는 1980년대 한강종합개발로 수위가 낮아진 한강 수위를 유지하기 위해 김포 고촌읍 신곡리 백마도와 고양 덕양구 사이, 지금의 김포대교 아래쪽에 건설한 길이 1,007미터의 보다. 88서울올림픽을 앞두고 한강에 유람선을 띄우기 위해 상류 쪽 잠실수중보와 함께 건설되었다. 이 때문에 한강 서울 구간은 최소 수위 2.6미터가 일정하게 유지되는 담수호로 바뀌었으며 녹조 발생의 원인이 되었다. 신곡수중보는 한강하구 김포와 고양의 물길과 지형에도 많은 변화를 일으켰다. 가동보가 설치된 김포 쪽은 물살로 인해 하상과 둔치가 깎여나가는 침식 현상이 가속화되었고, 고정보가 설치된 고양 쪽은 퇴적물이 쌓여 작은 자갈섬에 불과했던 곳을 7.49평방킬로미터 규모의 거대 습지로 만들었다. 람사르 습지로도 지정된 장항습지가 바로 그곳이다.

24번째 람사르 습지, 장항습지

신곡수중보를 지나면 고양 신평동에서 송포동 이산포까지 7.6킬로미터 구간에 장항습지가 기다랗게 펼쳐진다. 여기서부터 강화 숭뢰리까지가 한강하구 습지보호지역이다.

원래 신곡수중보 하류 쪽에는 퇴적물이 쌓여 형성된 사미섬이 있었는데 1990년 10월 자유로 건설 때 골재 채취작업으로 사라지고 대신 장항습지가 생겨났다. 장항습지가 탄생한 배경에는 한강 개발과 골재 채취, 신곡수중보의 영향이 있다. 골재 운반용 덤프트럭 통행을 위해 임시로 만든 자갈길을 원상 복구하지 않고 철수한 것이 1차 원인이 되었다. 이어 신곡수중보의 영향으로 자갈길 뒤편의 자유로와 맞붙은 곳에 새로운 땅이 급격히 불어나기 시작해 현재는 여의도의 2배가 넘는 7.49평방킬로미터(육지 2.7, 갯벌 4.79평방킬로미터) 규모가 되었다. 장항습지에는 1998년부터 유정태 씨 등 6명이 농지를 개간해 약 7만 평의 논에서 농사를 짓고 있다.

민물과 바닷물의 합류 지점에 형성된 장항습지는 기수역 생태계로 동아시아~대양주를 이동하는 물새의 월동지 겸 중간 기착지가 되었다. 군사시설 보호구역으로 민간인 출입이 통제된 장항습지에는 재두루미, 저어새, 흰꼬리수리 등 멸종위기종 32종을 포함해 1,066종의 생물이 살고 있다. 멸종위기종인 붉은발말똥게와 깃대종인 선버들의 공생 관계로 널리 알려졌으며, 2019년 철새 보호 국제기구인 EAAFP(동아시아 · 대양주 철새이동경로 파트너십)에 이어 2021년 국내에서는 24번째로 람사르 습지로 등재됐다.

하지만 장항습지는 물 흐름이 정체되어 썰물 때면 강 한복판까지 갯벌이 드러날 만큼 육화가 진행된 데다 갈대와 생태 교란 식물이 번져 국제적 보호 습지라는 말이 무색할 지경이 됐다. 절반은 인공적 성격인 장항습지의 특성상 습지 기능 유지를 위해 물골을 뚫고 쓰레기를 수거하는 등 적절한 관리가 필요하지만 지뢰 위험 때문에 출입조차 못하고 있다.

장항습지에서는 2021년 6월 4일 대인지뢰가 폭발하여 환경정화 작업을 하던 50대 남성이 한쪽 다리를 잃었다. 2020년에도 장항습지 인근의 김포대교

고양 장항습지를 찾은 재두루미와 기러기 떼 모습.

장항습지에서 잠을 잔 재두루미 무리가 김포 쪽 농경지를 향해 날아가고 있다.

아래 한강변에서 지뢰 폭발 사고가 발생했다. 고양시는 당시 육군 9사단에 지뢰 탐지를 의뢰했지만 군은 일부 구간만 탐지하고 나머지는 '지뢰 위험지역' 표지판을 붙이고 출입을 통제하라고 통보했다. 1년 뒤 재발한 사고의 책임을 둘러싸고 고양시와 한강유역환경청, 군부대, NGO 사이에 공방이 벌어졌고 습지 출입은 통제됐다. 현재는 한강유역환경청에서 미리 출입을 승인받은 뒤 자연환경해설사와 함께 안전수칙을 지키며 탐방할 수 있다.

생태관광지로 변신한 철책선, 군막사, 초소

고양의 한강 철책선을 따라 설치됐던 군막사와 초소 등 군사시설들은 시민들의 쉼터이자 생태 · 역사 관광지로 재탄생하고 있다. 장항습지와 행주산성 등 고양 한강하구에 소재한 생태 · 역사 · 평화 관광자원을 활용하려는 고양시의 '한강하구 생태 · 역사 관광벨트 조성사업'에 따라 대덕생태공원~일산대교 사이 약 18.2킬로미터 구간에 있는 행주 · 신평 · 장항 · 통일촌 군막사와 9개의 초소가 리모델링되었다.

행주군막사는 한강방문자센터로 바뀌었다. 화장실, 샤워실과 주방을 갖춘 1층에서 간단한 음식을 해먹을 수 있고, 3층 옥상에서는 테라스가 마련돼 한강의 경관을 감상할 수 있다. 신평군막사는 장병들이 생활했던 내무반 구조를 살려 예술 창작공간으로 탈바꿈했다. 장항군막사는 증축과 리모델링을 거쳐 연면적 999평방미터, 2층 건물의 람사르고양장항습지센터로 개조되었다. 내부에는 생태 교육장, 4D 영상관 등을 갖추고 약 30미터 높이의 전망대에 올라가면 장항습지와 한강하구의 전경을 볼 수 있다. 행주산성역사공원에서 2.5킬로미터 떨어진 통일촌군막사는 'DMZ 평화의 길' 거점센터로 바뀌었다. 이밖에 행주산성과 장항습지를 잇는 한강평화공원 주변의 군 초소 9곳도 쉼터로 재탄생했다.

'DMZ 평화의 길'은 남북평화 촉진과 접경지 경제 활성화를 위해 인천~경기~강원 DMZ 접경지 10개 시군의 생태 · 역사 · 안보 자원을 활용한 코스를 조성하는 사업이다. 2021년 11월 김포, 고양, 파주 3개 노선의 87.2킬로미터가 개방되었다. 고양시 구간은 행주산성~장항습지~일산대교~파주 동패리 입구까지 총 29.5킬로미터다. 통일촌군막사에서 장항습지 탐조대까지 40여 년간 개방되지 않고 군 순찰로로 쓰였던 철책길 2.5킬로미터를 걸을 수 있다.

15 망가진 공릉천 하구, 새들의 안부를 묻다

고양과 파주 경계의 교하면 산남리에는 산남습지가 있다. 3.1평방킬로미터 크기인 산남습지는 주변에 파주출판도시가 조성된 뒤 개발붐이 일면서 인위적인 교란이 많이 발생하고 있다. 파주시는 개리, 재두루미 등 천연기념물 보호를 위해 출입을 통제하고 있다.

한강이 산남습지를 지나면 임진강과 합류하기 전에 공릉천을 만난다. 공릉천은 경기도 양주에서 발원해 일영, 벽제, 고양을 거쳐 파주에서 한강과 합류하는 47킬로미터 길이의 한강의 마지막 지류다. 한강과 맞닿은 자유로 송촌대교 부근에서 바닷물이 유입되는 한계선인 영천배수갑문까지가 공릉천 하구다. 바닷물과 민물이 교차하는 기수역인 이곳은 갯벌과 습지가 발달해 주변의 장항습지, 산남습지, 성동습지, 시암리습지 등과 함께 한강하구 습지의 한 축을 형성하고 있다.

새와 동물이 떠나가는 이유

공릉천 하구는 텃새, 철새, 나그네새, 길 잃은 새 등 온갖 새들의 먹이터이자 보금자리 구실을 하며, 인근 주민들의 탐조활동과 산책코스로도 인기가 높다. 교하 주민들은 교하 들판을 가로지르는 공릉천 하류를 '교하강'이라 부른다. 교하강 일원의 버드나무와 갈대는 물 · 바람과 함께 흔들리고, 새들은 자유롭게 남북을 오간다. 10~20년 전만 해도 교하강 일원에서 재두루미와 개리 등 멸종위기종 수천 마리가 월동했다고 전해진다.

2022년 12월 타계한 황헌만 사진작가는 작고하기 직전 교하강 새들의 이야기를 담은 『습지, 새들의 안부를 묻다』라는 사진집을 냈다. 책에는 2008년부터 15년간 교하강과 교하 들판에서 만난 재두루미, 황조롱이, 큰고니, 개리 등 60여 종의 새들과 농부들의 농사짓는 모습, 강을 건너는 고라니, 갈대와 버드나무 등 습지 풍경이 따뜻한 시선으로 담겨 있다. 그는 "10여 년 전만 해도 교하 들판은 농부가 논을 갈면 백로가 따라다니며 먹이를 찾았고, 농부들은 추수가 끝난 뒤 낟알을 일부러 논에 남겨두기도 했다. 하지만 그런 모습은 이제는 찾아보기 힘들다"고 안타까워했다.

교하강 주변은 수도권 제2외곽순환도로가 건설되는 등 개발 압력이 가속되고 있다. 설상가상으로 정부가 공릉천 하류 제방을 확대 포장하는 하천정비사업을 추진하면서 새들과 동물은 떠나가고 습지는 생명을 잃어가고 있다. 높이 3미터의 콘크리트 장벽을 설치한 농수로 재정비공사는 교하강 둔덕을 까맣게 메우던 말똥게와 양서류 등 습지와 들판을 오가는 동물의 이동을 불가능하게 만들었다.

파주와 고양 주민들은 반환경적인 생태계 파괴사업이라며 공사 중지를 요구했다. 토론회에 나온 김진홍 하천연구소 이사장(환경정의 공동대표)은 "반환

생태계 파괴사업이라는 비판을 받은 공릉천 하구 하천정비사업.

경적인 과다 제방 축조는 생물 서식, 수생태 연결성 및 다양성 확보 측면에서 바람직하지 않다. 둑마루 폭의 콘크리트 포장은 생물 서식에 전혀 이롭지 않고, 제방에 인접해 설치한 U자형 대형 농수로는 생물의 함정이다"라고 지적했다. 그는 제방과 기존 둑마루는 현 상태로 두고 콘크리트 수로는 제거해야 한다고 주장했다.

공릉천 하천정비사업은 국토부가 시작했으나 2022년 1월 하천관리업무가 환경부로 이관되면서 한강유역환경청이 주관하고 있다. 동북아시아 이동 철새들의 중요 거점지역을 훼손하는 일을 환경부가 앞장서고 있는 셈이다.

황 작가는 "세계에 내놓아도 자랑할 만한 풍경과 종 다양성을 갖춘 교하습지가 개발로 몸살을 앓고 있다. 우리가 잃어버리면 안 되는 것에 관해, 자연이 얼마나 다양한 모습과 강한 힘을 가지고 있는지, 무분별한 개발 앞에서 자연이 어떻게 무력해지는가에 관해 말하고 싶었다"고 했다. 공릉천 하구 하천정비사업은 공사가 절반가량 진행된 가운데 2022년 4월부터 잠정 중단됐다.

잊혀진 조강, 뱃길 열기인가 생태협력인가

여의도에서 출발해 전류리에 도착한 어선들은 '한강하구 자유 항행' 깃발을 내걸고 한강하구 진입 통로인 시암리 앞까지 나아갔다. 임진강과 한강의 물줄기가 합류하는 시암리는 바닷물이 밀려들자 망망대해가 되었다. 오두산 평화전망대와 비슷한 거리에 황해북도 개풍군의 산하가 그림처럼 펼쳐져 있었다. 어선들이 어로한계선을 넘지 못하도록 해병대 순찰선이 호위했다. 세 물이 만난 시암리 바다 한가운데 어선과 순찰선이 뒤엉켜 어로한계선 부표와 함께 물살에 출렁거렸다.

한국전쟁 이후 한강하구는 잊혀진 강이 되었지만, 남북교류협력사업의 최적지로 꼽혀왔다. 남북은 2007년 10 · 4 선언을 통해 '한강하구 공동이용'에 합의한 뒤 다음 정권의 승계 거부로 이행되지 못했으나, 2018년 판문점 선언에서 10 · 4 선언의 실질적 이행을 약속하면서 한강하구에 훈풍이 불었다.

첫 협력사업으로 한강하구 공동이용수역의 선박 항행을 위한 수로 조사가 진행되어 수심과 해안선, 암초의 위치 등이 표기된 해도가 만들어졌다. 남북의 수로 조사는 화기애애한 분위기 속에서 진행되었다. 계획대로라면 해도를 바탕으로 2019년 4월 민간선박의 시범 항행이 시작되었어야 했으나 북미관계 급랭이라는 커다란 암초를 만나 다시 좌절되고 말았다.

한강하구는 70년간 사람의 발길을 허용하지 않은 덕분에 생태적으로 보존가치가 높은 공간이 되었지만 아직 생태보전이나 생태협력과 관련한 논의는 부족하다. 보전보다 개발 담론이 절대적으로 우세하기 때문이다. 생태환경 보전과 자원개발 이익 사이에 조화를 이루는 생태-경제 통합모델이 필요하다. 통합모델은 경제적 이용뿐 아니라 군사적 긴장 완화와 평화 증진, 남북의 지속가능한 발전전략이 담겨야 한다.

홍해 해양평화공원의 생태협력 사례

한강하구의 생태-경제 통합모델로는 '홍해 해양평화공원'이 시사점을 준다. 홍해를 공유하고 있는 이스라엘과 요르단은 '홍해 해양평화공원' 지정을 위해 평화협정을 맺어 홍해의 해양 생태계 보전과 지역 경제발전을 동시에 실현했다. 두 나라는 남북으로 이어지는 육상 국경과 홍해의 아카바만 북단의 좁은 해상 국경을 맞대고 있어 한강하구를 사이에 둔 남북과 비슷한 지형 조건을 가지고 있다.

1994년까지 이스라엘은 아랍 주변국 가운데 이집트에 대해서만 외교 관계를 맺고 있었다. 수년간 교전을 치른 적국이었던 이스라엘과 요르단은 1994년 미국이 포함된 3국 평화협상에서 '아카바-에일라트 특별협약'을 맺고 국경에 인접한 홍해에 해양공원을 조성하기로 합의했다.

두 나라는 협약을 통해 산호초와 해양생물에 대한 연구 활동과, 생태학적 관점에서 산호초의 보호를 위해 협력하기로 했다. 관광 · 환경 · 수자원 · 국경 보안 문제를 논의하기 위해 요르단 대표단이 이스라엘의 에일라트를, 이스라엘 대표단이 요르단의 아카바를 각각 일주일씩 방문했다.

평화협상이 진행되면서 자원관리자, 과학자, 연구기관, 비정부기구 등은 아카바만의 산호 생태계를 유지하고 개선하는 데 필요한 연구 · 모니터링 문제를 함께 논의했다. 평화협정문에는 무력 철수와 접경지역인 아카바만 항행의 안전과 자유 보장, 관광객 증진을 위한 협력과 함께 아카바만의 환경 개선과 산호 생태계 보호를 명시했다. 그 결과 항만 물동량과 관광객 수가 증가했다.

홍해 해양평화공원의 목표로는 해안 생태계와 생물다양성의 보존, 지속가능한 경제 발전과 관광 · 여가활동을 통한 공원의 건전한 활용 보장, 기존 생태계의 악화 방지, 공원 내 해안 · 해양 자연자원의 복원과 향상, 환경에 대한 경각심을 높이는 프로그램 실시 등이 제시되었다. 글렌 세겔 이스라엘 하이파 대학 교수는 "요르단과 이스라엘의 평화과정은 다자간, 3자간, 양자간 협상을 이끌어냈다는 점에서 중요하다. 자연의 생태계는 서로 연관돼 있으며 국경은 교류를 위해 개방되어야 한다"고 강조했다.

개성공단
(北)
군내면
동파리
초평도
제3땅굴
백연리
통일대교
장산리
도라산리
도라산역
임진각
마정리
임진강역
군사분계선
(휴전선)
사목리
문산읍
장단면
경의중앙선
사천강
(北)
장단반도
임진강
문산천
낙하리
오금리
박중손묘
개풍군
만우천
파주
동화경모공원
임한리
(北)
성동리
헤이리 예술마을
오두산
통일전망대
통일동산
장준하공원
공릉천
한강
김포
파주출판도시
심학산
봉성산
고양

2

임진강 이야기

파주에서 연천까지

1 삼기하에서 시작된 임진강 뱃길

북한 강원도 법동군 룡포리 두류산(1,323미터)에서 발원한 임진강은 254킬로미터를 흘러 교하 오두산 앞에서 한강과 합류한다. 임진강과 한강이 만나 조강으로 합해지는 세 물길을 삼기하라 부른다. 삼기하(三岐河)란 '세 갈래로 갈라진 모양의 강'이라는 뜻이다. 사람이 모이는 곳에 이야기가 깃들 듯, 세 개의 강이 모이는 삼기하는 서사가 발화하기 좋은 장소다.

조선 후기 문신인 미수 허목(1595~1682)은 임진강에 대한 애정이 각별했다. 연천 출신인 그는 남인의 대표적인 논객으로 서인 송시열과 가시 돋친 예송 논쟁을 벌인 것으로 유명하다. 50세가 넘어 능참봉에 발탁되어 이조판서, 우의정까지 오른 그는 글, 서예, 그림 등 다방면에 재능이 뛰어난 입지전적 인물이었다. 1658년(효종 9) 무술년 음력 6월 10일, 허목은 한양에서 출발해 거주지인 연천 징파나루까지 2박 3일간 뱃길로 여행한 뒤 「무술주행기」를 남겼다. 임진강 주변의 풍광과 인물을 함께 묘사한 이 글은 임진강 뱃길 여행기의 백미로 평가받는다.

조카 두 명과 함께 마포 옹기점 포구에서 출발한 허목은 서강(西江)과 양화나루를 지나 고양 행주나루에서 하룻밤을 보낸 뒤 아침 조수를 타고 삼기하로 향했다.

당시 어부들은 교하 심학산과 김포 봉성산이 마주 보는 지점을 바다의 입구[海口]라 했다. 심학산은 당시 '심악'으로 불렸는데 조선 숙종 때 왕이 애지중지한 학(두루미) 한 쌍이 궁궐을 탈출해 이곳에서 발견되어 심학산(尋鶴山)이 되었다고 한다. 심학산이란 '잃어버린 학을 찾은 산'이라는 뜻이다. 멸종위기종 1급이자 천연기념물 202호인 두루미를 당시에는 왕이나 세도가들이 애완동물로 키웠다. 자유로와 신도시가 건설되기 전까지만 해도 교하 심학산 일대는 천혜의 습지로 두루미류의 집단서식지였다.

허목 일행은 임진강을 거슬러 오르기 위해 오도성 앞에서 닻을 내리고 밀물

파주 오두산 정상의 평화전망대. 오두산은 한강과 임진강이 만나 조강으로 합해지는 요충지이다.

오두산 평화전망대에서 바라본 세 개의 물길 '삼기하'. 한강(왼쪽)과 임진강(오른쪽)이 조강(중앙 먼쪽)으로 합쳐져 서해로 흐른다.

서울에서 가장 가까운 북한마을 개풍군 임한리. 마을 주민들이 소와 지게를 이용해 농사짓는 모습을 볼 수 있다.

을 기다렸다. 오도성은 통일전망대가 있는 오두산성으로, 서기 396년 고구려 광개토왕이 수군을 이끌고 함락시킨 백제의 관미성으로 추정되는 곳이다. 오도성 서쪽 마을 덕수는 지금은 갈 수 없는 황해북도 개풍군에 속한 곳이다. 율곡 이이와 이순신 장군이 덕수 이씨다.

허목이 오도성에서 본 삼기하의 풍경은 한없이 평화로웠다.

"조수가 빠졌을 때 어부들이 배를 타고 강을 가로질러 그물을 치고, 또 바닷가 사람들이 더벅머리에 발가벗은 몸으로 그물질을 하며 조수를 타고 오르락

내리락하였다. 갈매기 수십 마리가 서로 고기를 잡아먹으려고 어지러이 나는데 사람이 있는 것을 아랑곳하지 않았다. 사람들이 고기를 보느라 새는 아랑곳하지 않으므로 새 또한 사람에 대해 아랑곳하지 않은 것이다."

지금 삼기하는 철조망에 갇혀 있다. 산성 위 통일전망대는 갈 수 없는 땅에 대한 그리움을 안고 임진강에 수장된 굴곡의 역사를 우두커니 바라보고 있다.

까마귀 머리 모양과 닮았다 해서 유래된 오두산(烏頭山)의 옛 지명은 오도성(烏島城)이었다. 원래는 물로 둘러싸인 섬이었는데 오랜 기간 퇴적작용으로 육지가 되어 지명에서 도(島)가 빠지고 비슷한 음의 두(頭)로 바뀌었다. 강 너머 마을은 서울과 가장 가까운 북한 마을인 황해북도 개풍군 임한리다. 임진강과 한강이 만나는 마을이라는 뜻의 임한리는 서울에서 직선거리로 24킬로미터 떨어져 있다. 전망대에서 볼 수 있는 다른 북한의 접경 마을처럼 임한리에도 김일성사적탑이나 탈곡장, 소학교, 군초소가 있다. 이곳 주민들은 지게나 소를 이용해 농사를 짓거나 짐을 나르고 자전거를 타고 느리게 이동하며 살아간다. 마치 헬레나 노르베리 호지가 쓴 『오래된 미래』의 라다크 사람들을 보는 듯하다. 임한리의 오랜 자연 풍경은 허목이 오도성에서 보았던 삼기하의 풍경과 흡사하다.

오두산 통일전망대는 1992년 개관한 뒤 30년간 약 2천만 명의 실향민과 관광객이 찾았다. 망배단 옆에는 주로 북에서 활동했던 독립운동가이자 정치가 조만식(1883~1950) 선생의 동상이 세워져 있다. 해방 뒤 조선민주당을 창당해 반공 노선을 내세웠던 그는 평양에서 감금된 뒤 한국전쟁 기간에 평양에서 북지도부에 의해 처형된 것으로 전해진다. 조만식은 남쪽에서 반공과 순교자의 상징으로 추앙받고 있으며 서울 광진구에도 그의 동상이 세워져 있다.

‘임진강 전쟁’의 서막을 연 광개토왕

한반도 남북을 가르는 요충지인 임진강은 고대로부터 격전지였다.

임진강에서 전쟁의 서막이 열린 건 서기 391년 겨울이다. 남진 정책을 펴던 고구려 광개토왕이 4만 군사를 이끌고 임진강 유역의 백제성을 공략했다. 4세기까지 한강과 임진강을 포함한 한반도 중원은 백제의 땅이었다. 광개토왕은 1만 수군을 기느리고 7개 방면으로 20여 일을 공략한 끝에 백제의 북방 요충지인 관미성을 함락시켰다. 『삼국사기』「고구려본기」에 따르면, 관미성은 사면이 가파른 절벽에다 바다에 둘러싸인 난공불락의 요새였다. 〈대동여지도〉를 만든 김정호는 관미성이 지금의 오두산성이라고 했다.

장수왕은 아버지인 광개토왕이 확보한 임진강 일대를 기반으로 남쪽을 공략해 475년 백제의 수도인 한성을 점령한 뒤 아산만에서 영일만까지 영토를 확장했다. 관미성을 빼앗긴 백제는 쇠락의 길로 접어들었다. 500년 가까이 지금의 서울 송파구 풍납토성과 몽촌토성 주변에 수도를 두고 ‘한성백제시대’를 구가하던 백제는 수도를 웅진(공주)으로 옮겨야만 했다.

임진강이 군사요충지로 다시 등장한 것은 551년이다. 신라와 백제 연합군의 공격으로 한강 아차산 방어선이 붕괴하자 고구려는 임진강까지 후퇴해 강북쪽에 방어선을 구축했다. 임진강 주요 길목인 현무암 절벽마다 고구려성이 들어섰다. 한강 유역을 차지한 신라군은 임진강까지 진출했지만 강변에 견고하게 구축된 고구려성을 뚫지 못하자 강 남쪽에 성을 쌓고 고구려군과 대치했다. 이후 임진강은 고구려가 멸망한 668년까지 100년 넘게 신라와 고구려의 국경하천 구실을 하였다.

2 노태우와 장준하가 나란히 잠든 통일동산

북녘 땅이 가까운 파주 탄현면 통일동산에는 한국현대사에 큰 획을 그은 제13대 대통령 노태우(1932~2021)와 독립운동가 장준하(1918~1975) 선생이 잠들어 있다. 통일동산은 1989년 노태우 전 대통령이 한민족공동체 통일방안에서 제시한 '평화시 건설구상'에 따라 1996년 조성된 안보관광 단지다. 통일동산 일원에는 오두산 통일전망대, 헤이리마을, 맛고을, 프로방스, 장단콩웰빙마루 등이 자리하고 있으며 2019년 경기도 관광특구로 지정되었다.

과오는 있지만 전두환과는 다르다

2021년 10월 26일 노태우 전 대통령이 세상을 뜨자 유족은 "아버지가 생애에 이루지 못한 남북한 평화통일이 다음 세대들에 의해 꼭 이루어지기를 바란다고 당부하셨다"며 파주 통일동산에 안장하기를 원했다. 아들 노재헌 씨는 성명을 내어 "저의 과오에 대해 깊은 용서를 바란다"는 노 씨의 유언을 전했다. 유족들은 유해를 통일동산 인근 검단사에 임시로 안치하고 장지를 물색했으나 이 일대가 관광특구로 지정되어 마땅한 장소를 구하지 못했다. 44일 만에 찾은 장지는 동화경모공원이었다. 동화경모공원은 이북도민회중앙연합회가 주축이 되어 실향민을 위해 1995년 통일동산 근처에 조성한 장묘시설이다.

호화묘역, 추모공원 조성 이야기가 흘러나오자 노 씨의 과오에 대한 지적과 함께 논란이 불거졌다. 이병호 남북교육연구소 소장은 "군사반란과 내란 · 부정축재 · 뇌물 등으로 실형을 받은 전과자로, 전직 대통령으로서 예우도 법적으로 박탈당한 사람을 찬양 · 미화하는 대규모 추모공원을 조성하는 것은 씻을 수 없는 역사적 과오로 남을 것"이라며 경계했다.

지역 주민들의 대체적인 여론은 '과오는 있지만 전두환과는 다르다', '성역화는 반대지만 작은 개인묘지 정도는 문제없다'는 쪽으로 모아졌다. 파주 주민들은 파주가 노태우의 혜택을 많이 받은 도시라고 생각했다. 실제로 교하 노씨인 노태우 임기 때 자유로 건설, 통일동산 조성으로 교하, 탄현, 운정신도시 개발의 길이 열렸다. 파주 탄현면은 대부분의 지역이 민간인통제구역에 속했으나 자유로, 통일동산 조성 덕분에 민통선에서 해제되어 발전의 계기가 되었다.

친일인사와 함께 묻히기를 거부한 장준하

장준하 선생의 유해가 통일동산으로 이장된 것은 2012년 8월 1일이었다.

일제강점기에 광복군으로 활동한 장준하는 해방 뒤 월간 〈사상계〉를 창간하고 박정희 정권의 독재에 맞서 민주화운동을 펼치다 1975년 8월 17일 경기도 포천 약사봉에서 숨진 채 발견됐다. 정부는 실족사라고 발표했지만 권력기관에 의한 타살 의혹이 강하게 제기되었다. 의문사한 선생의 주검은 아무런 연고도 없는 파주 광탄면 신산리의 나사렛 천주교 묘원에 서둘러 안장됐다. 교통이 불편하고 사람들의 왕래가 드문 외진 곳이었다. 의문사 의혹을 잠재우려 권력기관이 일부러 외딴곳에 묘를 쓰게 했다는 의혹이 나왔다. 아들 장호권 씨는 "갑자기 상을 당해 허둥대고 있는데 누군가 묘지가 준비돼 있으니 걱정하지 말라고 말해 어디인지도 모르고 따라갔다"고 당시 상황을 회고했다.

이장 과정에서 37년 만에 모습을 드러낸 장준하 선생의 두개골에는 지름 6~7센티미터 크기의 구멍이 뚫려있었다. 유골 감식 결과 '외부 가격에 의한 두개골 함몰로 추정된다'는 소견이 언론에 보도되면서 타살 의혹이 다시 증폭되었다. 의문사 진상조사를 맡았던 조사관은 '단순 추락사가 아닌 것으로 판단했다'고 고백했다. 전면 재조사와 진상 규명을 해야 한다는 여론이 들끓었지만 박근혜 정부는 침묵으로 일관했고, 타살 의혹은 아직 규명되지 못하고

장준하 선생 묘역. 오두산 통일전망대가 바라다 보이는 통일동산 산자락에 조성되었다.

있다.

오두산이 보이는 통일동산 인근 산등성이에 돌베개 모양의 묘지가 조성되었고, 그 아래는 선생의 생애와 공적을 기리는 추모공원인 '장준하공원'이 들어섰다. '돌베개'는 장준하가 일본군 탈출 후 중경 임시정부를 찾아 6천 리 장정을 떠나는 이야기가 실린 그의 책 이름이다. 선생의 유해가 통일동산으로 이장하게 된 것은 당시 파주시장 이인재의 노력이 컸다. 어릴 적 『돌베개』를 감명 깊게 읽었다는 이인재는 "신산리 묘역에서 열린 추모행사에 참석했다가 묘지가 너무 초라해 가슴이 아팠다. 평소 존경한 장준하 선생을 좋은 곳으로 모시고 싶었다"고 했다. 장준하는 1991년 건국훈장 애국장이 추서된 뒤 국립대전현충원으로 이장이 추진됐지만, 유족들과 기념사업회 쪽이 '친일인사, 독재자와 함께 묻힐 수 없다'며 거부했다.

3 사천강-만우천이 합작한 황금평야, 오금리

통일동산을 지나 임진강의 강폭이 좁아지는 곳에서 DMZ와 한강하구가 만난다. 강변을 따라가던 자유로가 탄현면 대동리에 이르러 문산 쪽으로 평야를 가로지르면서 자유로 바깥쪽 강변에 100만 평의 땅을 남겨놓았다.

사방이 탁 트인 드넓은 평야는 인근 마을 주민들이 출입 영농을 하는 민간인통제구역이다. 임진강을 사이에 두고 북과 철책선을 마주하는 농경지에 가려면 8차로의 자유로 땅밑 굴다리를 통과해야 한다. 성동리, 대동리, 만우리, 오금리, 문지리, 낙하리 등 임진강변 6개 마을 주민들은 자유로 민통초소에서 육군 9사단 장병들에게 출입 허가를 받아야 한다. 농기계를 몰고 하루에도 몇 번씩 드나들어야 하는 농번기에는 농민들의 불만이 쏟아지기도 한다.

피에 물든 사천강, 철새의 낙원으로

지평선이 펼쳐지는 민통선 평야의 중심은 오금리다. 마주 보는 사천강과 만우천이 합작하여 임진강 합류 지점에 기름진 황금평야를 만들었다. 봄에는 초록 바다, 가을에는 황금물결이 넘실대는 이 벌판은 자연경관과 함께 논 습지로서 가치도 뛰어나다.

사천강은 황해북도 장풍군에서 발원해 DMZ를 거쳐 임진강에 흘러드는 길이 37.5킬로미터의 하천이다. 사천강에서는 1952년 3월부터 정전협정 때까지 495일 동안 치열한 전투가 벌어졌다. '장단 · 사천강 지구 전투'로 불리는 이 전투에서 해병대는 5천여 명의 병력으로 중국군 4개 사단의 공세에 맞서 판문점~임진강 하구 11킬로미터 구간을 지켜냈다. 해병대 장병 776명이 전사하고 3,214명이 부상했다. 피로 물들었던 사천강은 멸종위기종 2급이자 천연기념물 203호인 재두루미의 집단 도래지가 되었다. 만우천은 월롱면 덕은리에서 발원해 만우리~오금리 사이로 임진강에 흘러드는 8.6킬로미터 길이의 하천으로 겨울철에 다양한 철새들을 만날 수 있다.

오금리를 지나면서 허목은 "어부들이 펄떡이는 메기를 잡아 올리는 장면을 구경하면서 배를 몰아 탄포로 향했다"고 썼다. 탄포(炭浦)는 토탄이 많이 나는 포구라는 뜻으로, 오금리는 옛 교하군 탄포면의 소재지였다.

지금은 휴전선이 시작되는 곳으로 접근할 수 없는 금단의 강이 되었지만, 분단 전 오금리 주민들은 질오목 나루를 통해 임진강 건너 개풍군을 수없이 들락거렸다. 마을 앞까지 강물이 넘실거렸고, 아이들은 강가에서 헤엄치고 물고기를 잡으며 놀았다. 오금리 주민들은 임진강 수계를 따라 자연스럽게 형성된 남북의 연계가 휴전선으로 단절됨에 따라 많은 일상의 변화를 겪어야 했다. 강 건너 개풍 땅 출입은 물론 마을 앞의 강에서 펄떡이는 메기와 잉어를 잡아 저녁상에도 올릴 수 없게 되었다.

북한군 보이는 들판에서 생태체험관광

분단으로 주민 삶이 통제받고 있지만 오금리는 여전히 매력적인 마을이다. 서울과 30분 거리에서 시원한 자연경관과 임진강 양안에 늘어선 남북 경계초소를 볼 수 있는 곳이 오금리 말고 또 어디가 있을까. 개발과 거리가 멀어진 접경지역인 오금리 주민들은 군사요충지이자 생태계 다양성, 마을의 역사성을 콘텐츠로 하는 생태체험관광에 눈을 떴다. 경기도 생태관광 거점조성사업에 선정돼 민통선 논 한가운데에 들밥을 먹고 농사체험을 할 수 있는 정자인 질오목 쉼터와 생태체험장을 만들었다. 논 습지 탐방 프로그램과 재두루미 복원을 위한 볏짚 존치사업도 진행되었다. 농사체험 프로그램이 가동되자 방문객들의 발길이 이어졌다.

오금리 들판의 질오목 쉼터에서 두루미 서식지에 대해 설명하는 김승호 DMZ 생태연구소장.

오금리가 생태체험마을이 된 것은 DMZ 생태연구소 김승호 소장과 마을 이장 김영수 씨의 의기투합 덕분이었다. 오금리를 눈여겨보던 김 소장은 김 이장을 만나 "두루미 서식지를 복원하면 친환경마을, 생태우수마을로 마을의 브랜드 가치가 높아질 것이다. 단기 이벤트가 아닌 지속적, 장기적으로 삶과 어우러지는 긴 호흡으로 마을 주민들이 생태 보호를 통해 이익이 돌아가게끔 큰 그림으로 접근하자"고 제안했다. 생태체험관광이 마을의 미래 먹거리가 될 것을 확신한 이장 김 씨는 절호의 기회라고 생각했다. 김 씨는 자신의 땅을 생태체험장 부지로 내놓으며 반대하는 주민들을 설득했다.

접경 마을이 사는 길은 더 망가지지 않고 원형을 유지하는 것이라고 김 소장은 생각한다. "임진각과 민통선 안에 개발 예산을 쏟아붓고 있지만 정작 접경지역 마을은 소외되고 있어요. 민통선 생태를 복원하고 마정리 등 접경 마을에 관광객들이 숙박하고 문화적 욕구를 소비하는 관광중심지로 조성해야 합니다. 그러기 위해서는 오금리, 마정리, 두포리와 같이 역사와 전통 스토리가 있는 접경 마을의 원형을 유지해야 합니다. 전쟁과 평화 유산을 간직한 오금리는 세계적인 생태평화 관광지가 될 수 있어요."

오금리의 진짜 보물 '박중손 묘역 장명등'

오금리라는 지명은 질오목과 오금미라는 두 개의 마을이 1914년 합해지면서 가운데 글자를 딴 것이다. 질오목은 임진강과 옛 탄포천이 맞닿은 오금리의 나루 이름이다. 질오목 나루로 가는 고개는 무장들이 진지를 구축하고 개풍 땅을 넘나드는 사람들을 검문, 검색하였다 하여 무장골 또는 무장동이라 불렀다.

오금미와 관련해서는 1400년대 조성된 조선의 문신 박중손 묘와 관련된 이야기가 전해진다. 조선 세조 때 밀산군 박중손이 숨지자 묘지를 물색하던 중 매봉재 아래에서 까마귀가 요란하게 울어 올라가보니 명당이 기다리고 있었다. '까마귀가 알려줬다'는 의미로 그 지역을 오고미(烏告美)라고 불렀다가 오금미로 변했고 질오목과 합해 오금리가 되었다는 것이다.

오금리 산등성이에 묻힌 공효공 박중손(1412~1466)은 세종~세조 시기에 집현전 박사, 도승지, 한성부윤, 대사헌, 공조 · 이조 · 형조 · 예조판서, 좌찬성 등의 요직을 두루 거친 조선 초기의 문신이다. 천문 관찰에 뛰어난 재능으로 많은 업적을 남겼으며 세 차례 고시관이 되어 인재를 고루 등용시켰다. 세종과 영빈 강씨의 소생인 화의군 영이 그의 사위다.

천문학자이자 조선 문신인 공효공 박중손 묘역의 장명등. 오금리 뒷산에 자리하고 있다.

정경부인 남평 문씨 묘와 나란히 자리한 박중손 묘역은 조선 초기 석물 양식을 잘 보여주고 있다. 묘역은 3단으로 되어 있으며, 양쪽으로 문인석과 무인석이 서있고 무인석 아래에 신도비가 세워져 있다. 각각의 묘 앞에 상석을 두었고 그 앞에 장명등을 세웠다. 장명등(長明燈)은 묘역에 불을 밝혀 사악한 기운을 물리치는 석등이다. 고려말 공민왕 이후 왕릉에 설치되었다가 조선에 들어와서는 일품 이상 재상의 묘역에도 세울 수 있게 되었다. 초기에는 장명등의 화창(火窓)에 실제로 기름등잔을 놓아 묘역을 밝혔으나 점차 장식물이 되었다.

박중손 묘의 장명등은 우리나라에서 거의 찾아볼 수 없는 독특한 형태를 지니고 있다. 천문학 대가의 장명등답게 앞뒷면의 화창은 사각형, 동쪽의 화창은 원형, 서쪽의 화창은 초승달 모양으로 되어 있다. 사각형은 땅, 원형은 해, 반월형은 달을 상징한다. 반면 남평 문씨 묘의 장명등은 상대적으로 폭이 좁고 화창 4면이 모두 사각형이다. 2기의 장명등은 각각 두 개의 화강암을 사용했는데, 하나는 대좌와 불을 밝히는 화사로, 다른 하나는 지붕돌인 옥개석과 연꽃봉오리 모양의 보주 부분으로 쓰였다.

역사적 · 학술적 가치가 높은 이 장명등은 2001년 보물 1323호로 지정되었다. 광탄면 소재 용미리 마애이불입상에 이은 파주지역 2번째 보물이다. 밀양박씨 규정공파 후손 수백 명이 해마다 한식일과 기일 등 1년에 네 차례 오금리 공효공 묘역에 모여 시향을 지낸다.

세조는 오금리에 안장된 박중손의 죽음을 안타까워하며 느티나무를 하사해 묘역 앞 고갯마루에 심도록 했는데 500년이 넘도록 마을의 수호신이 되어 1982년 보호수로 지정되었다.

갑자사화 피한 낙하리 '민통선 고속도로' 기웃

낙하나루는 임진나루와 함께 파주 임진강의 주요 포구였다. 조선시대 장단을 거쳐 개성으로 가는 길목 구실을 했다.

1501년, 낙하리 강변에 신발을 벗어놓고 사라진 선비가 있었다. 허암 정희량이다. 그는 연산군 4년(1498) 무오사화가 일어나자 '난언을 알고도 고하지 않았다'는 혐의로 탄핵받았다. 곤장 100대를 맞고 의주, 김해로 유배됐다가 풀려난 뒤 더는 관직에 나가지 못했다.

선견지명이 있었던 그는 연산군 7년(1501) 모친상을 당해 시묘살이를 하던 중 앞으로 닥칠 갑자사화를 예견하고 낙하리에서 자취를 감추었다. 사람들은 그가 빠져 죽은 줄 알고 강을 뒤졌으나 주검은 발견되지 않았다. 그의 나이 34살이었다. 음양학에 정통하고 축지법에도 능했다는 정희량은 이후 이천년이라는 이름으로 안동, 묘향산 등의 산사를 떠돌았다는 이야기가 전설처럼 전해진다. 허암(虛庵)이라는 호는 정희량이 살았던 계양산 옆 허암봉에서 유래되었다.

허암이 사라졌던 낙하리는 최소 500년 역사를 지닌 전통마을이다. 낙하리는 최근 임진강과 장단반도, 백연리 들판을 관통하는 문산-도라산 고속도로(11.8킬로미터)가 국책사업으로 추진되어 마을이 동강날 위기에 놓였다. 이 도로는 서울-문산 고속도로의 종점에서 출발해 낙하리를 관통한 뒤 다리를 놓아 임진강 중립수역을 건너게 된다. 이어 DMZ 남방한계선을 따라 산줄기를 잘라 백연리 들판에 나들목을 만들어 도라산역 앞까지 연결할 계획이다. 추후 개성까지 연장해 서울에서 개성까지 고속도로로 이을 방침이라고 한다.

6천억 원이 투입되는 문산-도라산 고속도로 건설계획은 2018년 남북정상회담 직후 발표되었다. 당시 국토교통부는 남북경협사업 일환으로 "문재인 정부 임기 안에 착공하겠다"며 예비타당성조사까지 면제하고 속도전을 강행했다. 정부가 평화를 강조하고 남북관계가 좋아질수록 DMZ의 생태환경은 더 위협받는 'DMZ의 딜레마'가 재현되었다.

파주지역 시민사회는 '평화의 이름으로' 추진하는 사업을 두고 어떻게 대응해야 할지 고민했다. 사람이 다니지도 않는 민통선에 고속도로를 만들려는 이유를 주민들은 이해하지 못했다. 반대할 이유는 수십 가지가 되는데 '발목잡기'라는 비판이 나올까 두려웠다. "남북협력 사업으로 위장한 DMZ 일원 생태계 파괴도로"라는 결론과 함께 반대 운동을 하기로 결정하기까지는 오랜 시간이 필요하지 않았다. 아무리 좋은 목적이라 할지라도 민주적인 절차를 생략하면 독선이 된다는 것을 정치인들은 모르는 듯하다.

4 멸종위기종 생물들의 보금자리 장단반도

서부 DMZ는 장단반도에서 시작한다. 1953년 정전협정 체결과 함께 장단반도부터 고성까지 248킬로미터의 휴전선에 200미터 간격으로 총 1,292개의 말뚝을 박아 군사분계선을 설정했다. DMZ와 임진강이 만나는 언덕 위 감시초소 옆에는 '항공기 월경 방지 경고 표지판'(AWPM, Aircraft Warning Panel Markers) 1호가 세워져 있다. 붉은색 바탕에 흰색의 숫자나 X자가 쓰인 월경 방지판은 항공기 조종사들이 실수로 북한 영공에 진입하는 것을 막기 위해 DMZ 남방한계선 철책선을 따라 877개가 설치되어 있다.

임진강 이북 장단군은 1945년 해방 당시 인구 6만 7천여 명으로 722평방킬로미터 면적에 10개 면으로 이뤄졌으나 한국전쟁 뒤 남북으로 갈라졌다. 장단, 군내, 진동면과 진서면 일부(판문점 일대)는 파주에, 장남면은 연천에, 장도, 대강, 소남면 등 나머지 지역은 북에 편입되었다. 파주시의 특산품인 장단콩은 이곳의 지명을 딴 것이다. 장단콩은 맛과 영양이 뛰어나 임금에게 진상되었으며 1913년 전국 최초의 콩 장려품종으로 선발된 대표 농산물이다. 장단반도에

장단반도는 생물다양성이 매우 풍부한 곳이다. 재두루미 한 가족이 장단반도 독수리 월동지에서 먹이를 먹고 있다.

서 생산된 개성인삼과 장단콩을 판매하는 농산물 축제가 해마다 10~11월 임진각 광장에서 열린다.

서부 DMZ 핵심 생태축, 임진강 하구

밀물과 바닷물이 만나는 임진강 하구는 자연하천의 원형을 간직하고 있는 서부 DMZ 일원의 핵심 생태축이다. 하천과 습지, 자연 제방, 친환경 농경지는 멸종위기종 희귀철새의 중간 기착지 겸 월동지 구실을 하고 있다. 또 황복, 뱀장어 등 회귀성 어종의 산란지로 한강하구와 함께 생물 다양성이 국내에서 가장 높은 곳이라는 평가를 받고 있다.

문산-도라산 고속도로가 지나게 되는 임진강 하구 장단반도 일대는 생태의 보고로 50종의 멸종위기 생물이 확인되었다. 멸종위기 야생생물 1급은 수달 · 참수리 · 저어새 · 두루미 · 황새 · 검독수리 · 흰꼬리수리 · 수원청개구리 등 8종이며, 멸종위기종 2급은 재두루미 · 개리 · 큰고니 · 삵 · 남생이 · 돌상어 · 물범 등 42종이다. 이 일대에서 10년 이상 생물상 조사를 해온 DMZ 생태연구소와 파주환경운동연합, 환경과 생명을 지키는 교사모임이 48종을 확인했고, 2종은 국토부의 전략환경평가 과정에서 확인되었다.

파주환경운동연합은 2012~2014년 민통선 주민들의 협조를 받아 조사한 결과, 양서 · 파충류 4종, 포유류 2종, 곤충 4종, 어류 3종, 조류 31종 등 모두 44종의 멸종위기종을 확인했다. 환경부가 임진강 하구 습지보호지역 지정을 위해 2007~2009년 실시한 조사에서는 24종의 멸종위기종이 확인되었다.

장단반도는 천연기념물 독수리와 재두루미의 집단 월동지로 해마다 11월에서 이듬해 3월까지 수백 마리가 이 일대에서 함께 겨울을 보낸다. 독수리는 겉모습은 사나워 보이지만 실제로는 사냥을 잘 못하고 주로 동물의 사체를 먹이로 삼아 살아가기에 '야생의 청소부'로도 불린다. 장단반도에서는 가냘파 보이는 재두루미 가족이 독수리 월동지에 들어가 독수리들이 보는 앞에서 먹이를 먹는 모습도 종종 목격된다.

장단반도는 한국전쟁 이후 미군과 한국군 포격훈련장의 피탄지로 수십 년간 사용됐으나, 주민들이 농지로 개간해 친환경 농경지로 거듭난 상황이다. 파주 농민들은 전쟁 이후 방치되어 있던 황무지를 20년 전부터 개간해 친환경 · 유기농법으로 생산한 농산물을 학교급식 등으로 공급하고 있다.

습지보호냐 준설이냐 줄다리기

환경부는 임진강 하구에 대해 습지보호지역 지정을 추진했지만 성사시키지 못했다. 2010년 장단반도~문산천하구~초평도까지 16.6평방킬로미터에 대한 습지보호지역 계획안이 땅 주인들의 반발로 무산되었고, 2012년 한강 합류지점~초평도 하단까지 13.2평방킬로미터로 축소한 수정안은 환경단체들이 반대했다. 환경단체들은 강 한가운데 섬[河中島]으로 독특한 생태를 가지고 있는 초평도와 독수리 월동지인 장단반도는 물론, 철새들의 먹이터이자 쉼터인 문산천 하구와 민물과 바닷물이 들고 나는 적성면 장좌리까지 습지보호지역에 포함할 것을 주장했다.

파주시는 홍수 피해 우려를 들며 습지보호지역 지정 대신 하도정비사업을 요구했다. 파주에서는 1999년 문산천이 범람해 7,100명의 이재민이 발생한 적이 있다.

2021~22년 추수가 끝난 장단반도 논에 커다란 사람 모양의 형상이 새겨졌다. 민중미술가 임옥상 씨가 여기서 퍼온 흙으로 대형 설치작품 〈여기, 일어서는 땅〉을 만들었다.

환경부의 습지보호지역 추진이 흐지부지되자 국토부는 2014년 임진강 하구 하천정비사업 계획을 발표했다. 총 2,500억 원을 들여 임진강과 문산천의 합류 지점인 칼섬과 문산읍 마정리~장단면 거곡리 14.29킬로미터 구간의 습지와 논을 준설하고, 준설토를 이 일대 농경지에 3미터 이상 높이로 쌓겠다는 내용이었다. 군남댐 아래에 왕산보 설치까지 포함된 이 사업계획을 지역 주민들은 '임진강판 4대강 사업'이라 불렀다. 환경부가 습지보호지역 지정 절차를 밟는 사이 국토부와 파주시는 임진강 준설계획을 만지작거리고 있었던 것이다.

지역 주민과 환경단체는 '임진강 지키기 주민대책위'를 꾸려 반대 운동에 나섰다. 공청회는 국토부 성토장이 되었다. "임진강은 퇴적과 세굴이 반복돼 준설을 할 이유가 없다", "저류지 구실을 하는 장단반도 농경지에 준설토를 쌓으면 문산 지역의 홍수 위험이 더 커진다" 등의 반대 의견이 쏟아졌다. 임진강 홍수 방지를 위해 정부는 군남댐 · 한탄강댐을 건설하고 제방과 배수펌프장 보강 등을 마친 상태였다. 임진강 준설의 진짜 목적은 홍수 예방, 하천 정비가 아니라 골재채취 이익을 노린 게 아니냐는 의혹도 제기되었다.

정부 사업 저지한 공로로 정부 포상 받은 이들

장단반도 농민들은 애써 일군 친환경 농경지가 준설로 사라질까 봐 노심초사했다. 김상기 파주시친환경농업인협의회장은 "장단반도는 공간이 분리돼 있고 들판이 넓어 농사짓기가 수월하고 환경 보전도 잘돼 소비자들로부터 가치를 인정받고 있다. 준설사업을 하면 거곡 · 마정리, 장단반도 일대 하천 둔치 등 농경지 600만 평방미터가 사라지게 돼 친환경 학교급식 쌀 생산지를 잃게 된다"고 했다. 그린피스, 세계자연보호기금(WWF)과 더불어 세계 3대 환경단체로 꼽히는 '지구의 벗 인터내셔널' 야고다 무니치 의장은 임진강 생태 탐방에 나서서 "한국 정부가 임진강변 농민들의 목소리에 귀를 기울여 달라"고 호소했다. '지구의 벗'은 한국의 환경운동연합 등 76개 환경단체와 200만 명의 활동가가 소속되어 있는 곳으로, 새만금 간척사업과 4대강 사업 반대운동을 벌이기도 했다. 야고다 의장은 임진강 준설을 하지 말아야 할 가장 큰 이유로 철새들의 서식지 · 먹이터이자 농민들이 친환경 농업을 하고 있다는 점을 꼽았다.

지속적인 준설반대 운동으로 인해 밀어붙이기에 한계를 느낀 국토부는 4년 만에 이 사업을 최종 포기했다. 환경부 한강유역환경청은 '준설의 치수효과 검토가 불가능하다'며 국토부가 낸 환경영향평가서를 최종 반려했다. 임진강 준설반대에 앞장섰던 파주환경운동연합의 노현기 공동의장과 정명희 사무국장은 2018년 환경 유공자로 대통령상과 국무총리상을 각각 수상했다. 수상자 추천은 환경부와 한강유역환경청이 했다. 환경부는 노현기 공동의장에 대해 "2004년부터 굴포천 살리기, 계양산 골프장 저지, 임진강 하천정비사업 반대 등 지역 환경현안에 대해 민간 차원의 자발적인 환경운동을 전개해 시민의 환경의식을 높이고 생태계 보전에 기여했다"고 추천 이유를 설명했다.

정부가 추진한 사업을 저지한 공로로 정부로부터 포상을 받은 이들의 수상 소감은 이러했다. "우리는 임진강에 대해 아무것도 모르고 있으며 상상조차 할 수 없습니다. 평화와 소통의 상징으로서 임진강은 인위적 개발과 관리를 유보하고 남북 공동으로 임진강의 현재 실태를 조사하고 기록하는 작업부터 했으면 합니다." 평화와 생태, 소통의 가치를 지닌 임진강은 정부가 아닌 빛도 이름도 없는 주민들의 부단한 노력으로 어렵게 지켜지고 있다.

수원청개구리 사는 집을 없애려는 이유

보호받지 못한 습지의 운명은 가혹했다. 가까스로 준설을 피한 임진강 습지가 마주한 운명은 잇따른 불법매립이었다. 생물 다양성의 보고인 임진강 주변 논 습지와 하천부지를 매립하면 재두루미, 수원청개구리, 뜸부기, 저어새 등 멸종위기 야생생물의 서식환경이 악화될 것은 불 보듯 뻔했다. 수년간 준설반대 운동으로 임진강 유역 논을 지킨 주민들은 할 말을 잃었다.

2021년 초부터 문산 지역에서 제보가 빗발쳤다. 덤프트럭이 줄지어 마정리와 장산리, 사목리를 다니면서 먼지를 일으키며 논 습지에 폐기물을 매립하고 있다는 것이었다. 현장에 가보니 독수리 먹이터였던 장산리의 축구장 대여섯 개 크기 논이 토성처럼 변했고, 홍수 예방터 구실을 하는 하천부지까지 불법매립이 자행됐다.

백연리 들판에서 떨어진 낙곡을 먹고 있는 재두루미 무리. 불법매립으로 갈수록 서식지가 줄고 있다.

군부대가 출입을 통제하는 민통선 안은 더 심각했다. 매일 수백 대씩 덤프트럭이 통일대교와 전진교를 통해 민통선에 들어와 토사와 건설폐기물을 매립했다. 재두루미 핵심 월동지인 백연리, 동파리, 하포리, 서곡리, 용산리, 반정리에 무차별적인 매립이 진행되었다.

민통선에는 2021년 4~6월 덤프트럭이 7,734차례나 드나들며 논 습지를 매립했다. 2021년 1~8월 파주에서만 여의도와 비슷한 면적인 291만 평방미터의 논이 매립되었다.(〈한겨레신문〉 2021년 11월 24일자) 황복, 숭어, 실뱀장어를 잡을 시기에 시뻘건 토사와 오염물질이 강으로 흘러내려 어획량 피해를 본 어부들은 시와 토지주에게 보상을 요구하기에 이르렀다.

불법매립은 특히 외지인 소유의 농지에서 빈번하게 일어났다. 수도권 공사장에서 반출된 대규모 토사나 건설폐기물을 저렴하게 처리하려는 업자와 땅값을 높이려는 부재지주의 이해관계가 맞아떨어졌기 때문이다. 문산읍 부동산중개사 김문권 씨는 "논을 성토해 밭으로 전환하면 땅값이 상승하고 현금화하기에도 유리해 외지인 토지주들은 논보다 밭을 선호하는 편"이라고 설명했다. 그는 파주 접경지 농지의 70~80퍼센트가량이 외지인 소유인 것으로 추정했다.

허술한 법과 제도도 불법매립을 부추기는 원인이 되었다. 농지법 시행규칙과 파주시 도시계획조례는 건설폐기물을 농지에 매립할 수 있고, 1미터 이하 성토는 허가 없이도 가능했다. (이 사건으로 파주시는 허가 없이 성토할 수 있는 기준을 50센티미터로 강화했다.) 벼농사를 밭작물로 전환하면 지원금을 주는 농지법 조항도 그랬다.

이런 이유로 파주 민북지역 논들이 장단콩밭이나 인삼밭, 비닐하우스, 축사, 과수원, 창고 등으로 지속적으로 바뀌어 야생생물의 서식공간이 줄어들고 있다. 경상국립대 이수동 교수팀의 '파주 장단반도 일대 토지이용 현황별 면적

및 비율' 조사보고서를 보면, 장단반도 논은 2019년 2,768만 평방미터(17.02퍼센트)에서 2020년 2,737만 평방미터(16.83퍼센트)로 1년 새 31만 평방미터나 감소했다. 농사를 짓지 않는 묵논도 2019년 30만 8,336평방미터에서 2020년 17만 849평방미터로 크게 줄었다.

민북지역 파주농민회 출범

파주 민북지역 출입 영농인은 약 5천 명으로 추산된다. 이들은 육군 1사단에서 출입증을 받아 통일대교를 통해 일출 무렵 들어가 일몰 전까지 농사를 짓고 나온다. 하루 수백 대의 덤프트럭을 제재 없이 통과시킨 육군 1사단이 영농인에 대한 출입 통제를 되레 강화하자 민북지역 농민들은 화가 머리까지 치밀었다.

군은 통제 강화 이유를 "최근 안보상황을 고려한 조처"라고 밝혔지만, 농민들에게는 들쭉날쭉한 군의 통제가 '주민 길들이기' 또는 '갑질'로 비쳐졌다. 농민들은 '민북출입 영농인 군갑질 피해 근절 대책위'를 꾸려 통일대교 앞에서 농기계 저속운행 시위를 벌였다. 군갑질대책위 참가자들은 이듬해 '민북지역 파주농민회'를 출범시켰다.

파주 DMZ 일원은 도로, 철도, 도시, 공단, 공원 등의 개발계획이 평화협력을 명분 삼아 자주 거론되곤 한다. 특히 장단반도는 평화경제특구, 제2개성공단 유력 후보지로 꾸준히 오르내리고 있다. 평화경제특구는 접경지에 남북교류 전진기지를 만든 뒤 외국기업을 유치해 새로운 경제성장판과 평화의 안전판을 만들자는 구상이다. 17~20대 국회까지 20년간 총 19건의 평화경제특구 법안이 상정되었다가 임기만료 폐지되었고, 21대 국회에서도 파주 · 연천 국회의원인 박정, 윤후덕, 김성원이 각각 발의한 바 있다.

박근혜 정부 당시인 2013년에는 철원, 고성과 함께 DMZ 세계평화공원 후보지로 장단면 동장리 일대가 검토되었다. 경기도는 장단반도에 컨벤션센터와 외국인 주거단지를 조성하고 국제기구 협력사무소를 유치하는 등 배후도시 건설 방안을 제시했다. 민북농민회 회원들은 장단반도가 친환경 농업지구로 지정되기를 원하지만, 남북관계가 개선될수록 파주 DMZ 일원의 생태보전은 점점 어려워질 것이다. 인간은 딜레마를 만드는 동물이라 했으니 어쩌면 DMZ의 딜레마는 숙명일지도 모른다. 딜레마를 피하는 방법은 둘 중 하나를 선택하는 이분법적인 사고에서 벗어나는 균형적 삶의 회복이다.

5 'DMZ 관광 앵커' 임진각이 들어선 마정리

임진각은 경의선 철교가 놓이기 전 '독개나루'라고 불리던 나루터였다. 그 전에는 범포라고 불렀는데, 범포(帆浦)는 독개를 돛개로 보고 한자로 옮긴 이름이다.

1658년 허목은 독개나루에서 동남풍을 만나 돛을 올리고 임진강을 거슬러 오르기 시작했다. 그는 "범포에 이르자 물맛에 짠 기가 가시기 시작하고 흐린 물도 점차 맑아지더니 임진탄 아래에 이르자 맑은 강이 되었다. 이곳에서 순풍을 만나 돛을 올렸다"고 여행기에 썼다.

군사분계선에서 7킬로미터 떨어진 임진각은 한국전쟁 이후 육군 1사단 장병들의 면회 장소로 사용되었다. 임진각이 건립된 것은 1971년 4월 전방 시찰을 하던 대통령 박정희가 1사단에서 사설 매점을 운영하던 장소에 실향민들을 위한 건물을 지을 것을 지시하면서다. 사설 매점에 대한 박정희의 질문에 1사단장은 "해태제과에서 운영하는 면회소 겸 다방"이라고 잘못 답변을 하였고, 이틀 뒤 해태제과 사장이 청와대에 불려왔다. 박정희는 연필로 스케치한 임진각 모형도를 보여주며 임진각 건립을 지시하였다. 민간 기업이 영문도 모르게 정부의 지시를 받아야 했던 권위주의 시대의 웃지 못할 에피소드다. 임진각은 1972년 7 · 4 남북공동성명 이후 완공되어 실향민을 위한 건물로 사용되다가 1991년 공식 관광지로 지정받았다. 2005년 경기관광공사가 해태제과로부터 매입해 운영하고 있다.

대전차 방호벽을 통과해 들어가는 마정리

임진각이 자리한 문산읍 마정리는 철책과 가장 가까이 있는 자연생태 마을이다. 마정리(馬井里)란 용마가 우물에서 솟구쳐 나왔다고 한데서 유래하며, 말우물 마을이라고도 부른다. 마을 앞 마정벌판에서는 송악산과 극락봉 등 북한의 산들이 병풍을 펼친 듯 눈에 잡히고, 가을이면 반딧불이 축제가 열리는 청정지역이다. 마정리에 들어가려면 마을 출입구에 설치된 육중한 돌덩이로 된 대전차 방호벽을 통과해야 한다. 마정2리부터 4리까지 벌판과 마을을 가르는 방호벽이 설치되어 마치 성벽처럼 마을을 둘러싸고 있다.

맨 처음부터 마지막까지 전쟁을 감당해야 했던 이 마을은 전쟁의 기억을 고스란히 안고 있다. 전쟁이 끝나자 돌아온 주민들은 폭격으로 집 한 채 남지 않은 마을에 학교와 집부터 지어야 했다. 고향으로 돌아가지 못한 장단 사람들도 마정리에 터를 잡았다. 미군부대가 주둔하면서 마정리에는 10개가 넘는 댄스홀과 당구장, 다방, 술집 등이 들어섰고 댄스홀 주변에는 기지촌이 형성되었다. 1971년 주한미군이 철수하자 유흥시설은 사라지고 주민들은 농사에만 의존하게 되었다. 민통선 및 접경지역 관할권이 미군에서 한국군으로 이양되면서 마을의 풍경이 바뀌었다. 마을 출입문이 세워졌고, 마을과 들판을 가르는 방호벽이 들어섰다. 임진강변에 철책선이 세워진 것도 이 무렵이었다.

파주 마정리 마을 출입구에 세워진 대전차 방호벽.

뒤이어 발표된 7 · 4 남북공동성명으로 판문점과 평양으로 가는 길목인 이 마을은 큰 변화를 겪었다. 1972년 마을 앞을 지나는 통일로가 완공되었고 지붕 개량사업이 착수되었다. 허장성세가 판을 치던 시대였다. 마정2리 이장을 지낸 박해연 씨는 "당시 삐라에서 남쪽 사람들은 전부 초가집에 살고 못산다고 하니까 정부에서 보조금이 나와 지붕개량과 울타리를 해줬어요. 그러고 나서 대한민국에는 초가집이 하나도 없다고 선전방송을 했고"라며 당시 상황을 되짚었다.

주민의 필요와 무관하게 군사적 상황이나 남북관계의 변화에 따라 바뀌어 간 마정리에는 2019년 주민 제안으로 마을박물관이 생겼다. 평소 비어있는 민방위 주민대피소를 박물관으로 활용하자는 아이디어가 경기문화재단 공모사업에 채택되었다. '마정리 평화충전소'라는 이름의 마을박물관은 전쟁과 분단으로 인해 고향을 떠나 이 마을에 정착할 수밖에 없던 주민들의 삶과 애환이 담긴 작품들을 전시 중이다.

마정리에는 2000년 남북정상회담에 따라 문산~도라산 구간을 복구하면서 2001년 임진강역이 들어섰다. 이 역은 민간인이 자유롭게 출입할 수 있는 경의선의 마지막 역이다. 원래 1938년 개통한 임진역이 있었으나 한국전쟁으로 문산~개성 구간이 완전히 파괴되어 존재마저 깡그리 잊혀졌다. 임진강역 광장에는 고 박봉우(1934~1990) 시인의 시 「휴전선」이 신영복 선생의 글씨로 새겨져 있다.

"모든 유혈은 꿈같이 가고
지금은 나무 하나 안심하고 서 있지 못할 광장
아직도 정맥은 끊어진 채 휴식인가
야위어가는 이야기뿐인가…."

"기점이 다양해야 관광객이 몰릴 것"

임진각은 국내외 관광객이 연간 500만 명가량 방문하는 국내 대표적 안보 관광지다. 제3땅굴과 도라전망대를 둘러보는 파주 DMZ 관광의 시작점이기도 하다.

임진각에는 냉전시대와 평화시대의 산물들이 대거 몰려있다. 1953년 공산군의 포로였던 1만 2,773명의 국군과 유엔군이 귀환한 '자유의 다리'가 대표적이다. 전쟁 때 폭격으로 파괴되어 기둥만 남은 경의선 철교 남쪽 끝에 임시로 다리를 설치해 포로들을 통과시켰다. 포로들은 차량으로 경의선 철교까지 와서 83미터 길이의 자유의 다리를 걸어서 건넜다. DMZ 안에 있는 '돌아오지 않는 다리'와 함께 한국전쟁의 비극을 상징한다. 주민들은 이 다리를 독개다리라고 부른다. 독개다리는 1998년 통일대교가 건설되기 전까지 판문점과 민통선 지역을 오가는 통로로 사용되었다.

한국전쟁 때 총탄세례를 받고 만신창이가 된 장단역 증기기관차도 전시되어 있다. 1950년 12월 31일 연합군의 군수물자를 실으러 개성에서 황해도 한포까지 갔다가 전세가 좋지 않아 서울로 되돌아오던 중 경의선 장단역 앞에서 총탄을 맞고 멈춰 섰다. 열차에 총탄을 퍼부은 쪽은 유엔군이었다. 북한군이 사용하지 못하도록 1,020발의 총탄을 쏘아 열차를 갈기갈기 찢어버렸다. 선로를 벗어난 증기기관차는 반세기 넘게 DMZ에 방치되었다가 2009년 임진각으로 옮겨졌다.

파주시는 임진각을 중심으로 DMZ 체험과 볼거리를 늘려가고 있다. 2018년 도라전망대를 신축 이전했고, 2019년 'DMZ 평화의 길' 개방, 2020년 임진각~캠프 그리브스 간 '평화곤돌라' 운행, 2022년 '한반도 생태평화 종합관광센터'를 개관했다.

북한에 억류된 1만 2,773명의 전쟁포로가 귀환한 자유의 다리와 경의선 철교.

한국전쟁 때 총탄 세례를 받고 만신창이가 된 장단역 증기기관차. 현재 임진각에 전시되어 있다.

파주시 공무원은 임진각이 DMZ 관광의 구심점이 되도록 다양한 관광콘텐츠를 확대해야 한다고 믿었다. "임진강을 기준으로 민통선 안쪽에는 시설이 못 들어가니 밖에다만 짓고 있는 겁니다. 임진각은 DMZ 관광의 앵커 구실을 하는 곳으로 기점이 다양해야 사람들이 많이 모이지 않을까요? 관광자원이 부족하면 후손들이 만들어줘야죠."

‖ 마정리 주민들 "임진각에 500만 명 오면 뭐하나요?"

마정리 주민들은 임진각 중심의 DMZ 관광 활성화 정책이 불만스럽다. 마정2리 입구의 소머리국밥집 '요술나라'에서 만난 주민들에게 임진각에 대해 어떻게 생각하느냐고 물었더니 비판적인 답변이 쏟아졌다. "임진각에 500만 명이 방문해도 주변 마을로 퍼지지 않아 지역 주민들과 무관해요. 임진각에서 공연이나 문화행사가 열려도 그들만의 잔치이고 우리는 몰라서도 참여하지 못하죠. 임진각에 오는 사람들이 마정리나 사목리에서 먹고 자게 하면서 다른 관광코스로 연계해야 해요. 마정리만 해도 관광객이 관심을 가질 만한 역사·인문학적 자산이 풍부하고 평화를 이야기할 아이템이 풍부한데 공무원의 상상력은 땅굴, 도라전망대, 임진각에만 갇혀 있어요."

놀이시설 중심의 임진각 관광콘텐츠도 못마땅하다. "외국인들은 분단과 휴전의 현장이라 해서 잔뜩 긴장하고 왔는데 임진각 놀이공원을 보고 실신할 정도로 어이없어 하죠. 다양한 세대를 아우르는 스펙트럼이 넓은 것도 좋지만 공감할 수 있는 내용이 중요하다고 생각해요. 수학여행이나 단체연수로 땅굴, 도라전망대를 둘러보고는 DMZ를 다 봤다고 생각해 이미지가 오히려 안 좋아지는 것 같아요. 재방문과 지속가능한 관광을 위해서는 콘텐츠로 젊은 세대를 유입해야 하는데 외국인 유입이 늘고 신입생, 신입사원이 계속 오니 공무원들은 고민을 안 합니다."

임진각은 안보관광의 이미지가 강한 곳이지만 막상 관광객들은 통일, 북한, 평화 등에 크게 의미를 두지 않는다. 2018년 경기관광실태조사에 따르면, 임진각 관광지의 방문 목적은 '일상을 벗어나 휴식'이 51.4퍼센트로 가장 높았고, '남북분단 및 한반도 평화 기념'(22.8퍼센트)과 '자연경관 및 생태체험'(12.4퍼센트)을 위한 방문객은 많지 않았다.

임진각의 70대 관광해설사는 젊은이들이 임진각의 역사적 의미에 관심을 두지 않는 것을 안타까워한다. "젊은이들이 임진각에 대해 아무것도 모른 채 자유로의 끝이라 생각하고 오는 사람들이 많아요. 한번은 장단 열차를 보고 멋지다고 말해 혼을 내준 적도 있어요." 통일이 소원인 세대의 훈계가 젊은이들에게 먹혔을까. 한국전쟁은 이들에게 까마득한 옛 역사일 뿐이고, 통일이 좋은지에 대해서도 확신이 없는 세대에게.

임진각 관광지는 코로나19와 아프리카돼지열병 여파로 DMZ 관광을 중단하거나 방문객 수를 제한한 2020년 이전까지만 해도 10년 평균 500만 명 이상이 방문해 파주시 전체 관광객의 절반이 넘는 편중 현상을 보였다. 하지만 2013년 668만 명을 기록한 뒤 감소 추세를 보이고 있고, 마장호수와 감악산에 출렁다리가 생긴 뒤부터는 자연경관을 즐기려는 관광객이 급증해 안보관광의 비중은 점차 줄고 있다.

6 안보와 평화가 교차하는 DMZ 관광

1978년 10월 17일, 판문점 남쪽 비무장지대 안 군내면 점원리에서 세 번째 땅굴이 발견되었다. 서울에서 52킬로미터 떨어진 곳에서 발견된 1,635미터 길이의 제3땅굴은 안보와 멸공의 상징으로, 휴전선 일대 요새화의 구실로 이용하기에 안성맞춤이었다. 제3땅굴은 2002년 이전까지는 군에서 안보교육장으로 운영하면서 신원조회를 거쳐 제한된 인원만 관람이 가능했다. 지금처럼 신분증만 있으면 누구나 관람할 수 있게 된 것은 2002년 한일월드컵 개최를 앞두고 국내외 관광객 유치를 위해 파주시로 운영권이 이관되면서부터다. 제3땅굴에는 DMZ 영상관과 전시관 등이 설치되어 관광객들에게 반공교육 성격의 해설과 볼거리를 제공하고 있다. 연평균 60만 명 이상이 방문하는 제3땅굴은 안보관광과 평화관광이라는 두 가지 얼굴을 가지고 있다.

안보관광이냐 평화관광이냐, 제3땅굴

DMZ가 관광지가 된 것은 국가 주도로 1970~80년대 철원에 안보관광지를 개발하면서부터다.

안보관광의 개발은 한국전쟁 전적지와 민통선 일대에 잘 보전된 자연경관 및 전적지를 관광자원으로 개발 · 활용함으로써 전후 세대에게는 올바른 역사의식을 함양하는 장으로 활용하고, 외국인 관광객에게는 특색 있는 관광경험을 제공하려는 데에 목적이 있었다.(문화체육관광부, 2020)

즉 안보관광은 시작부터 반공교육의 성격이 강했다. 안보관광 대신 평화관광이라는 단어가 처음 등장한 것은 1990년대 말 김대중 정부 출범과 함께 남북관계가 개선되면서부터다. 이후 DMZ 관광은 남북관계와 정부의 성향에 따라 안보에 초점을 둔 안보관광과, 평화를 강조하는 평화관광이라는 용어가 뒤섞여 사용되다가 2018년 판문점 선언 이후 평화관광이라는 용어의 사용이 급속도로 늘어났다.

원래 평화관광이라는 용어는 1차 세계대전 이후 영국에서 '관광을 통한 평화'라는 뜻으로 처음 등장했다. 1929년 영국관광휴가협회의 연차 총회 주제가 '평화를 위한 관광'이었다. 2차 세계대전이 끝난 뒤 여러 나라와 기구에서 관광이 국제협력과 평화에 이바지하는 효과가 있음을 강조하면서 평화관광의 개념이 확산되기 시작했다. 유엔도 1967년 '관광은 평화로 가는 여권'(Tourism is a passport to peace)이라고 선언하면서 관광을 통한 평화 실현에 주목하였다. 평화관광은 폭력이 필요하다는 인식을 감소시키는 데 목적을 두었다.

따라서 안보관광과 평화관광은 이름만 바꾼 것이 아니라 관광의 패러다임 자체가 다른 것이라 할 수 있다. 지금까지 DMZ 관광이 남침용 땅굴과 전망대 등 안보관광지를 관람하는 형태였다면, 여기에서 벗어나 DMZ 일원의 생태 · 역사 · 문화 · 지질 · 농사체험 등 평화의 가치를 체험하고 실현하는 것이 평화관광이라 할 수 있다. 판문점 선언 이후 DMZ 접경지역에서의 대북 · 대남 방송시설 철거, GP 철수 등 실질적인 비무장화 조치들이 실행되면서 접경지역 관광도 지역자원을 활용하는 방식으로 다변화하는 경향을 보인다.

정치에서 멀찌감치 비켜선 민통선 주민 이재석 씨는 평화란 설명이나 교육이 아니라 각자 몸으로 체험을 함으로써만 가능하다고 말했다. "현행 관광방식은 몸으로 체험을 통해 느끼는 평화관광이라기보다 언어로 설명하는 평화교육 수준으로 생태평화관광과는 거리가 멀어요. 개별적, 주체적으로 체험을 통해 느끼는 것이 아니라 남에게 설명을 듣는 식의 여행에 대한 거부감과 식상함 때문에 DMZ 관광의 패러다임 변화에 대해 체감하지 못합니다."

그러나 공무원들의 사고나 인식은 과거와 크게 달라지지 않은 듯하다. 남

관광객들이 도라전망대에서 DMZ와 북한 개성시 모습을 보고 있다.

북관계가 좋던 시절에 인터뷰한 파주시의 한 간부 공무원은 평화관광에 대해 "안보관광과 평화관광은 이름만 바뀐 것으로 중점을 안보에 둘 거냐, 평화에 둘 거냐의 문제로 내용은 같다고 보면 된다. 지금은 평화가 우선인 시대라 평화관광이라고 부를 뿐"이라고 했다. 만약 남북갈등 상황이었더라면 그는 '지금은 안보가 우선인 시대라 안보관광'이라고 했을 것이다. 정권에 따라 코드 맞추기에 급급해 우왕좌왕하지 않으려면 중장기 마스터플랜이 확고해야 한다.

한국에서 가장 가기 어려운 2시간 30분짜리 관광

군사분계선에서 1.5킬로미터 떨어진 곳에 장단면 도라산리가 있다. 도라산(都羅山)은 신라가 패망한 뒤 고려에 항복한 경순왕이 이 산에 올라 신라의 도읍을 돌아보며 눈물을 흘렸다고 해서 붙은 이름이다. 해발 167미터 도라산 정상에는 서부전선 최북단의 도라전망대가 세워졌다. 송악산 관측소(OP)가 폐쇄된 뒤 1986년 국방부가 설치한 관광지로 개방 전까지는 DMZ 안이라 출입이 제한되었다. 파주시는 2018년 옛 전망대보다 12미터 높은 곳에 3층 규모의 신 도라전망대를 건립하였다. 도라전망대에서는 개성공단, 개성시가지, 송악산과 함께 기정동마을, 대성동마을, 판문점, 전방 감시초소(GP) 등 DMZ 내부 시설들을 한눈에 바라볼 수 있다.

도라전망대 아래에는 서울과 신의주를 잇는 경의선 남쪽 마지막 역인 도라산역이 있다. 도라산역에는 "남쪽의 마지막 역이 아니라 북쪽으로 가는 첫 번째 역입니다"라는 안내판이 붙어있다. 이 역은 2000년 남북정상회담에 따른 경의선 복원사업의 일환으로 2002년 4월 남방한계선 676미터 앞 민통선 안에 세워졌다. 동해북부선 제진역과 함께 남북출입사무소가 설치된 곳으로 북한과 국경을 맞대는 국제역이다.

제3땅굴과 도라전망대는 한반도 DMZ 관광의 간판 상품이다. 파주시는 2002년 육군 1사단, 재향군인회와 3자 협약을 맺은 뒤 임진각에서 셔틀버스를 이용해 도라전망대~제3땅굴~통일촌을 둘러보고 원점 회귀하는 2시간 30분짜리 DMZ 관광상품을 20년 넘게 운영하고 있다.

DMZ 관광객의 절반가량은 외국인이다. 서울에서 1시간 만에 도착해 '반나절 관광'으로 한반도의 분단현장을 둘러볼 수 있다는 장점 때문에 파주 DMZ는 외국인 관광객에게 '한국에서 가장 가보고 싶은 관광지 1위'로 꼽혀왔다. 2011년 이후 제3땅굴을 다녀간 외국인 관광객은 300만 명을 훌쩍 넘는다. 관광 수요는 많지만 최전방 군사지역 방문이다 보니 외부 환경에 따라 관광이 자주 중단되거나 통제되어 한반도에서 가장 가기 어려운 관광지 중 하나로 꼽힌다. 2015년 메르스 사태로 한 달간 관광이 멈췄고, 아프리카돼지열병과 코로나19 유행으로 2019년 10월부터 2년 넘게 중단됐다. 지뢰 폭발 사건이나 군사훈련 때문에 수시로 운영이 중단되기도 했다.

제 발로 찾아오는 외국인 관광객을 막다니

파주 DMZ 관광은 파주시와 육군 1사단의 주먹구구식 운영으로 혼란을 겪곤 한다. 코로나19 여파로 2년여 만에 문을 연 2022년 5월에는 셔틀버스 운행을 평일 6회(240명), 주말 12회(480명)로 제한하고 임진각 매표소에서 현장 판매만 하자 북새통이 일었다.

외국인 관광객 수백 명이 새벽부터 임진각에서 줄을 서는 바람에 오전 9시 개표가 시작되자마자 순식간에 '매진'되는 진풍경이 매일같이 연출됐다. 아침 7시~7시 30분께 임진각에 도착한 외국인 관광객들은 최소 1시간 30분에서 길게는 6~7시간을 기다리거나 발길을 돌려야 했다. 선착순으로 표를 팔다 보니 여행사들은 남들보다 5분이라도 먼저 도착하기 위해 더 일찍 출발하고 도로 위에서도 속도경쟁을 벌여야 했다.

아침 7시 30분 임진각에 도착한 이탈리아 관광객 클라우디아 리냐히의 손에는 오후 1시 30분 입장권이 쥐어졌다. 어쩔 수 없이 오후 3시 30분 예약한 서울 강남의 네일숍 방문을 취소한 그는 이런 상황이 이해가 안 갔다. "다른 관광지들처럼 예약을 받지 않고 왜 이렇게 오래 기다리게 하는지 이상해요." DMZ 전문여행사 협의체인 남북평화관광협의회 정하용 회장은 DMZ 관광의 지속성 보장을 위한 민관군 협의체를 요구하고 있지만 묵묵부답이다. "다른 지역은 외국인 관광객을 유치하려고 안간힘을 쓰는데 파주시는 제 발로 찾아오는데도 막고 있어요. 파주시나 1사단은 중단하면 그만이지만 여행업계는 관광객들의 모든 항의를 감당해야 합니다."

냉전의 유산인 DMZ에 대한 외국인들의 주목은 DMZ가 파주시나 1사단의 전유물이 아니라 인류 전체에 속한 땅임을 여실히 보여준다. DMZ의 보전과 관리는 이제 대한민국의 국가 위상과 관련된 문제가 되었다. 최재천 이화여대 석좌교수는 '2022 Let's DMZ 포럼'에서 "DMZ의 가치는 국내보다 외국에서 훨씬 더 높이 평가받고 있다. DMZ는 전쟁의 아픔도 있지만 역설적으로 온대지방에서 환경이 가장 잘 보존돼 있는 곳이다. 우리가 DMZ를 망가뜨리며 다 개발해 버린다면 대한민국의 위상은 한없이 추락할 것"이라고 말했다.

임진강과 파주

경순왕릉
고랑포구
역사공원
연천군
육계토성
호로고루
이잔미
성터
군사분계선
(휴전선)
장남면
반정리
임진강
장좌리
장남교
선적리
판문점
파주시
(구 장단군)
북한군 묘지
두지리
진서면
용산리
진동면
리비교
조산리
하포리
눌노리
대성동마을
군내면
장파리
눌노천
허준 묘
해마루촌
덕진산성
백연리
통일촌
정자리
동파리
파평면
초평도
통일대교
도라산역
캠프
그리브스
문산읍
임진나루
두포리
장단면
임진각
파주시
율곡습지공원
임진리
경의중앙선
임진강역
화석정
율곡리

7 수난의 역사 너머 평화관광 시대를 여는 판문점

경기도 파주시 진서면 선적리. 판문점이 67년 만에 주소를 되찾았다. 정전 이후 미등록 토지로 남아 있던 판문점이 2020년 파주시 행정구역으로 등록되면서 주소가 생겼다. 판문점 북쪽 지역은 황해북도 개성특급시 판문점리로 불린다. 판문점은 옛 장단군 지역으로 장단군 진서면 선적리로 불리다가 1972년 파주시로 편입되었다. 이 지역은 DMZ 안이고 미확인 지뢰 지역이라 측량을 못해 그동안 미등록 토지로 남았다.

판문점이 위치한 진서면 선적리와 장단면 덕산리가 파주시로 편입되면서 남북 정상이 만났던 '자유의 집'과 '평화의 집'에도 도로명주소가 부여됐다. 또 개별공시지가 등록, 국유재산 권리보전 절차 이행 등 체계적인 관리도 할 수 있게 됐다. 한국전쟁이 일어나기 전 널문리로 불리던 외딴 마을 판문점은 1951~53년 유엔군과 공산 진영이 천막을 치고 휴전협상을 하면서 전 세계에 알려졌다.

▌개성에서 판문점으로 교체된 회담장

전쟁 개시 1년이 지나 38선 부근에서 전선이 교착상태가 되자 미국과 중국, 소련 등 참전국들은 이쯤에서 전쟁을 끝내고 싶었다. 북한은 중국과 소련의 결정을 따르지 않을 수 없었고, 오직 남한 정부만이 휴전을 반대했다. 이승만이 원한 것은 북진통일이었다.

미국과 소련의 물밑 협상을 거쳐 1951년 7월 10일 휴전회담이 시작되었다. 첫 회담 장소는 개성 선죽교 인근의 99칸짜리 한옥인 내봉장이었다. 개성은 38선 이남이었지만 당시 북쪽의 통제 아래 있었다. 전쟁 당사국인 남한은 회담에서 배제됐다. 세계 주요언론의 기자들이 다 모였는데 남한 기자의 자리는 없었다. 한국 정부가 휴전에 반대하여 참여시킬 수 없다는 이유에서였다. 양쪽 대표단의 앉은키가 달라 눈높이가 차이가 나자 이를 맞추기 위해 의자 다리를 일부 잘라내는 등 신경전이 치열했다. 며칠이면 끝날 줄 알았던 휴전협상이 팽팽하게 진행되었다. 군사분계선을 38선로 하자는 공산 쪽과 현재의 접촉선으로 하자는 유엔 쪽 주장이 대립했다.

8월 말 중단된 회담이 두 달 만에 재개되었는데, 회담 장소가 개성에서 판문점으로 바뀌었다. 북이 개성 회담장을 정치적 홍보수단으로 이용하자 유엔이 장소 변경을 제안했다. 판문점으로 회담장을 변경한다는 것은 현재 접촉선 상태로 군사분계선이 정해질 경우 판문점 이북의 개성은 북쪽에 편입된다는 것을 의미했다. 이승만은 동부전선을 양보하는 한이 있더라도 개성은 반드시 탈환해야 한다며 반대했으나 휴전을 원하는 참전국의 압력으로 유엔은 개성을 포기했다. 길손이 머물던 주막집 4채가 전부였던 널문리에 휴전협상을 위해 임시 건물 두 채와 막사 세 채가 지어졌다.

건너면 돌아올 수 없는 '돌아오지 않는 다리'

1951년 11월 27일 쌍방은 군사분계선 설정 협정에 조인했다. "정전협정이 조인될 때까지 전투를 계속한다. 현재의 접촉선을 군사분계선으로 하고 이를 중심으로 남북으로 2킬로미터씩 4킬로미터의 비무장지대를 설치한다. 30일 이내 정전협정이 조인될 경우에만 유효하다. 30일 이내 정전협정이 조인되지 않을 경우 군사분계선은 정전협정이 조인될 당시 접촉선으로 한다."

휴전협상이 진행되자 오랜만에 휴식을 취하며 전쟁이 곧 끝나리라는 희망을 품었던 전선의 병사들에게 '접촉선을 군사분계선으로 한다'는 합의는 날벼락이었다. 쌍방은 최종 합의에 도달할 때까지 군사작전을 계속해야 했고 전방에서는 고지 쟁탈전이 가열됐다.

휴전협상의 마지막 걸림돌은 포로 송환문제였다. 자유 송환과 강제 송환이 맞서면서 포로수용소에서 자주 다툼이 벌어졌다. 1952년 5월 7일 거제도 포로수용소에서는 소장 납치사건까지 발생했다. 중단과 재개를 거듭하던 휴전협

판문점에서 서로를 주시하며 대치하고 있는 남북한 군인들. 건너편 큰 건물이 판문각이다.

상은 1953년 3월 스탈린의 사망으로 급속도로 진척되었다. 협상이 막바지에 이르자 불만을 품은 이승만은 6월 18일 억류 중이던 반공포로 2만 7천여 명을 일방적으로 석방하며 방해했다.

1953년 7월 27일, 판문점에서 정전협정이 조인되었다. 전쟁 개시 3년, 휴전 협상에 나선 지 2년 만이었다. 판문점은 유엔군과 북한군의 공동경비구역이 되었다. 그해 8~9월 군사분계선에 위치한 다리에서 유엔 쪽 605명과 공산 쪽 6,030명의 포로 교환이 이루어졌다. 이 다리의 이름은 한번 다리를 건너면 다시는 돌아올 수 없다는 뜻의 '돌아오지 않는 다리'가 되었다.

미루나무 사건으로 분리된 공동경비구역, JSA

판문점은 비무장지대 군사분계선 상에 있는 공동경비구역(JSA, Joint Security Area)의 별칭이다. 1953년 10월 군사정전위원회의 원만한 운영을 위하여 군사정전위원회 본부구역에 군사분계선을 중심으로 유엔군 쪽과 공산군 쪽의 공동경비구역을 설정하기로 합의했고, 이 합의에 따라 동서 800미터, 남북 400미터에 달하는 공동경비구역이 만들어졌다.

초기에는 유엔군과 공산군이 경비와 관리를 공동으로 담당하는 말 그대로 공동경비구역이었으나, 미루나무 사건 이후 군사분계선을 경계로 분리 경비하게 되었다. '판문점 도끼 만행사건'이라고도 불리는 미루나무 사건은 1976년 8월 18일 JSA 돌아오지 않는 다리 앞에서 미루나무 벌목 작업을 하던 미국인 유엔군 장교 아서 보니파스 대위와 마크 배럿 중위가 북한군에 의해 살해당한 사건이다.

이 사건 뒤 JSA 경비를 담당하던 캠프 키티호크와 캠프 리버티벨은 보니파스 대위의 이름을 딴 '캠프 보니파스'로 통합되었다. 캠프 보니파스에는 미군

70여 명과 한국군 700여 명이 함께 근무한다. 남방한계선에서 400미터가량 떨어진 보니파스 부대는 3중, 4중으로 된 원형 철조망과 기관총 벙커 등으로 둘러쳐져 있으며 전쟁에 대비해 대전차 지뢰를 매설하기 위한 맨홀이 촘촘히 설치되어 있다. 부대 안에는 한 홀(파3)짜리 미니 골프장이 있는데 주변이 온통 지뢰밭이어서 코스를 벗어난 공을 주울 수 없다. 이곳을 방문한 미국의 기자는 "세계에서 가장 위험한 골프장"이라고 보도했다. 핵심을 간파해 그럴듯하게 정의를 내린 기자의 솜씨 덕분에 이 부대는 세계의 화제를 모았다. 파주에서 캠프 보니파스를 거쳐 DMZ 안 대성동마을까지 버스가 하루 4회 운행된다.

2018년 9월 평양 남북정상회담에서 JSA 비무장화와 자유왕래를 합의하였고, 이에 따라 JSA 감시초소와 각종 화기가 철수되었다. 공동경비구역 안에는 총 24개 동의 건물이 있는데 남쪽을 대표하는 건물로 자유의 집, 평화의 집이 있으며 북쪽은 판문각, 통일각이 있다.

판문각과 자유의 집 사이에는 T1, T2, T3라고 불리는 하늘색 건물 세 동이 4미터 간격으로 세워져 있다. T는 임시건물(Temporary)이라는 뜻이다. T1은 중립국감독위원회 회의실, T2는 군사정전위원회 본회의실, T3은 군사정전위 소회의실이다. 정전협정 체결 이후 이곳에서 약 468회가량 회의가 개최되었다.

임시로 쓰기 위해 지은 건물은 70년 동안 남북의 경계선이 되었다. T2와 T3 사이의 폭 50센티미터, 높이 5센티미터의 콘크리트 경계석은 1976년 미루나무 사건으로 그어진 뒤 군사분계선의 상징이 되었다. 이 선을 넘어 1978년 해군에 붙잡힌 북한의 무장 선박 승무원 8명이 돌아갔고, 1989년 세계청년학생축전 참석차 평양에 갔던 대학생 임수경과 문규현 신부가 돌아왔다. 2010년에는 평양에서 두 달 넘게 머물던 한상렬 목사가 돌아왔고, 2012년 "조국통일 만세"를 외치며 경계선을 넘던 범민련 남측본부 부의장 노수희가 체포되었다.

평화관광 가능성 연 판문점 도보다리

2018년 남북미 정상은 이 선을 넘나들며 평화의 불을 지폈다. 2018년 4월 27일 남북 정상은 판문점 평화의 집에서 만나 '판문점 선언'을 발표했다. 판문점 선언은 대한민국 대통령 문재인과 조선민주주의인민공화국 국무위원회 위원장 김정은이 한국전쟁의 종전과 한반도의 완전한 비핵화 목표를 확인한 선언이다.

회담 중 두 정상은 중립국감시위원회 캠프와 판문점 회의실 사이에 이동 편의를 위해 놓은 도보다리 위를 걸으며 단독 대화를 나누는 장면을 연출했다. 도보다리는 원래 유엔사에서 이동의 편의를 위해 습지 위에 놓은 '풋 브리지'(Foot Bridge)를 직역해 부른 것이다.

판문점을 견학하고 있는 사람들. 사전 신청으로 누구나 가능하다.

2019년 6월에는 판문점에서 남북미 세 정상이 회동했다. 미국 대통령 도널드 트럼프가 군사분계선을 넘어 북한 땅을 밟는 이벤트가 진행되었다. 판문점은 한반도 평화를 견인하는 상징 공간으로 전 세계 언론의 주목을 받았다. 트럼프가 김정은에게 "내가 군사분계선을 넘어가도 되겠느냐"고 묻자, 김정은 "영광"이라고 답하며 오른손을 뻗어 북쪽을 가리켰다. 두 정상은 북쪽 땅을 열여섯 걸음 걸어가 판문각 앞에서 기념사진을 찍은 뒤 남쪽으로 향해 군사분계선을 함께 넘어왔다. 문재인과 김정은이 두 손을 맞잡고 활짝 웃었다. 남과 북의 국민은 드라마 같은 평화 퍼포먼스를 숨죽여 지켜보며 남북 평화번영시대가 열리게 되리라는 기대감에 설렜다. 남북미 정상은 판문점 남쪽 자유의 집에서 만나 대화를 나누었다.

판문점에 가는 방법

판문점 투어는 내국인보다 외국인에 먼저 개방되었다. 1970년 5월 1일 외국인을 대상으로 투어를 시작한 지 10년 만인 1980년 1월에야 내국인에게도 개방했다. 2020년부터 까다롭던 출입절차가 간소화되었고 창구가 통일부로 일원화되었다. 지금은 개인 또는 가족 단위로 통일부 판문점 견학지원센터 누리집(www.panmuntour.go.kr)을 통해 누구나 신청할 수 있다. 방문 희망일 전월 10일부터 신청이 가능한데 1분 만에 마감될 정도로 인기가 높다.

2020년 이전까지는 판문점을 방문하려면 일반인은 국가정보원을 통해, 학생 · 교사 · 공무원은 남북회담본부를 통해 30~45명 단위로 신청할 수 있었고 개별 방문은 불가능했다.

판문점 견학은 남북미 정상이 만났던 자유의 집과 남북 정상이 산책하면서 담소를 나누었던 도보다리, 군사분계선이 흐르는 군사정전위 회의실(T2), 장명기 상병 추모비 등을 둘러보는 2시간 20분 코스로 구성되었다. 장 상병은 1984년 소련대사관 통역원이 군사분계선을 넘어 월남하려 할 때 남북 간 발생한 총격전으로 전사했다.

북한에서도 판문점을 외국인 대상 관광지로 활용하고 있다. 평양에서 자동차나 열차로 출발해 개성에서 숙박 · 관광을 하고 판문점에 다녀오는 코스가 일반적이다. 판문점에서 만난 외국인 관광객 중에는 북한 쪽 판문점을 다녀온 사람이 꽤 있었고, 더러는 앞으로 방문하고 싶다고 말하기도 했다. 선 하나를 넘으면 갈 수 있는 북한 판문점을 방문하려면 중국 등 제3국을 경유해 북한으로 들어가야 한다. 분단국인 남쪽 관광객에게는 이마저도 허락되지 않는다.

8 아직도 유엔군이 통제하는 대성동마을

대성동마을은 군사분계선에서 400미터 떨어진 곳에 조성된 남한 유일의 DMZ 마을이다. 해방 이후 장단군 군내면 조산리로 약 50가구 300여 명의 주민이 농사를 지으며 살아가는 조용한 마을이었다. 전쟁이 나자 젊은 사람은 피란 가고 16가구 60여 명의 노인과 아이들만 남게 되었다. 정전협정에서 남북한 비무장지대에 민간인 마을 하나씩을 두기로 합의함에 따라 마을 주민들이 계속 거주할 수 있게 되었다.

1953년 8월 군사정전위원회는 30가구 160명의 주민이 거주하는 특수마을을 조성했다. 북한의 기정동마을과는 1.8킬로미터 떨어져 있다. 두 마을에는 폭이 19미터인 태극기와 30미터인 인공기가 각각 내걸려 높이 경쟁을 하고 있다. 대성동마을은 유엔군사령부 관할로, 주민들의 모든 행위는 유엔사의 통제를 받는다.

마을 출범 당시 대성동 주민은 대한민국 국민이 아니었다. 1969년 주민등록증이 발급돼 비로소 국민이 되었다. 마을 경비 등 유엔사 역할이 한국군으로 이양됐지만 최종 권한과 책임은 유엔사에 있으며 지금도 마을을 출입하려면 유엔사의 허락을 받아야 한다. 대성동마을은 다른 지역 여성과 결혼한 남성은 마을에서 살 수 있지만 다른 지역 남성과 결혼한 여성은 마을을 떠나도록 했다. 그로 인해 대성동은 외부 경쟁 없이 주민끼리 농지 점유권 확보가 가능했다. 대성동의 가구당 평균 농지 면적은 10헥타르(약 3만 평)로 전국 평균 벼 경작지(2헥타르)와 견줘 5배를 웃돈다. 2020년 12월 말 기준 51가구(150명)의 평균 소득은 연 7천만 원 안팎으로 다른 민통선 마을보다 풍족한 편이다.

대성동마을 토박이 김동례 할머니의 생애

시작은 고단했다. 1953년 휴전 뒤 마을 주민 160여 명은 맨손으로 폐허가 된 땅을 개척했다. 대성동마을에서 태어나 줄곧 살아온 김동례(1938년생) 할머니는 '살면서 가장 힘들었던 때가 언제였느냐'는 물음에 "젊어서 논을 만들 때"라고 했다.

"열여덟에 결혼해서 서른 살까지 고생을 죽도록 했어. 기계도 없던 시절이라 마을에 남은 소 3마리와 낫과 삽을 들고 맨손으로 땅을 일궜지." 주민들은 휴전 이후 1주일에 한 번 운행하는 미군 트럭을 타고 바깥출입을 했다. 파주 금촌에 나가서 벼를 내다 팔고 소를 사서 트럭에 싣고 들어왔다. 10년쯤 지나서 마을 승합차가 미군 트럭을 대신했고, 지금은 하루 4차례 버스가 운행한다.

전쟁 때 피란을 떠나지 않은 김 할머니는 당시 마을 상황을 생생하게 되짚어냈다. "마을에 80채 정도 집이 있었는데 인민군과 국군이 번갈아가며 들어왔어. 1·4후퇴 이후 쌕쌕이(쌔액~ 하는 비행음이 나는 미군 제트기를 부르던 속어)의 폭격이 심했어. 휘발유 통을 뿌려 불을 질러 마을이 모두 불타고 사람들이 많이 죽었지. 방공호에 들어가 몇 달간 살았는데 눈이 많이 와서 엄청 고생

DMZ 안에 조성된 대성동마을과 왼쪽 멀리 북 기정동마을. 태극기와 인공기가 경쟁하듯 높이 솟아있다.

했어. 젊은 사람들은 임진강 건너 피란 가고 노인과 아이들은 마을에 남았는데, 아버지를 포함해 주민 6~7명이 북으로 잡혀갔지."

팔, 다리가 불편했던 김 할머니의 아버지는 쌀이 떨어져 식구들이 굶게 되자 지팡이를 짚고 벼를 베러 논에 나갔다가 인민군에게 붙들려갔다. 1주일 만에 집으로 돌아왔으나 며칠 뒤 이번에는 국군 쪽이 정탐하라며 북으로 내보냈다. 이후 살았는지 죽었는지 소식이 끊겼다. 아버지가 마흔네 살, 김 할머니가 열세 살 때였다. 열여덟 살에 동네 어른들 권유로 결혼했는데 남편은 전쟁 때 온몸에 총상을 당한 아픈 사람이었다. 목숨은 건졌으나 후유증으로 시름시름 앓다가 6남매를 남기고 쉰한 살에 숨졌다.

▌불투명한 마을의 미래가 불안한 김동구 이장

대성동 주민들은 국방·납세 의무를 면제받는 한편, 토지를 소유할 수 없고 경작권만 인정받는다. 집을 나서거나 들어올 때 군부대에 신고해야 하며, 매일 저녁 일일점검을 받고, 일하러 논에 갈 때도 무장군인과 동행해야 한다. 외부인의 대성동 방문은 이장의 초청형식으로 가능하다. 방문객들은 제한된 공간에서만 이동이 가능하며 사진 촬영도 제한된다.

대성동 주민은 주민등록증 외에 또 다른 신분증을 갖고 있다. 유엔사 공동경비구역 대대장이 발행한 DMZ 출입증이다. 마을에서 10년 넘게 이장을 맡고 있는 김동구 씨는 불투명한 마을의 앞날을 걱정한다. “혜택이 많아 겉은 화려해 보일지 모르지만 실제 주민들의 형편이 썩 좋은 건 아닙니다. 집과 농토가 있지만 담보 대출도 받을 수 없고 언제까지 농사를 지을 수 있을지도 불안정한 상황이지요. 앞으로 어떻게 바뀌더라도 70년간 지켜온 마을공동체가 깨지지 않고 먹고사는 문제가 해결됐으면 좋겠습니다.”

9 새마을 정신 투철한 젊은이를 뽑은 통일촌 마을

'통일의 관문'이라는 대형 표지판이 걸린 통일대교를 건너면 군내면 백연리 통일촌 마을이다. 통일대교는 파주 문산읍과 군내면 사이 임진강을 횡단하는 900미터 길이의 국도 1호선 교량이다. 개통 다음 날인 1998년 6월 16일, 현대그룹 정주영 회장이 이 다리를 통해 소떼를 몰고 방북해서 유명해졌다. 남북관계가 잘 풀렸을 때는 개성공단의 화물차와 개성 관광객을 태운 버스가 왕복 6차로 위를 쉴 새 없이 내달리던 다리이다. 통일대교는 민통선 지역으로 출입증이 있어야 건널 수 있다. 통일촌을 가기 위해서는 무장한 육군 1사단 검문병사에게 신분증을 맡긴 뒤 지그재그로 설치된 바리케이드를 통과해야 한다.

통일촌의 산증인 민태승 씨

통일촌은 정전 20년이 지난 1973년 8월, 유신정권을 시작한 박정희 당시 대통령이 대북심리전 효과와 접경지역 유휴지 개발을 위해 조성한 '전략촌'이다. 북쪽에서 잘 보이도록 군사분계선 남쪽 4.5킬로미터 지점의 산등성이에 가지런히 집을 지었다. 집집마다 태극기가 걸려있고 마을 한가운데 방공호가 있는데 그 옆에 연평도 포격전 뒤 345명이 대피할 긴급대피소가 들어섰다.

처음 입주한 주민은 1사단 장교, 하사관 출신 40가구와 실향민 40가구였다. 집과 농지를 공짜로 나눠준다고 홍보하면서 실향민 사이에서 입주 경쟁이 뜨거웠다. 군 복무를 마친 예비군 편성 대상자, 5인 가족 이내로서 노동력이 2명 이상인 기혼남자, 새마을 정신이 투철하고 국가관이 확고한 자 등 입주 자격 요건을 적용해 까다롭게 선발했다. 이스라엘 집단농장 키부츠를 본떠서 자급·자족·자존하는 공동체 마을을 내걸었다.

1973년 당시 32살로 파주군 공무원이었던 민태승 씨는 두 살배기 첫딸을 업고 아내와 함께 통일촌에 들어왔다. 말이 마을이지, 산등성이를 불도저로 밀어 덩그러니 세운 집과 황무지나 다름없는 농경지뿐이었다. "공무원을 그만두고 민통선 안에 가기로 하고도 불안감에 잠을 못 이뤘어. 하지만 조상 대대로 살아온 땅을 외면할 수 없었지."

가장 먼저 한 일은 고향에서 쫓겨나 20년간 온갖 고생을 하며 '피난살이'를 해온 부모님을 파주 광탄면에서 모셔온 일이었다. 민 씨의 고향은 통일촌에서 1.5킬로미터 떨어진 옛 장단군 군내면 정자리인데, 지금은 잡초와 나무만 무성할 뿐 흔적조차 남아 있지 않다고 했다. 분단으로 갈라진 장단군 남쪽 27개 마을은 정전 직후 '군 작전상 이유'로 강제 철거되었다.

정자리는 한국전쟁이 끝날 즈음 낮엔 국군이, 밤엔 인민군이 번갈아 차지하는 남북의 각축장이 됐다. 피난이 여의치 않았던 장단군 사람들은 집에서 전쟁을 맞았다. 정전 직후 장단군은 최전방 민간인 출입 통제지역이 되어 3만 명 넘는 주민들이 쫓겨나고 마을은 한 줌 재로 변했다. 주민들은 파주 금촌과 봉일천, 고양 송포, 평택 등의 집단수용소로 강제로 옮겨진 뒤 뿔뿔이 흩어졌다.

정미소와 농토 등 재산을 남겨두고 빈손으로 고향을 떠난 민 씨 가족은 피난 초기에는 죽도 먹기 어려울 만큼 가난했다.

입주 이듬해 민 씨 가족 3대는 꿈에 그리던 고향 마을 옆 통일촌에 둥지를 틀었다. 7남매 중 장남인 민 씨는 이곳에서 딸 넷을 더 낳아 딸부잣집 가장이 됐다.

민 씨와 달리 고향에 돌아가지 못한 적지 않은 실향민들은, 민통선 안 땅을 사거나 빌려 출퇴근 농사를 짓는 '출입 영농'을 하면서 고향 주변을 맴돌고 있다. "민통선이 정해지더니 군이 '작전상 필요하니 일주일만 나갔다가 들어오라'고 했어. 가축과 세간을 모두 남기고 떠났는데, 60년이 지나도록 못 돌아가고 있어." 정자리 출신 전재규 씨는 눈시울을 붉혔다. 전 씨도 통일촌 입주를 신청했지만 나이(당시 38살)가 많다는 이유로 탈락했다. 그에게 민통선은 거대한 벽과 같은 존재라고 했다. "정전 뒤 미군이 자기네 맘대로 그은 민통선을

집집마다 태극기가 내걸린 통일촌 마을에서 주한미군이 달리기를 하고 있다.

이제는 해제할 때도 됐잖아?" 민통선은 1954년 2월 주한미군 8군 사령관이 직권으로 설정했다.

살 만한 마을로 가꾸기까지 순조롭지만은 않았다. 고향이 제각각인 군인 출신 주민들과 실향민 주민들이 섞여 살면서 갈등이 잦았다. 군인 출신은 군대식으로 하려 들었고 실향민들은 이를 마뜩잖게 생각했다.

주택과 농지는 추첨으로 결정했다. 초기에는 군인처럼 마을을 지키면서 황무지를 개간해야 했다. 밤에는 남성들이 실탄을 장착한 총을 들고 마을 무기고를 지켰다. 해마다 아이들까지 수백 명이 파주읍까지 왕복 30킬로미터 피난 훈련도 해야 했다.

들판을 개간하다 지뢰가 폭발해 주민 1명이 숨지고 2명이 발목이 잘린 적도 있다. 밭을 갈던 경운기가 지뢰를 건드려 폭발하기도 했다. 농사에 익숙지 않은 군인 출신 10가구 이상이 마을을 떠났다. 빈자리는 외부 주민들이 채우고 입주자 자녀들이 분가하면서 가구는 2배로 늘었다.

힘겹게 개척한 농경지는 1983년 '수복지역내 소유자 미복구토지의 복구 등록과 보존등기에 관한 특별조치법'에 따라 원래의 토지주 60여 명이 땅을 되찾게 되어 입주민들은 땅을 매입하거나 임대농으로 전락했다. 통일촌 주민들은 2만 6,400평방미터(8천 평)씩의 황무지를 개간해 지금의 '장단콩 마을'을 일궜다. 2000년 6 · 15 남북공동선언 이후 남북 화해 분위기를 타고 2002년 5월부터 안보관광이 시작되었다.

삐라, 확성기방송에 지친 통일촌 주민들 "평화가 밥"

접경 마을 주민들에게 평화는 곧 밥이다. 통일촌은 어느 곳보다 대북 전단(삐라)과 대북 확성기방송 등 대북 심리전에 민감하다. 농사와 함께 관광객을 상대로 한 음식점, 농산물 판매가 주 수입원인데 대북심리전 갈등으로 DMZ 관광객이 통제되면 생계에 지장을 받기 때문이다.

2018년 이전까지만 해도 마을 주민들은 새벽부터 밤늦게까지 쩌렁쩌렁하게 울리는 대북 확성기방송 때문에 매일 시달려야 했다. 대북 확성기는 고출력 스피커를 이용해 가요와 북한 실상 등을 내보내는 시설로 저녁 시간에는 20킬로미터 이상까지 소리가 퍼진다. 북한도 맞대응 차원에서 대남 확성기 시설을 설치했지만, 출력이 낮고 전기 공급이 원활하지 않아 별 효과를 거두지 못했다. 이 때문에 북한은 기회가 있을 때마다 대북 확성기방송 중단을 요구했다. 군은 판문점 선언 직후인 2018년 5월, 전방 10여 곳에 설치된 대북 확성기 40여 대를 철거했다.

대북전단에는 더 민감해 통일촌 주민들은 삐라를 살포하려는 탈북자단체와 몸싸움까지 벌인 적이 있다. 2014년 10월 대북전단보내기국민연합 등이 임진각에서 대북 전단 5만여 장을 날려 보내겠다고 하자 마을 주민 100여 명이 트랙터 등 농기계를 몰고 나가 탈북자단체와 대치했다. 2021년 5월에도 탈북자단체가 삐라 살포를 시도하자 통일촌 주민들은 "주민생존권 위협! 한반도평화 역행! 대북전단 살포 반대한다!", "한반도평화 훼방 놓는 대북전단 살포 반대한다", "왜! 민통선 주민을 죽음으로! 당장 행동을 멈춰라! 하지 마라!"라는 글귀가 적힌 펼침막 5장을 마을 입구에 내걸었다.

10년 넘게 이장을 맡아온 이완배 통일촌 이장은 하소연했다.

"대북전단 살포로 비상이 걸리면 주민들의 민통선 출입이 통제돼 생활과 농사에 지장이 커요. 가뜩이나 아프리카돼지열병과 코로나19가 겹친 탓에 관광객이 줄어 마을 경제가 타격을 받고 있는데 전단 살포로 상황이 더 악화될까 걱정되죠."

이완배 통일촌 이장이 1973년 이스라엘 집단농장 키부츠를 본떠 조성한 마을에 대해 설명하고 있다.

10년 새 최소 2천만 장… 남북 갈등의 불씨인 삐라

전단지를 가리키는 일본어 '비라'(ビラ)에서 유래된 삐라는 남북 심리전의 대표적인 도구다. 남북은 그동안 체제 선전과 상호 비방의 도구로 삼아 삐라 경쟁을 벌였다. 접경지역에서 풍선 등을 이용해 전단을 살포하는 행위는 한국 전쟁 때로 거슬러 올라간다. 전쟁 초기에 유엔군이 귀순을 권유하는 삐라를 공산군 진영에 수없이 뿌려댄 것이 시발이었다. 맥아더의 사인이 담긴 '안전 보장 증명서' 등이 대표적이다. 북한은 전쟁 이후 공산주의 우월성을 선전하는 매체로 삐라를 적극 활용했다. 1960~70년대 최전방 지역에서 삐라를 불쏘시개로 썼을 만큼 살포량이 엄청났다.

삐라 살포로 갈등이 고조되자 남북은 1991년 유엔 동시가입 이후 체결한

‘상호 체제 인정과 상호불가침, 남북한 교류 및 협력에 관한 남북기본합의서’(1장 3조)에서 “남과 북은 상대방에 대한 비방 · 중상을 하지 아니한다”라고 명시해 삐라 살포를 하지 않기로 합의했다. 이어 2004년 6월 4일 고위군사회담에서는 ‘서해상에서 우발적 충돌방지와 군사분계선 지역에서 선전 활동 중지 및 선전수단 제거에 관한 합의서’를 채택했다. 이 합의서에서도 “쌍방은 2004년 6월 15일부터 군사분계선 지역에서 방송과 게시물, 전단 등을 통한 모든 선전 활동을 중지”하기로 했다.

남북 당국의 합의대로 2000년대 들어 정부 차원의 삐라 살포는 중단됐지만, 탈북자단체에 의한 대북전단 살포는 계속됐다. 2010년 천안함 사건 이후 삐라 살포가 확대되자 북은 “대북전단 살포는 전쟁행위”라며 강하게 반발했다. 2011년 2월 27일 남북 장성급 군사회담 북쪽단장은 국방부에 ‘발원지 조준 사격’을 경고했다.

인천아시안게임이 열리고 남북 간 대화 분위기가 무르익던 2014년 삐라 살포를 둘러싼 갈등은 절정에 달했다. 그해 9월, 자유북한운동연합은 “도발 원점을 초토화하겠다”는 북의 경고를 무시하고 파주 통일동산에서 전단 살포를 강행했다. 같은 해 10월 10일 정부가 자제를 요청했지만, 이 단체는 오두산 통일전망대 부근에서 삐라 20만 장을 살포했다. 또 다른 탈북자단체는 같은 날 오후 4시 연천의 야산에서 삐라 132만 장을 담은 기구를 띄웠다.

삐라 살포로 인한 갈등은 무력 충돌로 이어졌다. 북은 삐라가 담긴 기구를 향해 연천군 중면 삼곶리 방면으로 14.5밀리미터 고사포를 발사했다. 중면 면사무소에 총탄이 떨어지자 국군이 K-6 중기관총 40여 발을 북 GP를 향해 대응 사격해 남북은 2010년 DMZ 총격전 이후 4년 만에 육상에서 무력 충돌했다. 군은 연천군 일대에 전시경보인 ‘진돗개 하나’를 발동했으며, 주민 60여 명이 대피하고 민통선 출입은 한동안 봉쇄됐다.

대북전단 살포 금지법에도 불구하고

2018년 4월 27일, 문재인 대통령과 김정은 국무위원장은 판문점 선언 2조 1항에서 "5월 1일부터 군사분계선 일대에서 확성기 방송과 전단 살포를 비롯한 모든 적대 행위들을 중지"하기로 다시 약속했다.

거듭된 약속에도 삐라 살포가 계속되자 북한은 2020년 남북공동연락사무소를 폭파하고 남쪽이 먼저 삐라 살포로 도발했다고 구실을 댔다. 김여정 북한 노동당 제1부부장이 2020년 6월 4일자 〈노동신문〉에 "수십만 장의 반공화국 삐라를 우리측 지역으로 날려 보내는 악의에 찬 행위들이 '개인의 자유'요 '표현의 자유'요 하는 미명 하에 방치된다면 남조선 당국은 머지않아 최악의 국면까지 내다보아야 할 것이다"라는 내용의 담화를 발표했다. 당국의 자제 요청에도 불구하고 탈북자단체들이 삐라 살포를 강행하자 국회는 2020년 12월 14일, 군사분계선 일대에서 전단을 살포하거나 대북 확성기방송 등을 할 경우 3년 이하의 징역이나 3천만 원 이하의 벌금으로 처벌할 수 있도록 하는 내용의 대북전단금지법(남북관계발전법)을 통과시켰다.

삐라 살포가 남북 사이 갈등 격화로 이어진 것은 탈북민인 박상학이 이끄는 자유북한운동연합이 이 일에 본격적으로 뛰어든 2008년부터다. 이때부터 10년간 최소 2천만 장 이상의 삐라가 살포되었는데 이 단체가 전체의 70퍼센트가량을 차지한 것으로 통일부는 파악했다. 박상학의 독주로 인해 삐라 살포단체 간에도 갈등이 싹텄다. 2003년부터 삐라를 살포해 온 북한동포직접돕기운동 대북풍선단 이민복 대표는 언론 인터뷰에서 "박상학 대표가 2008년부터 뛰어들면서 보여주기식으로 강행해 사회 갈등만 부추겼다. 자유북한운동연합이 대북전단을 돈벌이 수단으로 이용하고 있다"고 주장했다.

부르는 호칭은 '전단'이지만, 실제 내용물은 진화하고 있다. 2012년부터 탈북자단체들은 전단뿐 아니라 남한의 발전상을 보여주는 영상과 컵라면, 1달러 지폐, 소책자 등 물품도 함께 날려 보내고 있다. 영상의 경우 과거 DVD에서 최근에는 이동식 저장장치(USB)나 외부저장공간(SD카드) 등으로 바뀌었다.

재료와 제작 기술도 진화를 거듭해 자유북한운동연합은 2005년부터 대형 풍선에 헬륨 대신 수소를 넣어 한 번에 5만 장 이상 전단 살포를 가능하게 했고, 물에 젖거나 썩지 않는 필름지를 사용하기 시작했다. 2008년부터는 기계식 타이머장치를 도입하고 전단 살포용 풍선 규격에 맞춰 제작하고 있다고 한다.

10 캠프 그리브스와 태양의 후예

DMZ 인근 파주 민간인통제구역에는 주한미군 공여지 캠프 그리브스가 있다. 캠프 그리브스는 주한미군이 한국전쟁 직후인 1953년 7월부터 2004년 이라크로 파병되기까지 50여 년간 주둔한 민통선 안의 유일한 반환 미군기지다.

2004년 미군 철수로 철거 위기에 놓였으나 경기도가 국방부에 대체시설을 지어 기부채납하고 시설을 넘겨받아 숙박형 DMZ 체험 공간으로 활용하고 있다. 미군 장교숙소를 리모델링한 유스호스텔은 240명을 수용할 수 있다. 경기도는 캠프 그리브스를 분단의 아픔을 되새기고 평화와 공존의 메시지를 세계에 전하는 역사공원으로 조성할 예정이다. 미 2사단 506연대가 머물렀던 캠프 그리브스는 주한미군이 사용하던 탄약고, 퀀셋막사 등 건축물이 원형대로 보존되어 있다. 2016년 드라마 〈태양의 후예〉의 촬영지로 주목받았다.

1953년부터 2004년까지 미군이 주둔한 캠프 그리브스. 숙박형 DMZ 체험공간으로 바뀌었다.

방치된 주한미군 기지와 용주골 은주 씨

미군부대가 들어선 곳마다 성매매 기지촌이 형성되었다. 1960년대에는 2만 명이 넘는 미군 위안부가 6만 5,000명의 미군을 상대했다. 박정희 대통령이 친필 결재한 '기지촌 정화대책'에 따르면 1977년 당시 기지촌은 전국 62개소, 9,935명으로 파악되었다. 정부는 외화벌이를 위해 미군 위안부와 기지촌 여성을 조장하고 관리해온 것으로 드러났다. 하지만 1992년 미국 병사의 강간 살인사건인 윤금이 피살사건의 사례처럼 이들에 대한 인권 유린은 매우 참혹했다. 미군 위안부 여성들은 매춘부 중에서도 최하층 취급을 당했다.

파주의 대표적인 기지촌은 파주읍 연풍리 '용주골'이다. 미군을 상대로 성매매를 하던 '양색시' 은주(담비 킴)의 참혹한 삶을 묘사한 천승세의 단편소설

「황구의 비명」 무대가 용주골이다. 이 소설은 1970년대 근대화의 수혜에서 밀려난 소외된 민중의 삶과 사회의 모순, 외세의 그림자 등을 비판적으로 성찰한 작품이다.

한국전쟁 직후 1953년 형성된 용주골에서는 1980~1990년대 250여 개의 성매매업소에서 1천여 명의 성매매 여성이 일했다. 2004년 성매매특별법 시행 이후 90여 개 업소, 190여 명으로 줄었으며 현재는 47개 업소에서 20대 중반~50대 여성 200여 명이 성매매업에 종사하고 있는 것으로 추정된다. 파주시와 파주경찰서 등이 용주골 일대를 '범죄 예방구역'으로 지정하고 단속에 나서고 있지만 아직 투명유리창이 설치된 업소가 약 100여 곳 남아 있다. 이는 경기도내 성매매 집결지 중 최대 규모다.

용주골은 기지촌이라는 부정적 이미지를 탈피하지 못한 채 소외된 지역으로 방치돼오다 최근 도시재생사업을 통해 문화도시로 탈바꿈하고 있다. 파주시 최초의 극장이었던 2층짜리 상가건물은 연풍문화극장으로 바뀌었고 공방 10곳이 문을 열었다. 전시장과 행사장 등으로 사용되는 거점 문화시설, 청소년 문화공간과 커뮤니티센터 등도 조성되었다.

용주골과 인접한 법원읍 대능5리 집창촌(20포 마을)은 주민들이 직접 만든 500여 개의 전통등 특화 거리로 바뀌었다. 시와 주민들은 집창촌을 상징하는 홍등을 전통등으로 바꾸고 공방을 만들었다. 아픈 과거를 딛고 기지촌 주민들은 이렇게 한 걸음 한 걸음 새로운 삶을 가꾸어나가는 중이다.

기지촌 이재춘 씨의 '하우스보이' 타향살이

용주골과는 달리 캠프 하우즈가 있었던 조리읍 봉일천4리는 마치 고장 난 시계처럼 과거에 멈춰 있다. 미군이 떠난 뒤 도시개발사업이 지연된 기지촌

파주 봉일천4리 주민들이 반환 미군기지인 캠프 하우즈에서 미군과 얽힌 이야기를 들려주고 있다.

마을은 쇠락의 길로 치달았지만 마을 뒷산의 미군기지 빈 건물들은 여전히 건재했다.

공릉천변에 자리한 50가구의 한적한 농촌 마을이었던 봉일천4리는 1950년 한국전쟁과 함께 외국 군대가 갑자기 들이닥치면서 모든 것이 바뀌었다. 일자리를 찾아 전국 각지에서 몰려든 외지인과 접대 여성 등 수백 명이 미군기지 앞에 천막을 치거나 방 한 칸을 얻어 미군들을 상대로 장사를 했다.

2019년 인터뷰 당시 95세로 마을의 최연장자였던 이재춘(1924년생) 할아버지는 봉일천4리 기지촌의 산증인이다. 그는 "미군부대가 떠나니 모두 뿔뿔이 흩어지고 오갈 데 없는 사람들만 눌러앉아 제2의 고향이 되고 말았어. 곧 고향에 돌아갈 줄 알고 한심한 세월을 살았지"라며 쓸쓸하게 웃었다. 이율곡의 27대손인 이 할아버지의 고향은 황해도다.

9남매 중 맏이인 이 씨는 1946년 7월 21일, 황해도 벽성군에 부인과 아들, 부모님, 8명의 동생을 남겨두고 홀로 38선을 넘어 옹진으로 왔다. 지금은 북한 땅이지만 당시 옹진은 38선 이남 남한 땅이었다. 농사를 짓던 조선민주당원인 아버지는 토지 분배를 둘러싸고 공산당원인 친척과 갈등이 생기자 장남인 이 씨를 남쪽으로 내려가게 했다. 9 · 28 서울수복 뒤 고향 마을에서 잠시 가족을 상봉했으나 송악산 전투가 터지는 바람에 하루 만에 다시 이별해 70년간 타향에서 모진 세월을 견뎌야 했다. 옹진과 연평도에서 몇 차례 죽을 고비를 넘긴 그는 먹고살기 위해 미군 보조 역할을 하는 '유엔경찰'이 됐다.

1주간 훈련을 받은 뒤 의정부경찰서로 배치돼 동두천 탄약고를 지키거나 군인, 경찰, 위안부 여성을 보호하는 일을 맡았다. 장단에서 피난민들을 금촌 수용소로 실어오는 일도 그의 업무였다. 5년쯤 지나 유엔경찰이 해산되자 1956년, 32살의 나이에 파주 미군기지에서 미군 옷 세탁과 청소 등을 하는 '하우스보이'가 됐다. 보수로 한 달에 담배 7보루씩을 받았다. 담배를 내다 팔면 많은 돈을 벌 수 있었다. 당시 캠프 하우즈에는 미군 병사 560명과 하사관 160명이 주둔했다.

"지금은 깜깜하지만 당시에는 마을이 번성했지. 미군 부대 앞 야산 천막에서 종업원 160명이 자취를 하고 양색시(미군 위안부)도 70명이 넘었어. 내가 살던 옆집에서 미군이 양색시를 살해한 적도 있었지. 마을에서 다 알았지만 그 당시에는 경찰도 힘을 못 쓰고 무법천지였어."

캠프 하우즈의 역사도 이 씨의 생애처럼 다사다난했다. 전쟁 중인 1953년 미 해병대 사령부 기지와 본부로 시작된 뒤 1955년 미 24보병사단 기지, 1959년 미 1기병사단 보충대와 24사단 본부로 사용되다 1960년 미 1사단 본부가 초대 사령관의 이름을 따 '캠프 하우즈'라 불렀다. 1965~71년 주둔하던 미 2보병사단 사령부가 동두천으로 옮겨간 뒤 2사단 3여단과 44공병대대 본부가 이용하다 2004년 한국군에 이양됐다.

파주에서 반환된 미군기지는 캠프 하우즈를 포함해 모두 6곳(237만 6,760평방미터)이다. 2007년 반환이 완료됐으나 캠프 그리브스를 제외한 나머지 5곳은 계속 방치되어 있다가 최근 들어 주택단지 위주의 개발이 추진되고 있다.

월롱면의 캠프 에드워드는 상업 · 업무시설 및 학교 · 도로 · 공원 등의 기반시설과 6천여 가구의 단독 · 공동주택용지로 개발되며, 미 항공부대가 주둔했던 광탄면의 캠프 스탠턴은 산업단지와 도시개발이 추진되고 있다. 문산읍 선유리 소재 캠프 자이언트와 캠프 개리오언도 각각 6,500가구, 3,200가구의 주택용지로 개발되고, 조리읍의 캠프 하우즈는 2026년까지 문화공원과 친환경 주거단지 3,600여 가구가 들어설 예정이다. 수십 년간 개발이 유보된 미군 공여지가 역사성을 살리지 못하고 아파트 단지 일변도로 채워지는 것은 아쉬운 대목이다.

11 전쟁과 실향의 아픔을 어루만지는 임진나루

임진강의 대표적 나루는 임진나루다. 고랑포구와 함께 임진강에서 가장 폭이 좁고 얕은 임진나루는 고려, 조선 시기 개성과 한양을 오가던 주요 길목이었다. 당시 한양~의주 간 의주대로도 이 나루를 지났다. 조선 태종이 처음으로 거북선 훈련 모습을 지켜보기도 했던 유서 깊은 나루다. 지금은 철조망으로 가로막혀 있고 군부대가 주둔한다.

나라님이 백성을 버리면 누굴 믿고 살라는 말입니까

1592년(임진년) 음력 4월 30일, 폭우가 쏟아지는 임진나루 앞에 임금의 가마가 섰다. 한밤중에 피란길에 오른 조선의 14대 왕 선조의 어가였다. 부산포에 상륙한 왜군이 15일 만에 충청도와 경기도를 넘어 한성부까지 파죽지세로 올라오자 혼비백산한 왕은 도성을 버리기로 했다.

아침에 궁을 나와 고양과 파주 광탄을 잇는 혜음령 고개를 넘자 백성들이 통곡했다. "나라님이 백성을 버리시면 누굴 믿고 살라는 말입니까." 백성들의 외침은 거센 빗소리에 묻혔다.

임진나루에 도착하니 캄캄한 밤이 되었다. 날이 어두운 데다 비까지 내려 길을 구분할 수 없게 되자 임진강 남쪽 언덕에 있던 나루터 관리 청사인 승정(丞亭)에 불을 질러 길을 밝혔다. 승정이 아니라 율곡 이이가 생전에 왕의 피란길을 예견하고 기름을 먹여뒀던 화석정에 불을 질렀다는 설도 민간에 전해진다. 하지만 임진나루와 화석정은 약 1킬로미터 떨어져 있어 신빙성이 떨어진다.

어가 행렬이 임진강을 건너 동파역(진동면 동파리)에 도착한 것은 밤 8시였다. 류성룡의 『징비록』은 당시의 어지러웠던 상황을 이렇게 묘사했다. "파주목사 허진과 장단 부사 구효연이 왕을 위해 음식을 준비했지만 종일 굶었던 호위 병사들이 주방에 들어가 음식을 닥치는 대로 먹어치웠다. 임금이 먹을 음식마저 없어지자 문책이 두려워진 허진과 구효연은 줄행랑을 쳤다."

임진강을 건넌 왕은 5월 1일 개성에서 명나라 사신을 만나 파병을 요청했다. 백성을 저버린 왕에 대한 원성이 하늘을 찔렀다. 한양이 왜군에 함락된 3일, 왕은 개성을 떠나 평양으로 향했다. 혼란에 빠진 선조는 평양을 거쳐 의주까지 피난한 뒤 명나라로 망명할 계획을 세웠다. 명으로부터 망명 허락까지 받았지만 신하들이 극구 반대해 무산되었다. 왕이 피란길을 떠나자 병사들의 탈영이 잇따랐고 고위직 문·무관들은 뿔뿔이 흩어져 각자도생으로 제 살길을 도모했다. 왕을 수행하던 사관 조존세·김선여·임취정·박정현은 왕이 명나라로 피란을 계획하자 사초(史草)를 불태우고 도주했다. 그로부터 358년 뒤 일어난 전쟁에서는 대통령 이승만이 한강 다리를 끊고 맨 먼저 도망했다. 백성은 과연 누구를 믿고 살라는 말인가.

▌왜군에 속아 '죽음의 강' 건넌 조선군

선조가 강을 건넌 지 10일 만인 5월 10일, 왜군이 임진나루에 도착했다. 부산포에 착륙한 지 20일 만에 한양을 점령한 왜군은 조선왕을 추격했다. 임진강은 물살이 거셌고 조선군이 배를 이미 강 북안에 모두 끌어다 놓아 쉽게 건널 수 없었다. 조선군은 경기, 황해도에서 병사들을 모아 임진강 사수에 전력을 기울이고 있었다. 10일이 넘도록 임진강 양안에서 대치하는 상황에 이르자 적장 가토 기요마사가 꾀를 내어 강화를 권하는 사신을 보내왔다. "우리가 물러나게 된 것은 강화를 위한 것이다. 전하[도요토미 히데요시]는 귀국에 길을 빌려[假道], 명나라에 원한을 갚으려는 의향뿐이다."

적이 임진강을 쉽게 건너오지 못하자 낙관론에 젖어있던 조정은 적장이 강화를 요청하며 군사를 임진강에서 철수시키자 잔뜩 고무되었다. 13일, 현지 정세분석을 맡은 경기감사 권징이 장계를 올렸다. "적군의 세가 고립무원입니다. 기운이 피로하여 급격히 꺾여 막사를 불태우고 도망치려는 징조가 있으니 추격하게 해주십시오."

적의 술수에 속아 넘어간 조정은 빨리 진격해 적을 치라고 도원수 김명원에게 교지를 내렸다. 하지만 한강을 방어하다 임진강으로 후퇴한 야전사령관 김명원은 강을 건너기를 주저했다. 선조는 "전세가 유리하게 돌아가고 있는데도 반격하지 않는다"며 김명원을 나무라며 문신인 도순찰사 한응인에게 정예병 3천 명을 주며 "김명원의 지시를 받지 말고 기회를 놓치지 마라"고 명했다.

1592년 5월 17일, 김명원이 지휘한 조선의 임진강 전투는 차마 눈 뜨고 볼 수 없는 참상 그 자체였다. 1만 3천여 명의 군사를 동원한 나름 총력전이었으나 적의 유인작전에 말려 임진강을 건넜다가 기습을 받아 제대로 싸워보지도 못하고 대패하고 말았다.

17일 저녁 임진강 동파역관에 도착한 한응인은 장수들에게 "오늘밤 안으로 강을 건너 적을 칠 것이다. 다른 의견이 있으면 말하라"고 다그쳤다. 군령은 원칙적으로 도원수인 김명원이 내려야 했으나 빨리 진격하라는 왕명을 받은 한응인은 지휘계통을 무시했다. 장수들 가운데 조방장 유극량만이 적의 유인작전에 말려드는 것이라며 공격을 극구 반대했다. "지금은 때가 아니오. 적이 지치고 피곤하다는 것만으로 공격의 기회라고 할 수 없소. 지쳤어도 그들은 군대, 우리는 아직 농군이오. 임진강을 방벽으로 적을 막으면서 군사를 모집해 훈련하고, 무기와 식량을 비축한 연후에 공격해야 하오." 비천한 태생의 노장 유극량의 주장에 다른 장수들은 '죽는 게 두려운 게냐'고 조롱했다. 도순찰사 한응인은 "오늘은 늦었으니 내일 적정을 제대로 살핀 뒤에 진격하자"는 병사 몇을 불러내어 목을 베었다. 도하작전을 반대하던 도원수 김명원은 항명죄로 병사들 목이 달아나는 모습을 보고 눈을 감아버렸다.

5월 18일 새벽 조선군은 임진강을 넘었다. 패배를 예견하면서도 군령을 어길 수 없었던 유극량은 "비록 내 뜻과 다르더라도 어찌 뒤떨어질 수 있으랴"며 백발을 흩날리며 공격의 선봉에 섰다가 적의 칼을 받았다. 그의 죽음은 영웅적이고 사내답고 결연했다.

200년 평화시대에 무방비했던 조선

파주로 물러나 있던 가토의 1만 정예 왜군이 공격을 해오자 오합지졸의 조선군은 힘도 써보지 못하고 맥없이 무너졌다. 임진강 전투 참패 원인을 두고 류성룡은 『징비록』에서 "군대 다루기를 봄날 놀이하듯 하니 어찌 패하지 않겠는가"라고 한탄했다. 그는 순찰사들이 모두 문인 출신이었고 병무에 익숙하지 않았으며 요지를 지키지도 못했다고 비판했다.

임진왜란에서 조선이 왜군에 속수무책으로 밀린 것은 건국 이후 200년간 전쟁을 모르고 살았던 조선의 방위제도와도 관련이 있다. 당시 조선의 군대는 향토 단위로 평상시에는 생업에 종사하고, 유사시에 군사체제로 전환하는 농군 형태로 운영되었다. 평지에 읍성을 쌓고 농민들은 농사를 지으면서 정기적으로 군사훈련을 받는 식이었지만 태평시대의 수령은 군사에 문외한이었고, 백성들은 농번기나 천재지변을 이유로 군사훈련을 기피하는 일이 잦았다. 이 때문에 임진강 전투에 투입된 병력의 숫자가 많았을지라도 정예병 일부를 제외하면 대부분 인근 마을에서 끌어 모은 농군들로 애초부터 침략군의 상대가 되지 못했다.

왜군은 27일 임진강을 건넜다. 강물은 농군들의 피로 붉게 물들었다. 제대로 된 무기나 갑옷도 못 갖춘 채 전쟁터에 끌려 나온 농군들에게 돌격만이 허용됐다. 죽을 게 뻔한 싸움에서 백성들에게 퇴로는 없었다. 전투에서 참패한 장수들은 문책당하지 않았다. 도원수 김명원과 도순찰사 한응인은 되레 출세가도를 달려 훗날 좌의정, 우의정 자리에 각각 올랐다. 운명이란 이렇게 가혹하고 잔인하다.

군사 요새 임진나루, 생태탐방로로 변신

주변이 수직 절벽으로 이루어진 임진나루는 임진왜란 이후 한양 북방의 군사적 요새로 재평가되었다. 1755년 영조는 임진나루에 임진진을 설치하고 성벽 중간에 관문인 '진서문'을 세웠다. 임진진은 서울~평양~의주를 잇는 1번 국도의 관문 구실을 하다가 일제강점기 초 일본군에 의해 헐렸다. 겸재 정선의 그림을 통해서나 볼 수 있었던 임진진은 발굴조사 결과 진서문의 규모가 너비 4.55미터, 길이 7.4미터로 조선시대 성문 중 대형에 속했다. 아치 형태의 홍예문을 받치던 기초석과 진서문 통로에 깔았던 대형 보도석, 잘 다듬은 측벽석, 성문을 달기 위해 돌에 기둥구멍을 낸 문확석 2기, 문지방석 등이 제 위치에서 출토돼 복원할 수 있는 길이 열렸다.

임진나루는 수십 년간 군 순찰로로 사용되면서 민간인 출입이 통제되다가 2016년부터 '임진강변 생태탐방로'로 일반에 개방되었다. 임진강변 생태탐방로는 임진각 평화누리에서 통일대교, 초평도, 임진나루를 지나 율곡습지공원까지 9.1킬로미터 구간으로 약 3시간 걸으면서 임진강의 수려한 경관을 즐길 수 있다. 두루미 · 재두루미 · 독수리 · 큰기러기 · 쇠기러기 등 겨울철새들을 만날 수 있으며, 흰꼬리수리 · 검독수리 · 참수리 · 말똥가리 등 맹금류가 물고기나 개구리를 사냥하는 모습도 가끔 볼 수 있다. 사전 예약제로 운영되는데 DMZ 관광처럼 자주 중단되는 게 흠이다. 비슷한 코스로 사목리~마정리~장산리~임진리~율곡리까지 강변 마을을 이어 걷는 평화누리길 8코스(13.4킬로미터)가 있다.

임진강의 두루미 가족(왼쪽)과 사랑춤을 추고 있는 재두루미 한 쌍.
임진강변 생태탐방로에서는 이런 광경을 쉽게 볼 수 있다.

12 동파리 실향민의 마을, 해마루촌

임진나루 건너 파주시 진동면 동파리에는 민통선 마을인 해마루촌이 조성됐다. 마을의 도로가 오선지 위의 높은음자리표 모양으로 만들어져 높은음자리표 마을이라고도 한다. 김대중 대통령의 햇볕정책에 따라 2000년 초에 공사를 시작했다. 옛적 아름다웠던 동파리를 그리워하던 실향민들이 2001년부터 입주를 시작해 2007년 52가구 155명이 둥지를 틀었다.

애초 입주를 신청했던 원주민들은 사망하거나 연로해서 입주가 힘들었고 후손 등 젊은 층의 입주가 많았다. 해마루촌 주민들은 통일촌이나 대성동마을처럼 안보관광 특수나 세금면제 혜택은 받지 못하고 75가구 159명이 벼농사와 인삼, 콩 등 밭작물을 지으며 산다. 마을 입구에 다양한 식물이 자라는 생태습지를 조성해 생태체험학습장으로 이용하기도 한다. 선조가 피란길에 머물렀던 동파역 터는 표지석 하나 없이 군 훈련장이 들어서 있고, 아름다웠던 동파리 백사장은 1990년대 초 일산 신도시 건설 때 파내서 골재로 사용되었다.

남에서 떠서 북으로 지는 덕진산성 해맞이

임진강 북안 정자리 산 능선에는 고구려의 방어시설인 덕진산성이 있다. 큰 바위를 구하기 어려운 지역의 여건상 강가의 작은 돌멩이들을 주워 흙을 다져서 견고하게 성벽을 쌓았다. 현장을 방문해 노출된 성벽을 둘러본 작가 김훈은 "주먹만 한 돌들로 성을 쌓았네"라며 놀라워했다. 1992년 국립문화재연구소에 의해 처음 존재가 확인된 뒤 발굴조사를 거쳐 문과 우물터, 기와 조각 등이 다량으로 확인되었으며 2017년 사적 537호로 지정되었다.

덕진산성은 인조반정의 역사적 무대다. 조선 광해군 때 장단부사 이서가 군사를 모아 훈련시키며 쿠데타를 준비했다. 이서는 덕진산성에서 훈련시킨 장단지역 군사 700명을 이끌고 1623년 음력 3월 12일 한양 도성으로 진격했다. 능양군의 친병과 김류, 이귀 등이 거느린 군사와 합류한 이서의 군대는 한밤중에 창의문을 돌파한 뒤 창덕궁으로 쳐들어가 광해군을 축출했다. 능양군(인조)을 왕으로 옹립하는 데 결정적 역할을 한 공로로 이서는 호조판서로 승진

덕진산성에서 해맞이를 하고 있는 파주시민들

동파양수장 철새 탐조대에서 취재 중인 김훈 작가.

하고 정국공신 1등에 책록된 뒤 완풍군에 봉해졌다. 이후 형조판서, 공조판서, 병조판서 등 요직을 두루 거치며 출세가도를 달렸다.

350여 년이 지난 뒤 이 지역을 지키는 군사들은 또 한 번 반란에 동원되었다. 1979년 12월 12일, 파주와 고양지역을 방위하던 육군 9사단장 노태우는 휘하의 전방 병력을 빼돌려 군사반란에 동원했다. '성공한 쿠데타'에 공을 세운 그는 권력의 2인자가 되어 제13대 대통령에 올랐다. 왕을 바꾸려는 이들이 쿠데타의 깃발을 높이 들었던 덕진산성에서는 해마다 1월 1일이면 평화를 염원하는 해맞이를 한다. 덕진산성의 해는 남녘에서 떠서 북녘으로 진다.

고구려가 쌓아 방어시설로 사용한 덕진산성은 통일신라, 조선에 이르기까지 주인을 바꿔가며 지속적으로 사용되었다. 덕진산성은 본연의 임무에 충실할 뿐 왕이 누구인지에 대해서는 관심이 없다.

임진강의 유일한 섬 초평도에 사는 천연기념물

해마루촌 앞에는 초평도를 감싸고 임진강이 흐른다. 초평도는 176만 5,000평방미터 규모로 지하 암반을 기반으로 모래와 흙이 퇴적되어 형성된 임진강 유일의 섬이다. 한국전쟁 전에는 대부분 논으로 사용되었고 사람이 거주하기도 했다. 정전 뒤 민간인통제구역에 편입되면서 한동안 박격포 훈련장으로 쓰였다. 육군 1사단은 1998년부터 초평도를 소형화기 피탄지로 사용하다가 2009년 화재가 발생해 섬 전체의 3분의 1인 50만 평방미터의 갈대와 초목을 불에 태웠다. 이후 군은 초평도를 이용한 사격 훈련을 중단했다.

사람이 간섭하지 않고 내버려두자 섬은 스스로 화마의 상처를 치유하고 멸종위기 생물을 품은 습지 생태계의 보고로 변신했다. 미루나무, 신나무, 오리나무, 사시나무 등 습지나무가 군락을 이루는 초평도에는 천연기념물인 두루

초평도(왼쪽)과 덕진산성(오른쪽) 사이로 임진강이 흐른다.

임진강 북안의 덕진산성에서 바라본 초평도와 얼어붙은 임진강 물길.

미와 재두루미를 비롯해 쇠기러기, 고니, 가마우지, 부엉이, 올빼미, 원앙, 해오라기 등 다양한 조류가 서식한다. 맹금류인 흰꼬리수리, 말똥가리가 이곳에서 개구리, 뱀, 쥐, 토끼 등 먹잇감을 찾는 모습도 종종 관측된다.

초평도는 전체가 사유지다. 환경부는 임진강 습지의 핵심구간인 초평도를 습지보호지역으로 지정하려 했으나 땅 주인의 반발로 성사되지 못했다. 임진강의 물길은 장산전망대 앞에서 초평도를 사이에 두고 갈라졌다가 덕진산성 앞에서 다시 합쳐진다.

두루미가 잠자는 막개여울

초평도 앞 동파양수장 옥상에는 철새 탐조대가 설치되어 있다. 주변이 온통 군 훈련장으로 둘러싸여 있는 이곳은 겨울이면 철새의 천국으로 변한다. 두루미 · 재두루미 · 독수리 · 쇠기러기 · 큰기러기 · 청둥오리 · 흰꼬리수리 · 황조롱이 · 말똥가리 · 비오리 · 흰죽지 등 다양한 조류들이 몰려든다. 바닷물이 얼음을 깨고 들어와 유빙이 둥둥 떠 있는 초평도 하류 쪽과 달리 동파리 앞 임진강 여울은 한겨울에도 얼지 않아 두루미, 기러기들의 잠자리로 사용된다. 두루미류는 천적의 공격을 피하기 위해 시야가 사방으로 트였고 강물이 얕으면서 물살이 빠른 여울을 잠자리로 선호한다. 동파리 강변은 이러한 조건을 두루 갖추고 있어 잠자리로 삼는 개체 수가 갈수록 늘고 있다.

민통선의 논과 습지에 흩어져 먹이활동을 하던 재두루미들은 어둑해지면 초평도 앞 여울로 몰려든다. 새들이 먹이터에서 잠자리로 찾아드는 저물녘 강 풍경은 눈이 부시게 아름답다. 퇴근하는 새들이 안부를 주고받는 왁자지껄한 소리와 함께 동파리의 밤은 시작된다. 동파리의 여울에 물이 들어차면 두루미들은 강 상류 쪽 반정리, 장좌리로 잠자리를 옮긴다. 동파리 사람들은 마을 인근의 이 여울을 '막개여울'이라 부른다. 마을 아이들이 밀물을 타고 올라오는 황복을 작대기로 때려잡았다는 곳이다.

총에 맞은 것은 고라니가 아니었다

1962년 1월 5일 밤, 막개여울에서 총성이 울려 퍼졌다. 인근 운천리 주민들이 겨울철 땔감으로 사용할 갈대를 베기 위해 한밤중에 몰래 얼어붙은 임진강을 건넌 날이었다. 당시 임진강에는 철책이 없었고 개울의 주인은 미군들이었다. 미군이 총을 쏘자 주민들은 혼비백산하여 얼음판을 달려 되돌아갔다. 정신을 차리고 보니 일행 중 2명이 보이지 않았다. 며칠 뒤 2명은 주검으로 돌아왔다. 현장에서 총에 맞아 숨진 주검의 옷자락에는 핏자국이 보이지 않았다. 나중에 밝혀진 바로는 미군이 옷을 벗긴 채 빙판을 뒹굴게 하고는 사냥용 엽총으로 살해했다. 심심풀이로 새나 고라니를 사냥하던 총이었다. 당시 사건을 보도한 〈조선일보〉 기사는 "미군들이 한국 사람을 사냥감 취급했다며 시민들이 분노했다"고 썼다. 이 사건은 한일협정 반대 시위에 한창이던 학생들의 구호로 등장했다. 월남 파병을 앞두고 미국과 정치적 협상을 하던 박정희는 이 사건을 계기로 소파(SOFA) 협정을 체결했다.

류주현 작가는 소설적 상상을 더해 「임진강」(1962, 사상계)이라는 단편소설을 발표했다. 30년 뒤 오연호 작가는 살아남은 희생자 유족의 증언을 바탕으로 실화소설 『살아나는 임진강』(1992, 돌베개)을 썼다.

이 사건은 단신으로나마 언론을 통해 알려졌지만 묻힌 총기 살해사건들이 더 있었다. 마정리 사람들은 1950년대 후반과 60년대 초 마을 주민들이 밤에 임진강을 건너 정자리로 땔감을 하러 갔다가 미군의 총에 맞아 2명이 숨졌다며 60년 전의 기억을 되살려냈다. 당시 미군 범죄사건은 경찰 수사나 언론 보도가 되지 않아 마을 사람들만 아는 공공연한 비밀이었다. 마정2리에서 대대로 살아온 박덕연 노인회장은 미군의 주민 학살에 대해 "그럴 리 없다"며 고개를 가로저었다. "간첩인 줄 알고 쐈을 거야. 개들도 사람인데 주민을 쐈겠어?"

13 율곡의 화석정과 박정희의 휘호 놀이

임진리와 율곡리 사이 강 언덕에는 율곡 이이의 별장 화석정이 서 있다. 이곳에서 용암이 흘러내려 만들어진 주상절리 절벽이 시작되어 적성까지 '장단석벽 삼십리'의 절경이 펼쳐진다.

허목은 "임진에서 위로 올라가자 강안에 비로소 바위 절벽이 보이기 시작하였고 왕왕 짙게 우거진 수풀이 보였다. 강가에 있는 화석정(花石亭)은 이문성[문성공 이이]의 별장이고 한벽정(寒碧亭)과 창랑정(滄浪亭)은 성씨 집안의 옛 별장이라고 강가 사람들이 말하였다"라고 적었다.

율곡 이이(1536~1584)는 파주가 본가로 13살 때 진사시를 시작으로 과거 시험에서 무려 아홉 번이나 장원 급제해 '구도장원공'이라는 별명이 붙은 조선의 대표적 천재다. 요즘 같으면 사법, 외무, 행정고시를 모두 수석 합격한 것과 비슷하다. 게다가 책을 읽을 때면 10줄을 한 번에 읽었다고 하니 대단한 속독가였다.

‘산은 외로운 달을 토해내고 강은 만 리의 바람을 머금었네’

파주 파평면에는 율곡의 사당인 자운서원과 율곡리, 율곡수목원, 율곡습지공원과 가족묘역이 조성되어 있다. 묘역에는 율곡과 어머니 신사임당을 비롯해 아버지 이원수, 율곡의 부인 곡산 노씨 등이 묻혀 있다. 율곡의 사당인 자운서원은 광해군 7년(1615) 건립되어 효종(1650)이 자운(紫雲)이라는 현판을 내려 사액서원이 되었다. 자운서원과 묘역 등 ‘파주 이이 유적’은 2013년 사적 525호로 지정되었다.

서원은 조선시대 명현을 제사하고 인재를 교육하기 위해 세운 사설 기관으로 현재 전국에 637개가 남아 있다. 퇴계 이황의 안동 도산서원과 논산 돈암서원, 정읍 무성서원, 대구 달성 도동서원, 장성 필암서원, 함양 남계서원, 영주 소수서원, 안동 병산서원, 경주 옥산서원 등 전국에 걸쳐 분포된 ‘한국의 서원’ 9개소가 2019년 한국의 14번째 유네스코 세계유산으로 지정되었는데 자운서원은 여기에 끼지 못했다.

율곡의 또 다른 유적지인 화석정은 율곡이 어린 시절 학문을 익히고, 관직에서 물러난 뒤에는 시와 학문으로 소일하며 후진을 양성했던 곳이다. 고랑포에서 반듯하게 흐르는 강줄기가 휘돌아 유려한 곡선이 펼쳐지는 곳에 자리한 화석정은 시인 묵객들에게 많은 영감을 주었다. 화석정에는 어려서부터 천재성을 인정받은 율곡이 여덟 살 때 지었다는 시비가 세워져 있다.

“숲속 정자에는 가을이 이미 깊었는데/ 시인의 뜻이 끝이 없도다/ 저 멀리 보이는 물은 하늘에 닿아 푸르고/ 서리 맞은 단풍은 해를 향해 붉게 물들었네/ 산은 외로운 달을 토해내고/ 강은 만 리의 바람을 머금었다/ 변방의 기러기는 어디로 가는가/ 기러기 울음소리 저무는 구름 속으로 멀어져 가네.”

만 리의 바람을 머금은 강의 경관은 당시와 크게 달라지지 않았으나 지금은 차량 소음이 끊이지 않는 37번 국도가 정자 앞을 지나면서 강과 정자 사이를 가로막고 있다. 화석정의 고즈넉한 맛이 사라진 것은 자운서원이 세계유산으로 지정되지 못한 것보다 더 안타까운 일이다.

권위주의 시대 독재자들의 친필 현판

1443년 율곡의 5대 조부인 이명신이 세운 뒤 500여 년 동안 소실과 중건을 거듭하던 화석정이 지금의 모습으로 복원된 것은 1966년이다. 한국전쟁 때 불에 타 사라진 것을 파주의 유림들이 성금을 모아 복원하였다.

화석정에는 당시 대통령 박정희가 쓴 현판이 걸려있다. 현판은 전각의 중앙

율곡 이이의 별장 화석정에 박정희 전 대통령의 친필 현판이 붙어 있다.

윗부분에 거는 액자로 건물의 얼굴이자 상징물이다. 전근대 시대 임금이 친히 이름을 지어주면서 편액을 내린 사액서원에서 유래를 찾을 수 있다.

권위주의 시대 한국의 독재자들은 친필로 쓴 현판을 내거는 '휘호 놀이'를 좋아했다. 초대 대통령 이승만은 종로 보신각과 영주 부석사, 서울 문수사 등 현판을 친필 휘호로 내걸었고, 전두환은 국립중앙도서관, 예술의전당, 경찰청 등 현대식 건물에 휘호를 내걸었다. 친필 휘호의 끝판왕은 박정희다. 총으로 권력을 잡은 군인 출신 대통령 박정희는 붓을 다루는 데도 일가견이 있었다. 그는 1961~1979년까지 18년간 집권하면서 전국의 문화재나 명소에 무려 1,200여 점의 친필 휘호를 남겼다. 특히 재임 기간에 전국적으로 문화재 복원 사업을 펼치면서 시멘트와 철근콘크리트로 많은 건물을 짓고 자신의 글씨로 현판을 내걸었다.

화석정을 비롯해 아산 현충사(顯忠祠), 수원 화령전의 운한각(雲漢閣), 안동의 영호루(映湖樓) 등 문화재 현판이 박정희의 글씨로 바뀌었다. 고양 행주산성의 행주대첩비와 충장사(忠壯祠), 여주 영릉의 세종전 및 훈민문(訓民門), 강릉 오죽헌의 문성사(文成祠), 안동 하회마을 영모각(詠慕閣) 등 새로 지은 유적지 건물의 현판에도 박정희의 친필 휘호가 들어갔다.

문화재와 유적뿐 아니라 각종 기념물에도 박정희의 글씨가 새겨졌다. 서울 세종로의 충무공 이순신 장군상, 새마을운동 발상지인 수원농민회관, 구파발의 '통일로', 홍제동~독립문 도로에 세운 '무악재' 비석 등은 대표적 사례다. 김영삼이나 김대중도 휘호를 즐겼지만 박정희와 달리 현판이나 기념물에 글씨를 많이 남기지 않았다.

결국 유적지와 문화재에 내건 박정희의 친필 현판은 잇따라 교체되는 운명을 맞았다. 1967년 종로 탑골공원 정문에 내건 '삼일문' 현판은 2001년 독립운동단체 회원들이 파손해 독립선언서에서 집자한 글씨로 바뀌었고, 영암 월출산 도갑사의 해탈문(국보 50호) 한자 현판은 조선 후기의 명필가인 이광사의 글씨를 본떠 새긴 것으로 바뀌었다. 1968년 광화문을 다시 지으면서 새로 내건 박정희의 한글 현판은 집자된 정조의 한자 글씨로 교체되었다.

2005년 당시 문화재청장이었던 유홍준이 "문화재는 원형 복원해야 한다"며 박정희가 쓴 광화문 한글 현판을 37년 만에 떼어냈다. 광화문 현판 교체는 한글 대 한자 논란으로 번졌다. 한글학회는 박정희의 한글 현판('광화문')을 떼어내 한자 현판('光化門')으로 바꾸려는 유홍준을 "개인 정치 감정에서 한글에 찬물을 끼얹은 헛발질"이라고 비판했다. 유홍준은 광화문 한글 현판을 볼 때마다 박정희 독재정치가 떠오른다고 했다. 화석정 현판을 볼 때마다 박정희의 얼굴이 떠올라 불편했는데 나만 그런 게 아니었던가보다.

기호학파의 거두 '파주 삼현' 별장 나란히

허목이 말한 성씨 집안의 별장은 율곡의 막역한 벗이자 기호학파의 중심인물 중 하나인 우계 성혼(1535~1598)의 별장으로 추정된다. 창랑정의 창랑(滄浪)은 성혼의 아들 성문준의 호다.

성혼은 당대를 대표하는 유학자이자 서예가로 스무 살 무렵부터 옆 마을의 율곡 이이와 사귀면서 평생지기가 되었다. 이 두 사람은 구봉 송익필(1534~1599)과 함께 기호학파의 대표적 인물로 '파주 삼현'이라 불린다. 구봉, 우계, 율곡 순으로 한 살 터울인 이들이 주고받은 편지는 송익필의 아들에 의해 『현승편』(玄繩編)이라는 제목의 책으로 묶였는데, 후대 문인들이 '현자 3인의 손편지'라는 뜻을 가진 『삼현수간』(三賢手簡)으로 제목을 바꿨다. 『삼현수간』은 소소한 일상부터 철학적 담론, 국가를 경영할 정치에 이르기까지 폭넓게 이야기를 나눈 98통의 편지글을 엮은 서첩이다. 성리학의 대가들답게 이기

(理氣), 심성(心性), 사단(四端), 예론(禮論) 등 성리학에 관한 내용이 많아 사상사적, 학술적으로도 중요한 자료로 평가받는다. "구봉과 우계는 주로 예학과 수기(修己)에 관한 편지를 주고받았고, 구봉과 율곡은 국가 기강의 방책을 대비하고 세도를 바로잡으라고 권면한 글들이 많았다. 지혜가 뛰어나고 학문적 경지가 높았던 구봉은 우계와 율곡 사이에서 성리학과 예학, 경세관, 수양방법 등 실천적인 면에서 중도적인 교량 역할을 했다. 두 사람이 주로 물으면 구봉이 대답해주는 위치에 있었다."(문화재청, 『학문으로 맺은 귀한 인연의 기록 '삼현수간'』 요약)

율곡과 우계는 걸어서 한 시간, 율곡과 구봉은 여섯 시간 정도 거리에 거주해 수시로 만나거나 인편으로 손편지를 주고받을 수 있었다. 이들은 파주에서 태어나지는 않았지만 어릴 적에 벼슬에서 물러난 부모를 따라 옮겨와 파주에서 청소년기를 보내거나, 평생을 파주에서 보냈다. 이들을 파주 삼현으로 부르는 것은 파주를 연고로 활동하였고, 파주의 고향 마을 이름에서 따온 호를 사용하였기 때문이다. 이이의 호 율곡(밤나무골)은 지금의 파평면 율곡리이며, 성혼의 우계(쇠내)는 파평면 눌노리로 추정되며, 송익필의 구봉(거북봉)은 교하 심학산의 다른 이름이다. 이들과 달리 또 다른 '파주 삼현'으로는 파주에 유적지가 있는 율곡과 황희(1363~1452), 윤관(1040~1111)을 일컫기도 한다. 탄현면 금승리에 방촌 황희 선생의 묘가, 광탄면 분수리에는 윤관 장군의 묘가 있다.

14 임진강의 풍부한 어종과 통제받는 두포리 어민들

율곡리를 지나면 두포리다. 한국전쟁 당시 퇴각하던 북한군이 경찰, 공무원 등 우익인사 포로들에게 총격을 가해 97명을 학살한 곳이다. 1986년 두포리에 세워진 '6 · 25 반공투사 위령비'에는 문산, 금촌, 교하 지명 아래 희생자들의 이름이 새겨져 있다. 두포리 학살사건은 2008년에서야 정부 주도로 발굴 작업이 이뤄졌다.

전쟁 이전 고랑포까지 다니며 사람과 물건을 실어 나르던 물길은 끊겼지만 임진강은 자연하천의 원형을 간직하고 있어 어종이 풍부하다. 파주 임진강은 5개 구역으로 나뉘어 총 58척의 어선이 2인 1조로 어로 활동을 한다. 대부분 민간인통제구역이라 군부대가 지역별로 1~5개 선단으로 나눠 관리한다. 상류 쪽인 두포리는 1선단에 해당한다. 하류 방향으로 화석정은 2선단, 초평도 · 통일대교는 3선단, 반구정은 4선단, 내포리는 5선단이다.

봄에는 황복, 가을에는 참게

2019년 9월 하순, 두포리 나루에 이경구 파주시 전 어촌계장이 참게가 가득 든 망을 들고 배에서 내렸다. 가을철에 많이 잡히는 참게는 임진강의 특산물 중 하나다. "겨울을 나기 위해 먹이활동이 왕성한 지금이 참게를 잡기 가장 좋은 계절이죠. 크고 값싼 중국산 때문에 참게의 이미지가 흐려졌는데 임진강 참게는 임금님 수라상에 올랐던 맛과 영양이 뛰어난 특산물이었지요."

말투에서 임진강 어부의 자부심이 묻어났다. 이 씨는 이날 지인과 함께 2인 1조로 조업에 나선 지 5시간 만에 참게 35킬로그램을 잡았다. 참게 값이 킬로그램당 2만~3만 원이니 시가로 따져 대략 80만~90만 원가량 수입을 올린 셈이다. 잡은 참게는 바로 내다 팔지 않고 어항에서 더 키워 통통하게 살이 오르면 더 비싸게 내다 팔기도 한다. 참게는 통발을 설치해 잡는데 100미터 로프에 1미터 간격으로 통발을 매달아 9월 참게철에 사용한다.

파주 임진강 어부들의 주 수입원은 황복과 실뱀장어다. 실뱀장어는 마리당

임진강에서 고기를 잡고 있는 파주 두포리 어민들. 참게는 이들의 가을철 주요 소득원 중 하나다.

5천 원의 '귀하신 몸'이고, 황복은 1킬로그램당 20만 원에 팔려 '황금돼지' 대접을 받는다. 임진강 황복은 배에 가시가 있고 노란색 줄무늬가 있는 게 특징이다. 쫄깃한 맛이 일품이라 비싼 값에도 미식가들에게 인기가 높다. 바닷물과 강물이 만나는 서해 연안에서 3~5년쯤 자라다가 4~6월초 산란을 위해 임진강 상류로 올라온다. 전에는 황복이 적성면 어유지리까지 올라와 산란했는데 군남댐이 지어진 뒤 그보다 한참 하류인 비룡대교가 상한선이 되었다고 어부들은 말한다. 산란기가 끝나가는 7월 말께면 어부들은 성어가 되어 돌아오기를 바라는 마음으로 황복 치어를 임진강에 방류한다.

"전에는 초평도 근처에서 작대기로 때려서 잡을 만큼 물고기가 많았어요. 황복이 산란을 위해 떼 지어 올라오는데, 너무 많아서 처치가 곤란할 정도였지요. 발에 차이는 대로 공처럼 차고 다녔어요." 매운탕집을 운영하는 두포리 이장 임용석 씨가 젊을 적 고기 잡던 때를 회상하며 신나게 이야기했다. 지금은 금쪽같은 대접을 받는 황복이 1980년대까지만 해도 독에 중독되는 사고가 심심치 않게 발생하는 바람에 애물단지 취급을 받았던 것이다. 3선단장인 김병수 씨도 거들었다. "예전에는 임진강에 물고기가 얼마나 많았던지 말 그대로 물 반, 고기 반이었지요. 술 먹다 돈이 모자라면 잠깐 나가서 메기랑 잉어 몇 마리를 잡으면 해결됐다니까요. 지금은 고기 잡아 돈 버는 시절은 지났고, 어부들 대부분이 농사와 매운탕 장사를 겸하고 있어요."

두포리 어부들은 봄에는 황복과 실뱀장어, 가을에는 참게와 숭어를 주로 잡는다. 강변에는 얼큰하고 담백한 맛을 내는 매운탕 전문점들이 늘어서 있다. 매운탕을 팔아야 먹고사는 초로의 어부들은 옛날이야기로 들떠서 청년 시절로 돌아가 있었다.

민통선에서 고기 잡는 죄로 간첩 수색에 동원

임진강은 상류에서 하류까지 일련번호를 매겨 5선단까지 두었는데, 1선단 적성지역을 빼고는 파평면 장파리 리비교부터 하류 쪽은 모두 민간인통제구역이어서 군의 통제를 받는다. 1~4선단은 어선의 엔진 출력이 30마력으로 제한되어 있으며, 북한과 인접한 5선단은 2021년까지는 엔진을 달 수 없었으나 지금은 15마력짜리 저속 엔진을 달 수 있게 되었다.

어부들은 출어에 앞서 군 당국에 신고해야 하고 정해진 시간 안에 어로를 마쳐야 한다. 혼자서는 고기잡이를 할 수 없으며 반드시 2인 1조로 움직여야 한다. 임진강 어부들은 일정한 장소에 어구를 장기간 고정해 놓는 정치망 어업을 주로 한다. 망을 어디에 설치하느냐에 따라 어획량이 달라지는데, 주로 제비뽑기를 통해 설치구역이 정해진다. 정치망을 친 어부들은 12시간 간격으로 그물을 확인하고 실뱀장어 등 물고기를 수확한다.

임진강 어부들은 '민통선에서 고기 잡는 죄'로 숱한 고초를 겪었다. 간첩의 수중 침투에 대비해 물이 많이 들어오는 사리 때면 순번을 정해 밤에 '강상 순찰'을 돌아야 했다. 군은 어부들에게 사람을 잡을 수 있는 갈고리 모양의 낚시를 임진강에 던지게 했다. 상류 쪽(대부분 북한)에서 떠내려오는 주검을 건지는 일도 어부들 몫이었다. 아버지를 따라 열네 살부터 임진강에서 고기를 잡아온 2선단장 이순찬 씨가 50년 전 기억을 끄집어냈다. "1970~80년대는 군인들의 통제가 엄청 심했어요. 고기를 못 잡게 할까봐 군인들이 시키는 대로 따를 수밖에 없었죠. 당시는 노를 젓는 목선이었는데 작업을 마치고 돌아오면 노를 쓰지 못하도록 군 초소 앞에다 열쇠를 채워 보관하도록 했지요."

임진강 어부들이 목소리를 내기 시작한 것은 2014년 국토교통부의 임진강 거곡마정지구 하천정비사업 시민대책위에 참여하면서부터다. 이들은 임진강에 전진교(1984년 개통)와 통일대교(1998년 개통)를 건설할 때도, 통일대교 주변에서 조업을 금지할 때도 불만을 눌러 삼켰다. 군남댐(2011년 준공)과 한탄강댐(2016년 준공)을 만들어 어업에 큰 차질이 생겼는데도 정부는 어업 보상은 커녕 주민설명회나 환경영향평가마저 제대로 하지 않았다. 정박 시설을 만들 수 없어 홍수 때면 배와 어구들이 떠내려가도 하소연조차 못했다.

임진강 준설을 막는 데 큰 역할을 한 어부들은 2018년 임진강에 다리를 놓는 문산~도라산 고속도로 건설사업 반대 운동에도 동참했다. 아프리카돼지열병 항공방제로 임진강의 어획량이 급감하자 약품 살포 중단을 촉구하기도 했다. 임진강 수질이 곧 생존권이라는 사실을 알게 된 어부들은 민간인 출입이 통제된 임진강 수생태계를 지키는 파수꾼 역할을 하고 있다.

하포리에 묻힌 '의성' 허준과 이색의 후손

민통선 지역인 파주시 진동면 하포리에 자리한 허준의 묘

두포리 건너 진동면 하포리에는 조선시대 대표적인 명의이자 세계질병사 연구의 선구자로 평가받는 허준(1539~1615)의 묘역이 있다. 허준의 묘는 확인되지 않다가 1991년 미국에 사는 고문헌 연구가 이양재 씨가 양천 허씨 족보에 기록된 '진동면 하포리 광암동 선좌 쌍분'이라는 내용을 바탕으로 군부대의 협조를 받아 이곳에서 비석 조각을 찾아냈다. 발굴 당시 마모된 비문에는

'양평군'(陽平君) '호성공신'(扈聖功臣) '준'(浚) 등의 글자가 새겨져 있었다.

허준은 임진왜란 때 어의로서 선조를 의주까지 모셨다고 해서 호성공신 3등에 책정되었고, 1606년 양평군에 봉해졌다. 1608년 선조가 사망하자 치료를 소홀히 했다는 죄로 파직, 유배를 당했다가 1년 만에 복직되었다. 저서인 『동의보감』은 중국과 일본에서 동아시아 전통의학의 핵심을 잘 잡아내어 적절한 표준을 세운 것으로 평가받았으며 2009년 유네스코 세계기록유산으로 등재되었다.

장단은 고려시대부터 줄곧 수도권의 변방으로 당시 중앙권력으로부터 핍박받은 이들의 유배지로 이용되거나 고려의 충신과 후손들이 도성에서 쫓겨와 살던 곳이다. 고려말 선비 목은 이색(1328~1396)은 위화도회군 이후 권력을 잡은 이성계 일파에 의해 장단에 유배되었다. 포은 정몽주, 야은 길재와 함께 '고려 삼은(三隱)'으로 불리던 이색은 이성계와 정도전의 역성혁명에 찬성하지 않았고 조선 건국 이후 이성계의 출사 종용을 끝내 고사했다. 결국 함창, 여흥, 장흥 등지로 유배를 떠돌다가 1396년(태조 5) 지금의 여주인 여강에서 급사했다. 아들 이종학도 함창으로 유배되었다가 전라도 고창으로 이배되는 도중 거창에서 살해되었다.

허목은 하포리를 지나면서 이색의 6대손인 사심 이정호를 기리는 글을 남겼다. "이분은 남에게는 겸손하고 인정이 많으면서도 자신에게는 엄격하였다. 말을 할 때는 반드시 신중하였고 행동을 할 때는 반드시 과감하였으니, 옛사람의 이른바 알차게 보고 알차게 실천한다는 것을 나는 이분에게서 보았다." 이정호는 광해군 때 장단 적운(하포리)에서 세상을 피하였다가 1626년(인조 4) 재학으로 등용되었다. 이색의 후손 일부가 하포리에서 살았는데 이색의 증손이자 이정호의 증조부인 이균의 묘가 이곳에 있다.

15 1960년대 명동보다 잘나갔던 장파리

하포리에서 리비교를 건너면 파평면 장파리다. 전쟁 이후 장파리에는 고향으로 갈 수 없는 실향민들이 하나둘 모여들었고 리비교를 건너 임진강 북쪽에 주둔하던 미군을 상대로 클럽과 음식점, 술집, 여관 등 상권이 생겨났다. 리비교는 2016년 안전진단에서 D등급을 받아 전면 통제되기 전까지 60여 년 동안 장파리 주민들에게 생명줄 같은 역할을 하였다.

1960~70년대 초 이 일대의 유동 인구는 하루 2~3만 명에 달했고, 기지촌 유흥가에는 흥청망청 달러가 넘쳤다. 당시 장파리 땅값이 서울 명동보다 비싸다는 말까지 나올 정도였다. 당시 장파리에 즐비한 미군 클럽 중에는 '라스트 찬스'가 가장 잘나갔는데, 리비교 건너 첫 번째 위치한 클럽이라 '퍼스트 찬스'라고도 불렀다. 외출했던 미군이 부대로 복귀하기 전에 마지막 들른 곳이라 라스트 찬스라 했다는 말도 있다.

클럽 뒤에 상당한 규모의 미군 위안부 숙소가 있었으나 지금은 철거되어 사라졌다. 무명 시절 조용필이 음악 활동을 위해 처음 찾은 곳이 장파리 미군 클럽이었으며 윤복희, 패티김 등 유명가수들이 출연했다. 라스트 찬스는 2021년 경기도 등록문화재 8호로 등록됐다.

▌생명을 던져 동료 구한 미군 중사를 기념한 리비교

리비교는 한국전쟁 기간에 미군이 임진강에 건설한 다리 중 유일하게 남은 다리다. 미군은 1951~53년 38선 부근에 전선이 교착되면서 공방전이 이어지자 보급로를 위해 파주와 연천 일대에 임진강을 건널 수 있는 교량 11개를 설치했다. 다리의 이름은 주로 휴전선을 통과하는 철새나 미군 병사의 이름을 따서 명명했다. 파주에는 자유의 다리(임진강 철교), 홍커(Honker, 기러기), 스

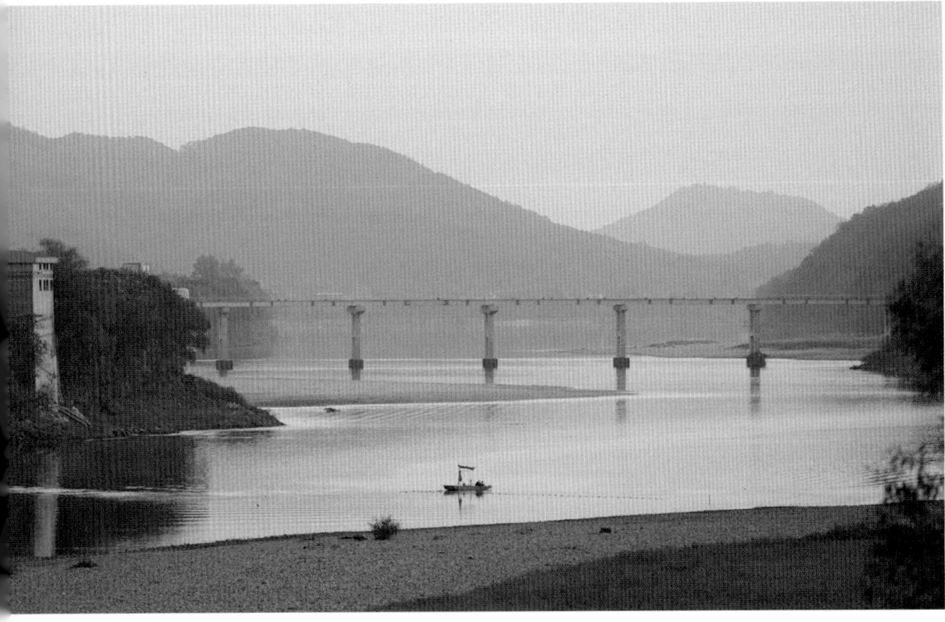

한국전쟁 기간에 미군이 파주 장파리와 용산리 사이에 놓은 리비교. 최근 복원되었다.

푼빌(Spoonbill, 저어새), 리비교(Libby, 처음에는 X-Ray교), 위전(Widgeon, 붉은머리오리), 틸교(Teal, 쇠오리) 등 6개의 교량이 설치되었고, 연천에는 핀테일파커교(고방오리, Pintail/Parker), 라이트교(Corporal Wright), 화이트프런트교(White front, 쇠기러기), 휘슬러교(Whistler), 말랜드교(Malland) 등 5개가 설치되었다.

임시사용 목적으로 만든 교량들이 임진강 홍수로 유실되는 등 사고가 잦자 미군은 적성에 영구적인 교량인 틸교와 리비교를 짓기로 했다. 1953년 7월 4일, '임진강의 정복자'로 불린 미 84건설공병대는 파평면 장파리와 진동면 용산리를 잇는 길이 328미터, 폭 11.9미터의 콘크리트 교량 리비교를 건설했다.

리비교라는 이름은 한국전쟁 초기에 대전 전투에서 자신을 희생하며 부대원을 구한 조지 D. 리비(George D. Libby) 중사를 기리기 위해 명명했다. 미 24사단 전투공병대대 소속 리비 중사는 1950년 7월 20일 대전 전투 당시 옥천으로 향한 철수로가 차단된 상황에서 자신을 희생해 사단 병력을 철수시키는 데 공헌했다. 그는 산악 철수가 불가능한 부상병들을 차량에 태워 철수하면서 북한군의 공격을 받아 전진이 어렵게 되자 철수하는 포병 M-5 포차를 세워 부상병들을 옮겨 실은 다음, 기관총으로 주변의 적을 제압하며 철수 작전을 이어갔다. 포차 운전병을 자신의 몸으로 감싼 뒤 전속력으로 달리게 한 뒤, 길가의 부상병들까지 태워 철수하던 중 총상을 여럿 입고 전사했다. 자신의 생명을 던져 위험에 처한 동료를 구한 영웅적 행동을 보인 리비 중사는 1951년 8월 2일 한국전쟁 최초로 미국의 최고 무공훈장인 '명예훈장'(Medal of Honor)을 받았다.

역사문화공원으로 거듭난 리비교와 북한군 묘지

리비교는 임진강 북쪽에 주둔했던 미 2사단 23연대가 1973년 철수한 뒤 민통선 지역 경작이 허용되면서 민간인도 이용할 수 있게 됐다. 농민들은 출입증을 발급받아 아침에 들어가 일을 하고 저녁에는 나와야 했다. 리비교가 안전문제로 통제되자 장파리 등 인근 4개 마을 주민들은 민통선을 출입하려면 먼 거리를 돌아다녀야 했다. 파주시는 장파리 주민 불편 해소와 관광자원화를 위해 기존 교각을 철거한 뒤 새로운 다리를 건설하고 이 일대에 리비교 역사문화공원과 DMZ 평화의 길 거점센터 등을 조성하고 있다.

휴전선과 7킬로미터 떨어진 적성 답곡리에는 북한군 묘지가 있다. 1996년 국방부가 제네바 협약(적군의 사체 존중)에 따라 한국전쟁 때 전 지역에서 숨진 북한군과 중국군의 유해를 모두 옮겨 조성했다. 처음에는 중국군 362구, 북한군 718구 등 모두 1,080구의 유해가 묻혀 있었으며 북한군 · 중국군 묘지 또는 '적군묘지'라 불렀다. 2014년 박근혜 정부가 중국군 유해를 중국으로 송환한 뒤 '북한군 묘지'로 명칭이 바뀌었다. 지금은 한국전쟁 때 전사한 북한군을 포함해 1 · 21사태, 대한항공 858편 폭파사건 사망자 등 '돌아가지 못한' 이들의 유해 843구가 매장되어 있다. 국방부가 관리해오다 2019년 경기도로 이관됐다.

가로 30센티미터, 세로 25센티미터 크기의 돌에 새긴 묘비명은 '무명인'이 많다. 아무도 이름을 기억해주는 사람 없이 꽃잎처럼 떨어져 고향의 부모 품으로 돌아가지도 못한 젊은 영령들의 한은 어찌할 것인가.

시인 구상(1919~2004)은 이곳을 방문한 뒤 「적군묘지 앞에서」라는 시를 남겼다.

"오호, 여기 줄지어 누워 있는 넋들은/ 눈도 감지 못하였겠구나./ 어제까지 너희의 목숨을 겨눠/ 방아쇠를 당기던 우리의 그 손으로/ 썩어 문드러진 살덩이와 뼈를 추려/ 그래도 양지바른 두메를 골라/ 고이 파묻어 떼마저 입혔거니,/ 죽음은 이렇듯 미움보다도, 사랑보다도/ 더 너그러운 것이로다…."

파주 적성의 북한군 묘지. 이름 모를 주검에 '북한군 70'이라는 표식만 붙어 있다.

동파리~반정리 오가며 잠자는 재두루미

장남면 반정리 임진강 여울은 동파양수장 앞 여울처럼 한겨울에 얼지 않아 두루미와 재두루미들이 잠자리로 사용한다. 동파양수장 앞 잠자리에 밀물이 들어차면 재두루미들은 이곳으로 이동한다. 이 같은 사실은 읍내리 농민 박계용 씨와 동행한 탐사에서 확인되었다.

2022년 12월 이른 아침, 전날 저녁 동파리 초평도 앞 여울에서 잠자리에 들었던 재두루미들이 한 마리도 보이지 않았다. 텅 빈 잠자리는 밀물의 영향으로 저녁보다 물이 많이 불어 있었다. 영하 10도가 넘는 혹한의 날씨가 며칠째 이어졌지만 여울은 얼어붙지 않았다. 반정리로 이동했을 것이라는 계용 씨의 추측이 적중했다. 반정리에서 아침을 맞은 300여 마리 두루미와 재두루미 무

임진강 장좌리 강변에서 재두루미 가족이 고라니와 조우하고 있다.

리들은 해가 뜨자 서서히 몸을 풀기 시작하더니 3~4마리씩 가족 단위로 먹이를 찾아 흩어졌다. 반정리는 동파리에서 물길로 20리가량 상류 쪽에 있다.

반정리는 행정구역상 연천군에 속하나 파주 민통선 권역에 붙어있어 관리 사각지대에 놓여있다. 강변 논 습지에 대한 무분별한 성토가 진행되고 있어도 단속의 손길이 미치지 못하고 있다.

반정리 맞은편은 적성면 장좌리다. 장좌리에는 3천여 평 크기의 장자못이 있는데 이곳도 두루미 잠자리로 사용된다. 장좌리 임진강변은 미군 전차훈련장으로 사용되고 있어 접근할 수 없다. 임진강 통제구역은 여기까지다. 이곳을 지나면 임진강은 철조망에서 풀려난다. 철조망에서 풀려나는 것과 동시에 두루미 왕국의 마법도 풀린다. 두루미 왕국은 하포리, 용산리, 반정리 등 사람들이 살지 않는 통제구역에서만 펼쳐진다.

16 신라와 고구려의 국경, 고랑포

삼국시대 신라와 고구려 국경은 고랑포에서 결정됐다. 고구려 평양에서 신라로 가는 최단 코스가 개성~장단~고랑포였다. 연천과 파주를 잇는 고랑포 나루에는 1,500년 역사가 누적돼 있다. 지금은 임진강의 물류 기능이 없어졌지만 한국전쟁 이전까지만 해도 고랑포구까지 황포돛배를 이용해 사람과 물자를 실어 날랐다. 조선 시기 고랑포에는 강화나 서해 쪽에서 사람들이 모여들어 고기와 소금을 파는 시장이 열렸다. 350여 년 전 고랑포를 지나던 허목은 이렇게 묘사했다.

"협곡의 입구에 들어서자 강가 절벽이 깎아지른 듯하고 물은 맑디맑았다. 날이 저물자 산 기운이 더욱 깊어졌다. 석기에 이르자 강촌의 아름다운 마을이 나왔다. 앞에 옛 나루가 있고 그 위로 고랑도(庫碌渡)가 북쪽 절벽 아래에 있다. 8월에 장마가 그치고 물이 빠지면 바닷사람들이 이곳으로 모여들어 배에서 숙식을 하면서 고기와 소금을 파는 시장을 열어 장사를 하였다."

쌀 400석 실은 배가 운항 가능했던 고랑포의 쇠락

조선총독부가 1929년 펴낸 「조선 하천 조사서」에는 "임진강 하구에서 고랑포까지는 400석 분량의 곡식을 실은 선박의 운항이 가능했고, 도감포를 지나 전곡까지는 적어도 60석을 실은 소규모 선박이 쉽게 이동할 수 있었다"고 적혀 있다. 당시만 해도 배가 아니면 서해안부터 고랑포까지 물류를 운반하기가 어려웠다.

일제강점기인 1930~40년대 고랑포는 서울 화신백화점 분점을 비롯해 금융기관과 우체국, 약방, 여관 등이 들어설 만큼 번성했다. 고랑포구가 있는 장남면에는 현재 연천군 인구의 약 70퍼센트인 3만 명이 살았다. 잘나가던 고랑포구는 해방과 함께 3킬로미터 북쪽에 38선이 그어지고 왕래와 물자 교류가 끊기면서 쇠락했다. 해방 전까지 장단군 장남면에 속했던 고랑포는 해방 뒤 파주군에 속했다가 1954년 '수복지구임시행정조치법'에 따라 연천군에 편입되었다. 한국전쟁 이후 마을이 흔적도 없이 사라졌고 휴전선이 확정되면서 고랑포구 주변은 철책으로 둘러싸인 채 황량한 터만 남았다. 2017년 연천군이 고랑포구 역사공원을 조성해 인근 고구려성과 함께 역사관광명소로 가꾸는 중이다.

고랑포 상류에는 민물고기들만 서식

고랑포는 서해 바닷물의 영향을 받는 임진강의 마지막 지점이다. 고랑포를 경계로 임진강 상류 연천 쪽은 물이 맑아 다양한 민물고기들이 산다. 연천 임진강은 오염원이 없고 수심이 낮은 여울과 갑자기 깊어지는 소(沼)가 반복적으로 발달해 자생종 어류들이 많이 서식한다. 대표 어종으로는 천연기념물인

두지나루와 고랑포를 오가는 황포돛배.

황포돛배 뱃길을 따라 펼쳐진 임진강 주상절리.

어름치와 황쏘가리를 비롯해 환경부 멸종위기종 2급에 해당하는 돌상어와 꾸구리, 묵납자루, 가는돌고기, 줄납자루, 각시붕어, 참중고기, 중고기, 쉬리, 배가사리, 참종개, 새코미꾸리, 퉁가리, 동사리, 꺽지 등이 있다.

임진강 연천 구간에서는 어부 27명이 고기를 잡는다. 고랑포~군남댐 앞까지 50~60킬로미터 임진강에서는 참게와 대농갱이, 쏘가리, 메기 등이 주로 잡힌다. '그렁치'라고도 불리는 몸길이 약 30센티미터의 토종 민물고기인 대농갱이는 매운탕으로 인기가 좋아 연천 어부의 주력 어종이다. 대농갱이는 물이 맑은 모래와 진흙 바닥에서 주로 물고기의 알이나 유충, 새우, 작은 물고기를 잡아먹으며 산다. 쏘가리는 바위가 많은 큰 강의 바위틈에서 떼를 짓지 않고 단독으로 생활한다. 자갈이 깔린 여울에서 5~6월 산란하는데, 산란기에는 임진강 전 구간에 쏘가리 낚시가 금지된다.

예전에 이 지역에서는 다슬기가 주 소득원이었는데, 군남댐이 생긴 뒤로 자취를 감췄다. 연천군은 어민 소득 증대를 위해 해마다 대농갱이, 뱀장어, 참게 치어를 임진강과 한탄강에 방류하고 다슬기 복원 작업을 진행 중이다. 연천 필승교 인근에서 북과 경계를 맞댄 구간은 북의 강수량과 황강댐 방류량에 크게 영향을 받는다. 유재학 연천어촌계장은 "북에서 댐을 막고 강물을 흘려보내지 않아 수량이 갈수록 줄어 걱정"이라고 말했다.

두지나루~고랑포 오가는 황포돛배

황포돛배가 수없이 드나들었던 고랑포구는 전쟁 이후 민간인통제구역으로 묶여 출입할 수 없게 되었다. 대신 3킬로미터 상류 쪽 적성 두지리에 가면 임진강 황포돛배를 타볼 수 있다. 조선시대 주요 운송수단이었던 황포돛배가 옛 모습대로 재현되어 2004년부터 두지나루에서 고랑포 앞까지 왕복 6킬로미터를 약 1시간 간격으로 운행한다.

두지리 황포돛배는 길이 15미터, 폭 3미터의 몸체에 황토로 물들인 12.3미터의 돛을 단 목선으로 45인승이다. 바닥이 수평이어서 얕은 강물에서도 운항할 수 있다. 황포돛배는 조선시대부터 한국전쟁 이전까지 사공과 선원 3~10명이 노를 저어 운항했지만 두지리 돛배는 외형만 전통 황포돛배이고 250마력 엔진으로 움직인다.

황포돛배를 타고 분단 이후 반세기 동안 민간인 출입이 통제된 임진강에서 60만 년 전 형성된 20미터 높이의 임진적벽과 시루떡 형태의 수평 주상절리를 감상할 수 있다. 삭녕바위, 토끼바위, 원당리적벽, 호로고루성까지 갔다가 고랑포 여울목, 괘암, 자장리 적벽, 빨래터바위, 거북바위를 거쳐 돌아오는 40분 동안 양찬모 선장의 구수한 해설이 곁들여진다. 황포돛배는 두지나루 주변 땅 소유자인 국방부와 민간사업자의 토지 사용료 분쟁으로 2년 넘게 운항이 중단되었다가 파주시가 국방부로부터 해당 토지를 매입하면서 운항이 재개되었다. '원조' '본점'을 내세운 두지리 매운탕집들은 임진강에서 잡은 빠가사리(동자개), 메기, 참게, 쏘가리 매운탕을 내놓는다.

386회 고지전 치른 '레클리스 하사'

고랑포구 역사공원에는 미 해병대의 군마 '레클리스 하사'의 동상이 2017년 세워졌다. 한국전쟁에서 빗발치는 포화를 뚫고 탄약과 무기를 수송한 공로로 무공훈장을 받은 레클리스는 한국전쟁이 나기 전에는 '아침해'라는 이름으로 경마장의 경주마였다. 말 주인이 지뢰를 밟아 다리를 잃은 여동생의 의족을 구입하기 위해 250달러에 미 해병대 에릭 피더슨 중위에게 팔면서 1952년 10월 미 해병대에 입대하였다.

한국전쟁 기간 동안 386회의 고지전을 치른 미 해병대 군마 레클리스.

당시 미군은 산악지역 고지 전투에서 탄약 수송을 위해 말이나 당나귀를 구입해 사용하고 있었다. 총알이 빗발치는 전쟁터에서 무모할 정도로 용감한 아침해를 보고 미군 병사들이 '무모한'이라는 뜻의 '레클리스'(Reckless)라는 이름을 붙여주었다. 레클리스가 명성을 떨친 것은 1953년 3월 26~30일 미 해병 1사단 5연대가 중국군 120사단과 벌인 네바다 전초 전투였다. 레클리스는 5일간 전투에서 총 386회(56킬로미터) 고지를 오가며 탄약을 실어 날랐다. 당시 미 해병은 적의 공세 속에서 탄약이 떨어져 고지를 포기할까 싶을 때마다 나타나는 레클리스를 보고 용기를 내어 싸웠다고 한다.

전쟁 후 레클리스는 피더슨 중위와 함께 미국 캘리포니아로 이주해 1968년 숨질 때까지 평안한 여생을 보냈다. 레클리스는 1957년 미군 최초의 말 부사관이 됐으며, 퍼플하트 훈장 2개와 유엔 종군 기장, 미 대통령 표창, 한국 대통령 표창장 등을 받았다. 미 해병대는 2013년 버지니아주 해병대박물관 야외공원에 레클리스 동상을 세워 기리고 있다.

그런데 1968년 1월, 영웅적 서사로 빛나는 군마 레클리스가 활약했던 이 고랑포 여울을 건너 북한군이 침투하는 사건이 벌어진다.

고랑포 여울 건너 침투한 김신조

1968년 1월 17일 밤 10시, 31명의 북한군이 얼어붙은 임진강 고랑포를 조용히 건너고 있었다. 청와대를 타격하기 위해 개성에서 출발한 김신조 소위 등 민족보위성 정찰국 직속의 대남공작 특수부대인 124부대원들이었다. 31명의 침투조는 고랑포를 건넌 다음, 장좌리와 답곡리의 국사봉 서쪽 기슭을 지나 파평산~비학산~삼봉산~노고산~앵무봉을 거쳐 19일 밤 북한산 비봉에 다다랐다. 30킬로그램 군장을 짊어진 채로 시속 10킬로미터의 초인적인 속도로 경기 북부의 산들을 통과한 이들은 청와대로부터 300미터 떨어진 서울 종로구 세검정고개까지 침투했다가 28명이 사살되었다. 고랑포 도하 지점에는 '침투지점비'가 서 있고, 장좌리 임진강변은 미군 훈련장이 들어서 민간인통제구역이 되었다.

31명 중 유일하게 체포된 김신조의 증언에 따르면, 그들이 애초 세웠던 침투계획은 고랑포가 아니라 선조가 건넜던 임진나루 쪽이었다. 하지만 바닷물이 밀물 때 얼음판을 뒤집어놓아 건널 수 없었다. 이들은 조수간만의 영향을 받지 않는 곳 중 걸어서 건널 수 있는 고랑포로 침투로를 변경하지 않을 수 없었다. 28명의 유해는 임진강 도하지점으로 되돌아와 적성면 답곡리 북한군 묘지에 묻혔다.

임진강을 건너지 못하고 고랑포 앞에 묻힌 신라 경순왕릉.

비련의 신라 마지막 왕 비석에는 총탄 자국이

고랑포 북쪽 군사분계선 앞에는 왕건에게 나라를 바친 신라의 마지막 왕 경순왕(재위 927~935)이 잠들어 있다. 후백제 견훤의 침공으로 나라를 보전하기 어려웠던 경순왕 김부는 왕건에게 투항하여 나라를 고려에 바친 뒤 왕건의 사위가 되었다. 마의태자와 동생 덕지 왕자는 "어찌 1천년의 사직을 하루아침에 가벼이 남에게 줄 수 있겠습니까"라고 통곡하며 하직 인사를 하고 금강산으로 들어갔다. 935년 11월 경순왕이 문무백관과 함께 경주를 떠나 개경으로 향하는데 행렬이 무려 30리나 이어졌다.

김부는 고려의 신하로 고려 수도 개경에서 왕건(877~943)보다 35년을 더 살다가 978년(경종 3) 평온하게 눈을 감았다. 조상들이 묻힌 망국의 수도 경주

임진강 북안 요충지에 세워진 고구려 호로고루성과 성 아래로 흐르는 임진강.

로 가고자 했으나 운구 행렬이 임진강을 건너지 못했다. 신라 유민들의 봉기를 우려한 고려 왕실이 "왕의 무덤은 수도에서 100리 밖에 두지 못한다"며 고랑포 앞에서 운구를 멈추게 했다. 경순왕은 결국 고랑포 북쪽 옛 장단 땅에 묻혔다.

임진왜란 이후 오랜 세월 잊혀졌던 왕릉은 1746년(영조 22) 경주 김씨 후손들이 '金傅大王'(김부대왕, 경순왕의 이름)이 적힌 묘지석과 '敬順王'(경순왕)이 적힌 비석을 발견해 이듬해 조선시대 묘소의 격식으로 재정비했다. 일제강점기와 한국전쟁 와중에 흔적 없이 사라졌던 왕릉은 1973년 1월 민통선 수색중대장인 여길도 대위가 총탄 자국이 선명한 '신라경순왕지릉' 비석을 풀더미 속에서 찾아내 부활시켰다. 민간인통제구역에서 해제되어 지금은 자유롭게 출입할 수 있으나 주변은 온통 지뢰밭이다. 해설사의 안내에 따라 관광객들이 비운의 왕을 추모하는 모습을 종종 볼 수 있다.

임진강가에 마주한 호로고루와 이잔미성

임진강 유역에 진출한 고구려는 강변 구릉과 산에 20곳이 넘는 산성을 쌓았다. 고랑포구 왼쪽의 요새가 호로고루다. 호로고루란 고랑포 일대 임진강의 옛 이름 호로하(瓠蘆河)에 있는 오래된 보루라는 뜻이다. 배를 타지 않고 임진강을 건널 수 있는 요충지인 호로고루는 전략적 중요성으로 인하여 삼국시대 때 많은 전투가 벌어졌다. 조선시대에도 이 지역은 호로탄(瓠蘆灘)이라 하여 한양에서 장단을 통해 개성으로 들어가는 주요 길목이었다. 허목은 황포돛배를 타고 호로고루를 지나면서 옛이야기를 한바탕 풀어낸다.

"저물녘에 돛을 올리고 호로탄으로 올라가니, 이곳이 바로 호로하다. 그 상류에 육계가 있고 또 옛 보루가 있다. 맨 앞의 여울이 가장 험준하며 사미천이 이곳에서 합류된다. 상류에 옛 성이 강을 사이에 두고 마주보고 있는데 바위 절벽으로 인해 견고하게 남아 있다. 강가의 부로들이 전하는 말로 옛날 만호가 지키던 진루였다고 하나 지금은 알 수가 없다. 고려시대 여러 차례 거란의 침입을 당했을 때 이곳이 격전지였는데 지금까지 옛 유적이 이처럼 고스란히 남아 있을 수 있단 말인가. 그 위가 칠중성인데 지금의 적성현이다. 이곳이 또한 신라와 고구려 두 나라의 접경지대였다고 한다. 강가의 감악산에는 설인귀의 사당이 있는데, 지금은 미신을 받드는 음사가 되었다."

적성면 주월리의 육계토성은 백제의 평지 토성으로 둘레가 1,828미터나 된다. 성안에는 구석기부터 삼국, 조선에 이르기까지 전 시기의 유물이 발굴돼 오랜 역사성을 말해준다. 1996년 발굴조사에서 초기 백제의 수혈식 주거지, 토기 등과 네 개의 손잡이가 달린 고구려 토기가 출토되었다. 이 일대는 대부분 논과 밭으로 이용되고 있으며 성 내부에 군부대가 쓰던 건물이 방치되어 있다. 육계토성은 임진강 주요 도하지점인 가여울과 두지나루를 통해 도하하는 적을 방어하는 전초기지 구실을 했던 것으로 보인다.

강을 사이로 마주보고 있다는 옛 성은 호로고루와 백제 이잔미성이다. 이잔미성은 적성면 장좌리 강변에 축조한 보루성이다. 장자못 오른쪽 낮은 야산에 동서로 이어져 있다. 전체 둘레는 300미터로 석축으로 쌓았다고 기록되어 있다. 곳곳에 성벽의 흔적들이 남아 있기는 하지만 오랜 기간 미군 사격장으로 이용되는 바람에 정확한 성곽 규모나 현황 등에 대한 조사가 이루어지지 못했다. 군 참호 시설로 인한 훼손이 심한 성터에 올라서면 강 건너 호로고루성이 한눈에 들어온다. 호로고루성은 양계장과 풀숲에 묻혀 있다가 최근에야 전모가 밝혀졌다. 호로고루는 1991년 군사보호구역 안 문화유적 지표조사를 통해 고구려 유적임이 확인되었다.

임진강, 연천, 한탄강

북삼리
북삼교
허브빌리지
상승OP(제1땅굴)
왕징면
군남면
무등리
진상리
임진교(화이트교)
한탄강
미산면
연천
백학면
마전리
숭의전
아미리
사미천
당포성
동이리
주상절리
남계리
삼화리
동이리
전곡리
마포리
도감포
노곡리
어유지리
임진강
전곡읍
비룡대교
주월리
두포리
가월리
두지리
중성산(칠중성)
파주
적성면
감악산
설마리

17 가여울에 비친 달이 아름다운 사미천 마을들

연천군 백학면 노곡리에서 사미천이 임진강과 만난다.

사미천은 황해북도 장풍군 자라봉에서 발원해 군사분계선을 지나는 등 54킬로미터를 흘러서 장남면 동쪽에서 임진강과 합류한다. DMZ를 흐르는 사미천 주변은 전쟁 전에는 양질의 쌀이 생산되는 연천평야였으나 지금은 습지로 변했다.

사미천에서는 정전협정이 임박한 1953년 7월 24~26일 유엔군과 중국군 간에 치열한 전투가 벌어졌다. 호주 파병군과 미 해병 1사단이 중심이 되어 중국군의 공격을 막아낸 사미천 전투는 한국전쟁의 마지막 전투다. 이 전투에서 유엔군이 군사분계선 주변 후크고지를 지켜냄으로써 임진강 북쪽의 연천군 백학면, 미산면, 왕징면 일대가 남쪽 땅이 되었다. 뉴질랜드 부대의 지원 포격으로 중국군은 2천~3천 명의 사상자가 발생했다.

동아시아 대표 구석기 유적지, 가월리와 주월리

사미천이 합류하는 임진강 여울은 적성의 가여울 또는 개여울이라고 한다. 개도 건널 수 있는 얕은 여울이라는 뜻으로 한자로는 술탄(戌灘)이다. 가여울에 비친 달이 아름다워 가월리(佳月里)와 주월리(舟月里)라는 마을 이름이 만들어졌다. 건너편 백학면 노곡리(蘆谷里)는 갈대가 무성한 골짜기라는 뜻이다. 한국전쟁 전에는 바다에서 새우젓이나 소금 배들이 올라와 머물던 포구가 있었다고 한다. 지금은 가월리와 노곡리 사이에 비룡대교가 놓여있다.

비룡대교가 생기기 전에 1950년대 초 미군이 건설했던 300미터 길이의 틸교가 있었으나 장마철만 되면 침수되어 2007년 철거한 뒤 새로 다리를 놓았다. 낚시 동호인들은 비룡대교 아래 모래섬을 중심으로 왼쪽을 비룡여울, 오른쪽을 틸교여울로 구분해서 부른다. 틸교여울은 1미터짜리 잉어 등 대형 물고기가 잘 잡히는 견지낚시의 명소로 꼽힌다.

가월리와 주월리는 연천 전곡리와 함께 임진강, 한탄강 유역에 형성된 동아시아의 대표적인 구석기 유적지다. '파주 가월리와 주월리 유적'은 1990년대 국도 37호선 공사 때 발견되었다. 1993년 한양대 문화재연구소와 서울대박물관이 발굴조사를 통해 강자갈을 사용해 만든 주먹도끼, 찍개, 긁개 등 20만 년 전 구석기인들이 사용한 대형석기 수십 점을 발견하였다. 이 일대는 신생대 4기에 강원도 평강군 오리산에서 분출된 용암이 임진강을 따라 내려와 굳어져 만들어진 용암지대다. 구석기 사람들은 임진강 주변 용암대지 위로 두터운 점토층이 형성될 시기에 살았다. 발견된 유적은 4~5만 년 전 시기로 추정되었다. 현재 이 지역은 대부분 숲을 이루고 일부는 밭으로 경작되고 있다. 1994년 사적 389호로 지정되었다.

DMZ 땅굴 1호, 나라를 발칵 뒤집다

사미천 주변 백학면 백령리에는 최전방 관측소인 상승OP가 세워져 있다. 상승OP 앞 DMZ에서는 1974년 '제1호 땅굴'이 발견되었다. 육군 25사단 71연대 수색조가 DMZ 수색 정찰 중 지표면에서 수증기가 올라오는 것을 보고 야전삽으로 파보았더니 지하 45센티미터 지점에서 폭 90센티미터, 높이 1.2미터로 사람이 설 수 없는 크기의 땅굴이 나왔다. 총 길이 3.5킬로미터의 1호 땅굴은 남쪽 DMZ 1,100미터까지 내려와 있었다.

땅굴 발견으로 온 나라가 발칵 뒤집혔다. 8명으로 구성된 한미 공동조사반이 땅굴 안을 조사하기 위해 수색작전을 전개하던 중 북한군이 매설한 폭발물

1974년 북한의 제1호 땅굴이 발견된 연천군 백학면의 상승OP.

로 해병대 김학철 소령과 미 해군 장교 로버트 맥퀸 벨린저 중령이 사망했고 미군과 국군 6명이 다쳤다.

한국전쟁 때 미군 전투기의 공습으로 전 국토가 초토화된 북은 대응전략으로 지하에 대규모 방어진지를 구축했다. 전쟁 기간 휴전선 주변에 대규모 갱도를 구축한 북은 1962년 김일성의 '전 국토의 요새화' 전략에 따라 군사시설 지하화를 본격 추진했다.

1974년부터 1990년까지 군사분계선 남쪽에서 발견된 4개의 땅굴은 그 일환이었다. 땅굴의 출입구는 북에만 있고 남쪽에는 존재하지 않는다. 남한 당국은 땅굴 발견을 위해 판 '우회갱도'의 출입구를 관람용으로 조성해 관광상품으로 활용하고 있다. 제1땅굴은 DMZ 안에 위치해 출입할 수 없고, 대신 상승OP 입구에 실제 크기의 모형이 설치되어 있다. 남북은 9 · 19 군사합의 뒤 사미천 인근의 GP 1곳씩을 철거했다.

상승OP에서는 한때 비옥한 토지였던 드넓은 옛 연천평야와 북한 초소 등을 볼 수 있다. 전망대 주변 DMZ에는 독수리, 참매, 노루, 산양 등 희귀동식물이 서식하고 있다. 남북 주요 도시까지 거리가 적힌 이정표도 세워져 있는데, 이곳에서 개성은 31킬로미터, 서울까지는 52킬로미터다.

18 설인귀 전설 깃든 감악산의 글로스터 대대

삼국시대와 한국전쟁 격전지였던 파주 적성에는 나당전쟁 당시 당나라 장수였던 설인귀와 관련된 전설이 많다. 설인귀는 농민 출신으로 당나라 대장군에 오른 입지전적인 인물이다. 감악산(675미터) 정상에 설인귀 사적비로 추정되는 약 3미터 높이의 비석이 있다. 예전에는 설인귀 비석이라고 소개한 안내문이 세워져 있었으나 지금은 감악산비라고 소개하고 있다. 이 비는 글자가 마모되어 없다고 하여 몰자비(沒字碑), 글자를 새기지 않았다고 하여 무자비(無字碑), 돌에 정성을 다해 빈다고 해서 빗돌대왕비로도 불리며, 진흥왕순수비나 광개토대왕비라고 주장하는 사람도 있다. 추측이 난무하다 보니 불리는 이름도 가지가지다.

감악산 산신이 된 설인귀

신라는 삼국을 통일한 뒤 전국의 거점 명산에 제사를 지내는 산신(山神) 숭

당나라 장수 설인귀의 전설이 깃든 감악산 정상의 비석.

배 제도를 적극 이용했다. 확대된 영토를 효율적으로 통치하고 왕권을 강화하기 위한 수단이었다. 고구려와 신라, 신라와 당 사이에 쟁탈전이 벌어진 요충지 감악산은 전국 24곳의 소사(小祀)에 편입됐다. 소사는 각 지방의 전통신앙을 그대로 받아들여 지역방어와 국가통합을 목적으로 배치했다.

신라는 당나라 장수 설인귀를 감악산 산신으로 삼았다. 『신증동국여지승람』에는 감악사(紺岳祀)를 소개하면서 "항간에 전해 오기를 신라에서 당나라 장수 설인귀를 산신으로 삼았다고 한다"고 했다. 허목도 감악산 유람기에서 감악산에 설인귀를 모신 사당 감악사가 있다고 적었으나 지금은 흔적을 찾을 수 없다.

설인귀가 감악산의 산신이 된 것은 당시 신라의 정치 상황을 고려한 것으로 보인다. 설인귀는 연개소문의 장남 연남생의 요청으로 고구려 정벌에 나서 고구려를 멸망시키는 데 핵심적인 활약을 하고 안동도호부 총독 자리에 앉는다. 이어 나당전쟁에서 신라군을 연달아 공격했으나 패하자 676년 한반도에서 물러난다. 신라는 설인귀를 감악산 산신으로 숭배함으로써 임진강 유역의 고구려 유민들에게 공포심을 불러일으키고 고구려 멸망이 당 때문이라는 것을 강조하려 함이 아니었을까.

감악산은 무속의 신산으로, 태조실록에 의하면 조선시대 궁중에서 춘추로 제를 지냈다고 한다. 신라시대 이래 감악산 산신을 믿는 사람들이 많아 지금도 무당들의 굿판이 수시로 벌어진다. 이 지역 사람들은 이 굿을 가리켜 '산을 쓴다'고 표현하는데, 산을 쓰면 자식이 없는 사람은 자식을 낳을 수 있고, 자식 있는 경우에는 장수한다고 믿는다. 산 서쪽 자락에는 범륜사와 운계폭포가 자리해 있고, 임꺽정이 관군의 추격을 피해 숨어 있었다는 임꺽정굴과 임꺽정봉이 있다.

송악, 관악, 화악, 운악과 함께 '경기 5악' 중 하나인 감악산은 2016년 등산로 입구에 출렁다리가 설치되어 관광객의 발길이 끊이지 않는다. 감악산 출렁다리는 높이 45미터, 폭 1.5미터, 길이 150미터로 감악산 허리에 설치되어 도로로 잘려나간 설마리 골짜기를 연결했다. 출렁다리를 통해 파주 · 양주 · 연천 등 3개 시군의 감악산을 잇는 21킬로미터 길이의 감악산 둘레길이 조성되었다.

한반도 패권의 요충지 칠중성이 있는 적성

임진강을 고구려는 칠중하(七重河)라 불렀고, 적성에 칠중성(七重城)을 두었다. 칠중하란 '일곱 겹의 강'이라는 뜻인데, 임진강이 구불구불 흘러 일곱 겹으로 겹쳐 보여 그런 이름이 붙은 것으로 보인다. 칠중성은 임진강에서 2킬로미터가량 떨어진 중성산(148미터)에 축조된 산성이다.

칠중성 앞 임진강은 수심이 낮아 개여울 또는 술탄(戌灘)이라 불렀으며, 정상에서는 임진강 주변이 한눈에 들어온다. 현재는 양주와 의정부를 거쳐 서울로 연결되는 371번 지방도로가 나 있다. 삼국시대부터 한국전쟁 때까지 한반도 패권의 요충지인 칠중성을 차지하기 위한 각축전이 벌어졌다. 칠중성에서는 고구려가 신라에 빼앗긴 임진강 유역을 되찾기 위해 벌인 638년 1차 전투부터 신라군이 당나라군을 격파한 675년까지 4차례 전투가 이어졌다.

첫 전투가 벌어진 것은 신라 선덕여왕 때인 638년이다. 『삼국사기』 「선덕여왕조」에는 "638년, 고구려가 신라의 칠중성을 침범하니 백성이 놀라 산골짜기로 들어갔다"고 기록되어 있다. 선덕여왕은 칠중성을 지원하기 위해 알천 장군에게 출동을 명령했고, 알천은 수성 대신 성문을 열고 나와 고구려군과 전면전을 선택했다. 전황은 신라군에 유리하게 전개되었다. 고구려군은 남으로 칠중성을 바라보고 북으로는 임진강을 등진 배수진 형태인 데 반해 신라군은 싸우다 지치면 성안에 들어가 휴식을 취하거나 병력을 재정비할 수 있었다. 시간이 지날수록 불리해진 고구려군은 퇴각할 수밖에 없었고 신라군은 이 틈을 놓치지 않고 공략에 나서 대승을 거두었다.

22년 뒤인 660년 고구려가 다시 칠중성을 공격해 이번에는 함락에 성공했다. 660년은 백제가 망한 해다. 신라와 당나라 연합군이 백제를 무너뜨린 틈을 노린 것이었다. 하지만 전성기를 맞은 신라는 7년 만인 667년 다시 칠중성을 되찾았고 이듬해인 668년 나당 연합군은 고구려 수도인 평양성까지 함락시켜 삼국통일을 달성했다.

매소성에 주둔한 당나라군을 격파한 신라

삼국통일 이후에도 칠중성에서 전투는 계속되었다. 당나라가 '대동강 이하는 신라에 넘긴다'는 약속을 어기고 남쪽으로 진군하자 신라는 호로고루에 집결해 배수진을 치고 당나라군과 항전을 벌였다.

670년부터 본격적으로 진행된 나당전쟁은 673년 임진강을 경계로 교착 상태에 빠진다. 이를 타개하기 위해 당은 675년 유인궤를 계림대총관으로 삼아 대규모 원정에 나서 칠중성을 함락시켰다. 당군은 한탄강변의 매소성(연천 대전리산성으로 추정)에 20만 대군을 주둔시키고 임진강 초입의 조강에 보급선을 띄워 본국으로부터 식량을 보급하고 있었다. 낌새를 알아챈 신라군이 천성(관미성의 신라 이름)에서 설인귀의 함대를 격침해 보급로를 차단하자, 매소성의 당군이 혼란에 빠졌다. 신라군은 이 틈을 놓치지 않고 매소성을 공격해 '안동진무대사' 이근행이 이끈 당군을 격파했다. 전마 3만 380마리와 비슷한 수의 무기를 노획한 신라군의 대승이었다. 요충지인 매소성 전투에서 패한 당군은 2년 뒤인 677년 평양에 설치한 안동도호부를 무순으로 옮겨 대동강~원산만을 경계로 하는 통일신라시대가 열리게 되었다.

칠중성에 고립된 글로스터 대대의 설마리 전투

1951년 4월 22~25일 감악산 아랫마을 설마리에서는 영국군의 고지 사수전이 벌어졌다. 설마리란 설인귀가 감악산에서 말을 타고 훈련했다는 전설에서 유래한다. 설마리 전투에서 영국군 29여단 소속 글로스터 대대 병사 756명은 중국군 3만여 명에 포위된 상태에서 나흘간 밤낮으로 싸웠다.

한국전쟁 발발 뒤 낙동강 전선까지 밀렸던 국군과 유엔군은 9월 15일 인천

상륙작전을 성공시켜 전세를 뒤집은 뒤 9월 28일 서울을 수복하고 10월 말에는 압록강 부근까지 진출했다. 그러나 중국의 참전으로 1951년 1 · 4후퇴를 하였고 서울은 다시 공산군 진영에 떨어졌다. 전열을 정비한 유엔군은 1월 말 총반격에 나서 3월 14일 서울을 되찾았으며, 3월 말 38선을 돌파한 뒤 북진을 멈추고 문산~연천~화천~양구~간성을 잇는 38선 북쪽에 '캔자스선'을 설정해 숨을 고르고 있었다.

서부전선에서는 임진강을 경계로 밀고 밀리는 양상이 계속되었다. 당시 칠중성에 주둔하고 있던 유엔군은 영 연방군 29여단 소속 글로스터 대대였다. 이들은 자신들이 주둔하던 칠중성을 '캐슬 고지' 또는 '148고지'라고 불렀다.

보름달이 뜬 4월 22일 밤, 캐슬 고지에 대한 중국군의 공격이 시작되었다. 영국군 29여단이 캔자스선의 일부인 임진강 남쪽 적성에서 임진강-한탄강 합

1951년 적성 설마리에서 고지 사수전을 벌였던 영국군 글로스터 대대 추모기념비.

류 지점까지의 전선에 투입된 지 22일째 되는 날 밤이었다. 당시 전쟁터에서는 "해는 미국 것이요, 달은 중국군의 것"이란 말이 유행했다. 공군의 지원이 거의 없었던 공산군은 행군이나 공격 등 모든 작전이 야간에 이루어졌다.

마침 이날은 영국인이 신성시하는 '성 조지의 날'(23일) 전야여서 29여단 병사들은 칠면조 만찬과 모자에 달 장미꽃을 준비하느라 부산스러웠다. 일부 부대는 도리스 데이와 고든 맥래 주연의 영화 〈티 포 투〉(Tea For Two)를 관람하고 있었다.

고립무원의 전투에서 포로가 되거나 사살되거나

당시 중국군은 38선 이북 캔자스선 북쪽으로 물러났지만 3병단과 19병단을 임진강 북안에 전진 배치해 개성 북쪽과 구화리, 철원과 평강, 김화와 화천 북쪽에서 기회를 엿보고 있었다. 22일 밤 중국군은 캐슬 고지(칠중성)를 공격해 교두보를 확보한 뒤 후속 부대를 도하시켰다. 글로스터 대대는 235고지(글로스터 고지)로 후퇴하여 중국군에게 포위되었다. 후방의 유엔군 지원 병력도 좁은 산길이 막혀 포병과 공군 이외의 지상군 지원은 어렵게 되었다.

결국 글로스터 대대는 남아 있는 650여 명의 병력으로 2만 5천여 명의 중국군을 상대해야 했다. 상부에서는 자력으로 포위망을 뚫고 퇴각하라는 명령을 내렸지만 대대장 칸 중령은 중국군의 포위망을 돌파하기는 불가능하다고 판단했다. 칸은 비행기를 통한 탄약과 식량 보급을 긴급 요청한 뒤, 후방 포병의 지원사격과 공군의 화력지원을 받아 글로스터 고지 사수 작전에 나섰다. 낯선 땅에서 원한 관계도 없는 두 나라 젊은이들이 밤낮으로 백병전을 치렀다.

사흘째 이어진 고립무원의 전투에서 사상자가 속출한 글로스터 대대는 더는 버틸 힘이 없었다. 탄약이 소진되고 무전기 배터리마저 떨어져 후방의 지원을 받을 수도 없게 되었다. 영국군 29여단장 브로디 준장은 전멸 위기에 놓인 글로스터 대대장에게 마지막 전문을 보냈다. "최선을 다해 포위망을 돌파하여 여단에 합류하라. 만일 이것이 불가능하고 저항을 계속해도 소용이 없다고 판단되면 투항하라. 이 양자택일 결정권을 귀관에게 위임한다. 글로스터 용사들의 행운과 성공을 빈다."

결국 글로스터 대대는 각 중대장들의 지휘로 개별 행동을 했다. 군목, 의무장교, 의무병 등은 현장에 남아 부상병을 돌보다 모두 포로가 되었다. 대대장 칸 중령을 비롯한 3개 중대 생존자들은 포위망을 뚫으려다 실패해 포로가 되거나 사살되었다. D중대 39명만이 한국군 1사단에 의해 구출되었다. 글로스터 대대가 나흘 동안 버티며 중국군의 남진을 저지하는 동안 나머지 유엔군은 전열을 정비하여 서울 방어에 나설 수 있었다.

패전병은 돌아갈 곳이 없다

나흘간의 임진강 전투로 영국군 29여단은 심각한 타격을 받았다. 글로스터 대대의 부대원 59명이 전사했고, 98명이 행방불명되었으며 530명이 포로가 되어 북으로 끌려갔다. 부상을 당한 포로 180여 명 가운데 포로 생활 중에 숨진 사람도 34명이나 됐다. 탈출에 성공한 인원은 69명에 불과했다. 전투 중 부대 깃발을 중국군에 빼앗긴 수모를 당한 글로스터 대대는 영국군 전통에 따라 귀향하지 못한 상태로 남아 있다가 여왕의 특별사면을 받은 1994년에야 한국에서 최종 철수했다.

글로스터 대대 깃발은 현재 북한 '조국해방전쟁 승리관'에 보관, 전시되어 있다. 1957년 글로스터 장병들의 넋을 위로하고 공적을 기리기 위해 설마리전투비가 건립되었다. 전투비에는 "글로스터 연대 제1대대, 영 포병 제170포대

C소대, 이 양 부대는 자유를 수호하기 위하여 4일간이나 거대한 수의 적병에게 포위된 중에서 용감한 투지력을 발휘하였다"고 새겨져 있다. 해마다 4월 마지막 주 일요일 참전 군인이 참석한 가운데 영 연방의 참전기념행사가 열리고 있다.

19 당포성의 별이 된 유엔군 병사들

서울에서 양주를 거쳐 개성이나 평양으로 가는 가장 가까운 길목은 연천군 미산면 마전리 당개나루(당포나루)였다. 당개나루는 강을 쉽게 건널 수 있는 여울이 있어 삼국시대에 국경하천이던 임진강의 방어를 위해 성곽을 쌓았다. 임진강 당개나루터 절벽에는 고구려의 당포성이 들어섰다.

조선의 지리지에는 당포성에 대한 기록이 없으나 허목은 「무술주행기」에 "마전현 앞에 있는 강가의 절벽 위에는 옛 보루가 있는데, 지금은 총사가 들어섰다. 그 앞의 포구를 당포(堂浦)라고 하는데 큰물이 들면 나룻길이 열린다"라는 기록을 남겼다.

당포성의 별, SNS 성지 되다

당포성은 요충지인 당개나루를 통제하던 고구려의 방어용 성곽이었다. 17세기에 이미 '옛 보루'(古壘)라고 언급한 것으로 보아 조선시대에는 성곽으로 쓰이지 않은 것 같다. 고구려는 임진강과 당개나루로 흘러드는 샛강 사이에 형성된 13미터 높이의 임진강 수직 절벽을 이용해 성곽을 쌓았다. 현무암을 깎아서 쌓은 성곽의 규모는 서쪽 끝에서 동벽까지 200미터, 동벽 50미터, 전체 둘레는 약 450미터다.

당포성은 1994년 육군박물관이 이 일대 지표조사를 하면서 세상에 알려졌다. 발굴조사 결과 고구려가 성을 쌓았고 통일신라 시기에 개축된 것으로 밝혀졌다. 임진강변의 다른 성들처럼 북상하는 적을 방어하기 위해 고구려가 쌓은 성은 신라가 고쳐서 계속 사용하였다. 그만큼 성이 들어선 자리는 중요한 군사요충지였던 것이다. 고구려의 3대 성으로 불리는 당포성은 2008년 국가지정문화재 468호로 지정되었다.

코로나19 팬데믹 시기에 별 관측 명소로 인기를 끈 고구려 당포성.

복원된 당포성은 둔덕처럼 동쪽 성벽만 덩그러니 남아 있어 관방유적지(關防遺蹟地)의 참모습을 느끼기에는 부족하다. 하지만 탁 트인 임진강의 풍광과 성벽 위에 심어진 나무 한 그루가 갖는 정취는 여행객을 사로잡기에 충분하다. 어둠이 내리면 햇빛에 반짝이던 임진강의 물비늘은 하늘로 올라가 밤하늘의 별이 된다. 코로나19 팬데믹 시기에 갈 곳을 잃은 도시의 젊은이들이 임진강의 별을 보기 위해 줄지어 당포성에 올랐다. SNS를 통해 사진 찍기 좋은 곳이라는 입소문이 나면서 주말에는 방문객의 차량이 밀려들어 공무원들은 차량 안내를 하느라 야간 근무까지 해야 했다. 주차장 옆에는 텐트 설치, 캠핑금지 안내판까지 나붙었다. 잊혀진 옛 보루는 연천 관광의 전초기지가 되어 다시 생명력을 얻고 있다.

유엔군 전사자 4만 896명

당포성 옆 미산면 동이리 활엽수림 사이에 유엔군 화장장이 있다. 동이리 유엔군 화장장은 한국전쟁 중 희생된 유엔군 전사자들을 처리하기 위해 1952년 건립했다. 연천 금굴산 전투에서 벨기에군과 영국군의 전사자가 많이 발생하자 영국군이 화장장을 세워 운영한 것으로 전해진다. 건물의 벽과 지붕이 훼손되었으나 가장 중요한 시설인 화장장 굴뚝이 그대로 남아 있다. 굴뚝은 돌과 시멘트를 이용해 10미터 높이로 쌓았으며 휴전 뒤에도 잠시 사용되다가 폐기되었다. 2008년 국가등록문화재 408호로 지정되었다.

한국전쟁에는 전투부대 파병 16개국과 의료지원 5개국 등 21개국 175만 4,400명의 유엔군이 참전했다. 파병국은 미국, 영국, 캐나다, 콜롬비아, 호주, 뉴질랜드, 필리핀, 태국, 남아프리카공화국, 에티오피아, 벨기에, 프랑스, 그리스, 룩셈부르크, 네덜란드, 터키 등 16개국이고 스웨덴, 인도, 덴마크, 노르웨

연천군 백학면 문화해설사 금가현 씨가 유엔군 화장장에 대해 설명하고 있다.

이, 이탈리아 등 5개국은 의료를 지원했다. 유엔군 4만 896명이 한국전쟁에서 전사했다. 연천은 파병 16개 국가 군인들이 모두 전투를 치른 유일한 곳이다.

동이리 화장장에 앞서 연천군 중면 마거리에도 1951년 유엔군이 조성한 화장터가 확인되었다. 마거리 화장터는 건물이 유실되었지만 3.6미터 높이의 굴뚝 2개가 남아 있다. 유엔군은 마거리에 화장장을 조성해 운영하다가 전사자가 많이 발생해 처리시설이 부족하자 동이리에 화장장을 추가로 조성한 것으로 추정된다.

연천에서는 1950년 7월부터 1951년 10월까지 중국군 2만 1,500여 명과 유엔군 4,000여 명 등 모두 2만 5,500여 명의 사상자가 발생한 것으로 알려졌다.

인근 동두천시 자유수호평화박물관에는 유엔군의 활약상과 유물들이 전시되어 있다. 악몽에서 깨어나지 못하고 한 줌의 재로 산화한 이방의 젊은이들이 당포성의 별이 되어 쓸쓸한 밤하늘을 비추고 있다.

조선 태조가 고려 태조를 위해 숭의전을 세우다

미산면 아미리 임진강변 바위 절벽(앙암)에는 고려왕들의 사당인 숭의전이 있다. 고려 태조 왕건의 기도처였던 앙암사가 있던 곳에 1397년 조선 태조가 고려 태조의 위폐를 모시는 사당을 세운 것이 시초다. 고려 왕족과 유민에 대한 회유 차원에서 세웠을 것으로 추정된다.

1399년 고려 태조, 혜종, 성종, 현종, 문종, 원종(충경왕), 충렬왕, 공민왕 등 8왕의 위패를 봉안했는데, 세종 때인 1425년 조선의 종묘에는 5왕을 제사하는데 고려조 사당에 8왕을 제사하는 것은 합당치 않다며 태조, 현종, 문종, 원종 등 4왕만 봉향하도록 했다.

1451년 문종은 허물어져 가는 사당을 고쳐 짓고 고려 4왕과 강감찬, 김득배, 김방경, 김부식, 김취려, 배현경, 복지겸, 서희, 신숭겸, 안우, 유금필, 윤관, 이방실, 정몽주, 조충, 홍유 등 고려의 충신 16인을 배향하게 하고 앙암사에서 숭의전으로 바꿔 불렀다. 이 가운데 고려 개국에 가장 공이 컸고 태조 왕건의 4태사로 불린 복지겸, 홍유, 신숭겸, 유금필의 위패를 모신 배신청(陪臣廳)은 왕이 있는 숭의전을 향해 도열해 있다. 원래 왕건이 고려를 세우고 즉위한 뒤 홍유, 배현경, 신숭겸, 복지겸 등 4명을 '1등 공신'이라며 포상했는데, 배신청에는 배현경 대신 왕건을 평생 보필한 유금필이 들어가 있다.

▎숭의전 이야기를 엿듣던 부엉이는 어디로 갔을까?

600년 전 고려와 조선 두 왕조를 잇는 숭의전 이야기는 연천의 향토사학자 최병수 선생에게 들어야 제맛이다. 숭의전과 연천의 역사문화에 대해 애착과 자부심이 컸던 최 선생은 관광객들을 앙암재 마루에 앉게 하고 구성진 입담으로 숭의전에 대해 이야기를 풀어내곤 했다. 하지만 2021년 불의의 사고로 숨져 더는 그의 구수한 설명을 들을 수 없게 되었다.

숭의전 앞 강가에는 문종의 왕비 자손이 심었다는 600년 된 느티나무 두 그루가 심어져 있다. 무성한 느티나무 가지에는 천연기념물 부엉이가 살고 있었는데 2021년 자취를 감췄다. 숭의전의 숨은 이야기를 구성지게 풀어내던 사학자를 좇아간 걸까.

고려 왕과 충신들의 위패를 봉안하기 위해 조선 초기에 건립한 숭의전.

앙암 아래 임진강의 못인 중연은 종못이라고도 하는데, 고려 멸망 이후 왕건의 위패를 실을 돌배가 앙암에 이르자 천둥 번개가 치면서 봉우리 위 절에 있던 범종이 강으로 떨어졌다는 전설이 전해온다. 허목은 숭의전을 지나며 '오래된 종'에 관한 기록을 남겼다.

"노자암을 지나 석포에 이르니 강산의 경치가 내려올수록 더욱 아름다웠다. 강의 위쪽에 앙암이 있어 가장 기이한 절경을 이룬다. 앙암에는 바위봉우리, 높은 절벽, 중연이 있는데, 그 연못 속에는 오래된 종이 하나 잠겨 있어 나라에 난리가 나면 울린다고 한다. 이는 물건이 오래되어 신령스러워진 것이 아니겠는가. 석포에서 이 남쪽 강안까지는 모두 흰 자갈이 깔려있고 강안의 절벽은 모두 푸른빛이 감도는 바위들이다. 북쪽에는 고려왕들의 사당인 숭의전이 있다. 강물이 매우 깊어 강가 사람들의 말에 의하면, 앞에 용이 살고 있어 용이 나타나면 가뭄이 든다고 한다. 동쪽에 아미사가 있다."

석포는 숭의전 맞은편, 삼면이 임진강으로 둘러싸인 삼화리다. 삼화리에는 캠핑장과 펜션, 리조트가 들어섰다. 나라의 흥망성쇠를 알 리 없는 앙암의 바위봉우리, 강안 절벽의 푸른빛 감도는 바위 등 강산의 경치는 지금도 변함이 없이 아름답다.

숭의전에서 출발해 당포성, 임진강 주상절리, 무등리 보루를 거쳐 군남댐까지 19킬로미터 구간에 평화누리길 11코스(임진적벽길)가 나있어 5시간 동안 걸으며 한반도 중원의 역사와 자연경관을 즐길 수 있다.

20 임진강과 한탄강이 합류하여 항아리가 된 도감포

연천군 군남면 남계리에서 임진강과 한탄강이 합류한다. 합수머리의 이름은 도감포다. 도감포는 일제강점기 때만 해도 임진강을 따라 올라온 새우젓, 소금 배들이 정박하며 연천에서 생산된 곡물, 땔감, 도자기 등과 물물교환하는 큰 장이 형성되었던 곳이다.

도감포라는 지명은 당개나루에서 도감포까지 석벽에 둘러싸여 강이 항아리 형태로 생겼다고 해서 붙은 이름이다. 항아리 안쪽 즉 '독안'이 '도가미'가 되었고, 한자로 지명을 옮겨 쓰는 과정에서 '도감포'가 되었다. 옛 지리나 기행문에는 합수머리에서 임진강을 따라 전곡읍 마포리에 넓게 펼쳐진 지형과 미산면 동이리 앞의 강폭이 좁아지는 지점까지의 지형이 항아리를 닮았다 하여 독안이[壺內] 또는 호구협(壺口峽)이라 불렀다.

합수머리 지점은 북위 38선과 동경 127선이 만나는 곳으로 한반도 육지의 중심점인 '중부원점'에 해당한다. 이곳에 통일된 미래 한반도를 체험하는 통일부 연수기관인 한반도통일미래센터가 2014년 세워졌다.

합수머리에서 바라본 두 강의 색깔은 대조적이다. 청정지역인 DMZ를 지나온 임진강은 맑고 푸른 반면, 신천을 끼고 흐르는 한탄강은 탁한 옥빛을 띈다. 양주와 동두천 일대 공장에서 배출되는 염색 폐수가 정화되지 않은 채 신천을 통해 한탄강에 흘러들어 수질을 악화시키고 있어서다. 신천의 오염수가 유입되면서 한탄강에서 강수욕을 즐기던 피서 문화도 사라졌다. 경기도는 한탄강 유역의 4개 시군(양주 · 포천 · 동두천 · 연천)과 협약을 맺고 한탄강 수질 개선사업을 추진하고 있다.

늦가을 붉어지는 동이리 주상절리 적벽

한탄강은 북 강원도 평강군 추가령곡에서 발원해 철원과 포천을 지나 연천 미산면과 전곡읍 경계에서 임진강과 합류하는 136킬로미터의 강이다. 한탄이란 '한탄스럽다'는 의미가 아니라 '큰 여울'[漢灘]을 뜻한다. 화산 폭발로 형성된 추가령 구조곡의 좁고 긴 골짜기를 따라 절벽과 협곡이 발달하였고 남대천, 영평천, 차탄천 등 지류가 이어지며 절경을 만들었다. 도감포에서 임진강을 거슬러 마치 병풍을 쳐놓은 것 같은 수직의 주상절리가 2킬로미터가량 펼쳐진다. 25미터 높이의 깎아지른 동이리 주상절리 석벽은 10만~50만 년 전 한탄강을 따라 흐르던 용암이 임진강 쪽으로 거슬러 올랐음을 보여준다.

늦가을이면 담쟁이와 돌단풍이 붉게 물든 주상절리 석벽은 석양빛에 더욱 붉어져 '임진적벽'이라 불린다. 한반도의 배꼽으로 불리는 북 강원도 평강군 오리산(453미터) 일대에서 분출한 마그마가 굳어 철원, 포천, 연천 일대에 넓은 용암대지를 형성하였고 임진강을 만나 임진강 상류 쪽으로 역류하면서 현무암층이 만들어졌다.

현무암 주상절리는 분출한 마그마가 냉각될 때 수축하면서 암석에 틈이 생

동이리 주상절리 적벽. 한탄강의 용암이 임진강을 만나 역류하면서 현무암 주상절리가 만들어졌다.

겨 쪼개진 것으로 단면이 4~6각형이고 길쭉한 기둥 모양이다. 한탄강 · 임진강에 발달한 주상절리는 제주도 중문해안, 정방폭포, 천지연폭포 등의 주상절리보다 규모가 더 크고 웅장하다. 두 강의 합수머리에서는 여러 형태의 주상절리를 볼 수 있다. 한탄강은 지질학적 우수성이 국제적으로 인정되어 제주, 청송, 무등산에 이어 2020년 국내 네 번째로 유네스코 세계지질공원으로 인증받았다.

한탄강이 지나는 연천, 포천, 철원에 한탄강 주상절리길이 조성되어 관광자원으로 활용되고 있다. 연천 구간은 도감포에서 고구려의 3대 성 가운데 하나인 은대리성을 지나 전곡리 선사유적지까지 고즈넉한 한탄강을 즐길 수 있다.

여자친구와 한탄강에 놀러왔다 주먹도끼 발견

지질학적으로 전혀 다른 성질의 한탄강과 임진강이 만나는 지점에는 주상절리와 함께 자갈밭이 넓게 펼쳐져 있다. 현무암 협곡을 흐르는 한탄강과 완만한 평야 지대를 가로지르는 임진강이 만나는 도감포의 풍광은 엄숙하고 장엄하다. 허목은 도감포를 지나며 도가미에 흰 자갈과 모래펄이 많았다고 기술했다.

"수심이 얕은 여울이고 또 맞바람이 불어 돛을 내리고는 배를 끌고 물길을 거슬러 올라갔다. 오강을 지나자 거센 물살이 한풀 꺾이고 바람도 순해지기에 다시 돛을 올리고 호구협을 향해 올라갔다. 여울의 바위들이 매우 험준하였는데, 이곳이 바로 마차산의 북쪽 기슭으로 산이 깊고 물살이 급하다. 영평에서 내려오는 물이 이곳에서 합류하는데, 여기를 상포라고 부른다. 상포의 동쪽이 도가미인데 흰 자갈과 모래펄이 많았다."

허목이 보았던 도감포의 흰 자갈은 전곡리 구석기인들이 주먹도끼를 만들었던 규암과 응회암이다. 구석기인들은 지천으로 깔린 밝은 갈색을 띠는 규암의 원석을 갈고 깎아 석기로 사용했다.

전곡리 전기구석기 유적은 1978년 동두천에서 주둔하던 주한미군 그레그 보엔(1950~2009)에 의해 처음 발견되었다. 미국 캘리포니아 빅터 밸리 대학에서 고고학을 전공한 보엔은 한국인 여자친구와 한탄강에 놀러 왔다가 자갈밭에서 동아시아 최초로 아슐리안형 주먹도끼를 발견했다. 코펠에 커피를 끓이기 위해 주변의 돌을 줍던 보엔의 눈에 심상치 않은 모양의 돌들이 들어왔다. 기념비적인 발견임을 직감한 그는 프랑스 구석기 대가인 프랑수아 보르드 교수에게 편지를 보내 이 같은 사실을 알렸고, 보르드 교수가 서울대 김원룡 교수를 소개함으로써 본격적으로 조사가 이뤄졌다. 17차례 발굴조사를 통해 주먹도끼, 사냥돌, 주먹찌르개, 긁개, 홈날, 찌르개 등 6천 점 이상의 다양한 석기가 출토되었다.

미국에 돌아가 고고학자가 된 보엔은 2005년 연천군 초청으로 한국인 아내와 함께 28년 만에 전곡리를 방문했다. 그는 한국이 자기 인생에서 두 가지를 선물했다며, 전곡리 유적과 한국인 아내를 들었다. 전곡리에서 발견된 아슐리안형 주먹도끼들은 당시 구석기문화를 주먹도끼의 존재 유무를 통해 동아시아와 아프리카 · 유럽으로 이분하던 모비우스의 학설을 정면으로 반박하는 증거가 되었고 세계 구석기, 고인류학계에 파문을 던졌다. 모비우스 학설이란 동아시아에는 주먹도끼 없이 찍개만 발견되므로 유럽에 비해 문화적으로 뒤처졌다는 이론인데, 그레그 보엔의 발견으로 이 학설이 뒤집히고 만 것이다.

21 징파도 부엉바위에 올라탄 전두환 일가

동이리를 지나 왕징면 무등리와 군남면 진상리 사이에는 임진교가 있다. 예전에 화이트교가 있던 자리다. 한국전쟁 당시 미군 공병대대 소속 화이트 소령이 만들었던 화이트교는 건설 당시 통나무로 만든 기둥에 나무판자를 깐 길이 205미터, 폭 5.4미터의 다리였으나, 1970년 잠수교 형태의 콘크리트 다리로 개축되었다. 하지만 물의 저항을 적게 받기 위해 다리에 난간을 세우지 않아 추락사고가 잦았고, 장마철에는 침수되어 통행이 어려웠다. 이에 1994년 화이트교에서 200미터 떨어진 곳에 길이 431미터, 너비 10.5미터의 임진교를 놓기 시작했다. 화이트교는 2003년 10월 완전히 철거되었다.

전두환 일가 별장으로 쓰인 허브빌리지

징파나루에는 북삼교가 놓여있다. 38선 이북이었던 북삼리는 전쟁 이후 민간인통제구역으로 묶였다가 1972년 입주가 이루어졌다. 국가정책에 따라 강원도 화전민과 소양강댐 수몰민이 먼저 입주해 토박이보다 외지인이 더 많다. 주민들은 전쟁으로 묵은 땅을 개간해 율무와 참깨, 콩 농사를 지어 먹고 산다. 지뢰 때문에 발목이 잘리기도 하고 소가 죽어나기도 했다.

북삼교 아래 바위벼랑이 있는데 부엉이가 산다는 부엉바위다. 한자로는 휴류암(鵂鶹巖)이고 그 아래 강여울이 휴류탄이다. 북삼리 노인들은 이 바위를 영험하게 여겨 올라가지 않았고 지날 때마다 허리를 굽혀 절을 했다고 한다.

이 부엉바위에 지금은 국내 최대의 허브농장 겸 테마공원인 허브빌리지가 앉아있다. 5만 7,000평방미터 규모의 허브빌리지는 '광주 학살'의 주역 전두환(1930~2021)의 장남 전재국이 2006년 조성해 전 씨 일가의 별장으로 사용되었다. 조성 당시 전두환의 비자금이 사용된 것 아니냐는 의혹이 일었다.

2009년 전두환 부부는 5공화국 시절 고위관리들을 허브빌리지로 초청해 결혼 50주년 연회를 열었다. 검찰의 압수수색 과정에서 고가의 미술품이 다수 발견되기도 했다. 2013년 전두환 추징금 미납으로 정부에 환수된 뒤 2015년 경매를 통해 인수한 마리오아울렛에서 운영하고 있다.

전두환은 1997년 뇌물수수와 반란 등 혐의로 대법원에서 무기징역과 함께 추징금 2,205억 원을 선고받았다. 하지만 "재산이 29만 원뿐"이라며 16년간 미납 추징금 1,672억 원을 내지 않고 버텼다. 검찰은 추적조사를 통해 1,703억 원의 재산을 확보해 환수에 나섰으나 2021년 전두환의 사망으로 900억 원이 넘는 미납 추징금 환수에 실패했다. 그는 마지막 순간까지 자신의 행동을 뉘우치거나 사과하지도 않아 그의 죽음을 슬퍼하는 국민은 많지 않았다. 최근 수면에 잠겨있던 거대 비자금의 실체를 폭로한 이가 아이러니하게도 손자 전우원이라는 사실을 보면 역사의 수레바퀴를 굴리는 이가 아주 맹인은 아닌가 보다. 허브빌리지에 조형물로 자리한 주상절리 돌기둥과 신라 삼층석탑, 대장 거북바위가 말 없는 목격담을 바람에 실어 보낸다.

문장가는 사라져도 문장은 남는다

'맑은 물이 파도치는 나루'라는 뜻의 징파나루[澄波渡]는 고려사에 등장할 만큼 오래된 나루였다. 고려 후기 문신 배중부는 징파도에서 한 폭의 동양화 같은 시를 남겼다.

"징파 강물에 이끼 낀 바위 잠겼는데, 가랑비 비낀 바람 길손의 배를 보내네. 맞은편 언덕 고기 잡는 마을에 술 있는 걸 알았으니, 흥이 나면 봄옷 맡기기 알맞겠네." 또 조선의 실학자 이중환은 택리지(1751)에서 "토산을 지나 삭령의 징파도에 이르면 강산이 맑고 깨끗하여, 비로소 서울 사대부의 정자와 누각이 나타나게 된다"고 기록했다.

이제 실어 나를 게 없어진 징파나루는 희미한 옛 그림자만 남아 있다. 징파나루에서 허목은 2박 3일간의 한강, 임진강 뱃길여행을 마쳤다. 그는 「무술주행기」의 마지막 문장을 "대체로 강가에 기록할 만한 옛날 일들이 많이 있겠으나 물어볼 만한 곳이 없었다. 징파도부터는 배에서 내려 집으로 돌아왔다"고 적었다.

징파나루 북쪽 접경지역에는 허목이 말년을 보낸 은거당 집터가 남아 있고 묘도 가까이 있다. 허목은 1633년 부친상을 당한 뒤 이곳에 작은 띳집을 지어 거처로 삼았는데, 불에 타 없어지자 이 소식을 접한 임금이 집 한 채를 지어주었다. 허목은 '은혜에 감사하며 머문다'는 뜻으로 집 이름을 은거당(恩居堂)이라 지었다.

허목은 당시 사대부들이 잘 머물지 않은 연천에서 집을 가꾸고 지인들과 함께 임진강 뱃놀이를 즐기며 많은 글을 남겼다. 주로 징파나루 근처 징파강이나 웅연에서 뱃놀이를 즐겼는데, 추석 전날 밤 여섯 명이 배를 타고 달을 감상한 「웅연범주기」가 그의 문집인 『기언』(記言)에 남아 있다. 문장가는 사라졌지만 문장이 남아 이 일대를 찾는 여행자를 마중하고 배웅한다.

허목 이후 웅연 뱃놀이는 그를 흠모하고 풍류를 즐기던 조선 사대부들의 버킷 리스트가 되었다. 진경산수화의 대가 겸재 정선은 1742년, 경치가 워낙 뛰어나 장님도 눈을 떴다는 징파강 '개안마루'에서 〈우화등선〉(우화정에서 배를 타다)과 〈웅연계람〉(웅연나루에 배를 대다)이라는 작품을 남겼다. 당시 양천 현령으로 있던 정선은 경기도 관찰사 홍경보의 초대를 받아 연천 현감으로 있던 시인 신유한과 함께 셋이서 임진강을 유람했다. 흥이 오르자 홍경보가 노래를 부르고, 신유한은 시를 짓고, 정선은 그림을 그렸다. 두 작품은 『연강임술첩』에 실려 있다. 연강(漣江)은 임진강 연천 구간을 일컫는다.

옥녀봉 정상에서 북녘을 향해 인사하는 그리팅맨

임진강 건너로 북녘 땅과 4킬로미터 떨어진 군남면 옥녀봉 정상에 10미터 높이의 조각상 '그리팅맨'(Greeting Man)이 세워졌다. 알루미늄 주물 4.5톤을 사용해 탄생한 푸르스름한 빛의 알몸의 거인은 북쪽을 향해 15도가량 머리를 숙여 인사를 하고 있다.

옥녀봉에서 만난 그리팅맨의 작가 유영호 씨는 "머리 숙여 인사하는 것은 자신을 낮춰 상대를 존중하고 마음을 연다는 것을 의미한다. 연천에 그리팅맨을 세운 것은 남북이 소통하며 화해와 평화의 길로 나아가자는 뜻이 담겨 있다"라고 말했다.

군남댐과 태풍전망대 사이 접경지역에 자리한 옥녀봉은 해발 207미터의 야트막한 봉우리지만 주변에 막힘이 없이 탁 트인 데다 임진강 줄기를 조망할 수 있어 삼국시대부터 쟁탈전이 벌어졌던 요충지다. 유 작가는 "단순히 사람이 많이 모이는 곳보다는 오래도록 작품의 의미를 새길 수 있는 곳이 더 중요하다. 옥녀봉을 보고 첫눈에 반했다. 작가라면 누구라도 작품을 세우고 싶을 장소다"라고 했다. 그는 북쪽 산봉우리에도 같은 크기의 그리팅맨을 세워 남북이 서로 마주 보며 인사하도록 작품을 구상했지만 남북관계 경색 때문에 북쪽 설치 작업은 숙제로 남겨뒀다.

연천군 군남면 옥녀봉 정상에서 북녘을 향해 인사하는 그리팅맨.

'인사하는 사람'을 뜻하는 그리팅맨은 유영호 작가가 지구촌 분쟁지역에 소통과 화해의 메시지를 전하고자 추진하는 글로벌 프로젝트다. 2012년 우루과이의 수도 몬테비데오에서 첫 작품을 선보인 데 이어 한국전쟁의 격전지로 분단의 고통을 겪은 강원도 양구군 해안면과 제주도 서귀포에 2, 3호를 설치했다. 태평양과 대서양, 북아메리카와 남아메리카를 잇는 문명의 통로 구실을 해온 파나마에 네 번째 작품을 세웠다. 앞으로도 전쟁의 고통을 겪었거나 역사적으로 의미가 있는 장소에 평화의 메시지를 담은 그리팅맨을 계속 세워나갈 계획이라고 한다.

22 천연기념물이 된 횡산리 두루미 도래지

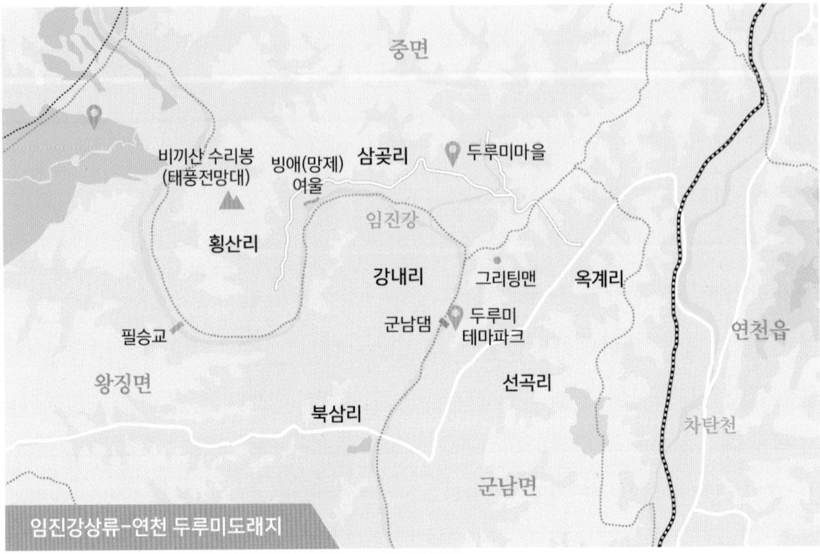

허목이 배에서 내린 북삼리에서 임진강은 태극 모양을 그리며 한바탕 크게 휘감아 돈다. 태극의 남쪽은 강내리, 북쪽은 횡산리, 그 중간쯤에 삼곶리가 자리한다.

강내리~선곡리 사이에는 임진강 본류를 가로지르는 군남댐이 2010년 들어섰다. 북한의 황강댐 방류에 대비한 홍수 조절이 주목적인 이 댐은 높이 26미터, 길이 658미터, 총 저수량 7,160만 톤으로 수문 13개를 갖추었다. 댐 공사가 진행되던 2009년 북이 황강댐 물을 방류해 연천에서 6명이 숨지는 사고가 발생하자 예정보다 1년 앞당겨 공사를 마쳤다.

군남댐에 잠자리 빼앗긴 삼곶리 두루미

군남댐은 홍수 조절 단일목적댐으로 건설되었지만 해마다 10월 중순부터 이듬해 3월 중순까지 물을 가둔다. 임진강 하류 쪽 농업용수 공급을 위해서다. 담수 기간은 멸종위기에 놓인 천연기념물 두루미들이 임진강을 찾는 시기와 정확하게 겹친다. 군남댐의 담수로 두루미들이 잠자리로 즐겨 사용한 댐 상류 3킬로미터 지점에 자리한 장군여울이 물에 잠기게 되었다. 장군여울은 강내리와 삼곶리를 오가는 나룻배가 다녔던 장군이나루터 주변의 얕은 여울이다. 임진강 물길 가운데 자갈 섬 모양을 이룬 장군여울은 500미터 상류의 망제여울과 함께 연천에 두루미류가 정착한 2000년 이후 가장 좋아하는 월동 장소가 되었다. 주변에 먹이터인 율무밭이 있고 흐르는 물살 때문에 겨울에도 얼지

임진강 군남댐. 북한 황강댐 방류에 대비하기 위해 홍수조절용으로 만든 댐이다.

않아 천적을 피해 안전하게 잠을 자고 다슬기도 잡아먹을 수 있는 천혜의 조건을 갖추었다.

수자원공사는 댐 공사에 앞서 주변에 대체 서식지를 마련했으나 먹이터와 잠자리를 결정할 권한이 있는 두루미들로부터 외면당했다. 장군여울을 이용하지 못하자 수백 마리의 두루미들이 상류 쪽 망제여울로 몰려들어 심각한 과밀현상을 빚고 있다. 수자원공사가 2022년 겨울 군남댐 수문 보강공사를 위해 담수 시기를 늦추자 두루미들이 찾아왔다가 두 달 뒤 담수를 시작하자 다시 피난을 떠나야 했다.

두루미 먹이터였다가 버려진 강내리 홍수조절지에도 경기도와 전국농민회총연맹이 2021년 21만 평방미터 규모의 남북 공동경작지인 '평화농장'과 완충 습지를 조성하자 두루미들이 다시 찾아왔다. 연천 임진강이 세계적인 두루미 서식지가 되기 위해서는 아직 넘어야 할 산이 많다.

망제여울이냐 빙애여울이냐

2022년 5월 12일, 군남댐~필승교 구간의 두루미류 도래지가 천연기념물로 지정됐다. 세계적인 두루미 서식지가 되기 위한 첫 단추를 채운 셈이다. 이 구간은 임진강 여울과 갈대밭, 습지, 농경지가 어우러져 두루미들이 먹이를 구하고 겨울을 나기에 적합한 환경이다. 이런 이유로 매년 약 1,500여 마리의 두루미·재두루미가 연천 임진강 일대를 찾고 있다. 이는 면적대비 가장 많은 개체 수이며, 같은 종으로 따지면 전 세계 개체 수의 13퍼센트에 해당한다.

두루미들이 가장 많이 찾는 횡산리 망제여울은 남방한계선 턱밑의 민간인통제구역에 자리한다. 국제두루미재단 대표인 조지 아치볼드 박사가 세계에서 가장 아름다운 두루미 서식지로 꼽은 곳이다. 20~30센티미터의 얕은 여울

연천군 횡산리 임진강 망제여울로 두루미들이 떼를 지어 날고 있다.

로 겨울에도 얼지 않아 두루미가 물고기나 다슬기를 잡아먹을 수 있고 천적을 피할 수 있는 최적의 잠자리다.

임진강 남한 수계의 시작점인 필승교에서 2.7킬로미터 떨어진 이 여울의 이름을 놓고 망제여울이냐, 빙애여울이냐 논란이 많다. 대체로 망제(望諸)여울이라 부르는 데 동의하고 있으나 연천의 환경운동가 이석우 씨는 빙애(氷崖)여울이라 부르기를 고집한다. 빙애란 삼곶리에서 횡산리로 이어지는 임진강가 얼어붙은 절벽을 말하며, 한국전쟁 전에는 남양 홍씨 20여 가구가 살았던 마을 이름이다. 망제여울은 빙애 남쪽에 소와 큰 바위 2개가 솟아있었던 군개 앞 여울을 말한다. 허목은 「횡산기」에서 "망제탄 아래 장군탄이 있다"며, 이

여울을 망제탄이라 불렀다.

환경단체는 임진강의 생태계 보전을 위해 이 일대의 핵심구역 땅 매입에 나서고 있다. 한국내셔널트러스트는 2019년 6월 연천 임진강 일대가 유네스코 생물권보전지역으로 지정된 뒤 민간단체 최초로 '임진강 망제여울 두루미 서식지' 약 1천 평을 매입했다. 매입 지역은 횡산리 밭으로 두루미류 500여 마리가 안정적으로 월동하는 곳이다. 이 단체 김경도 DMZ위원장은 천연기념물로 지정된 핵심구간 5만 평을 서둘러 매입해야 한다고 주장했다. 김 위원장은 "군남댐~필승교 구간을 천연기념물로 지정한 것은 행위 제한을 무릅쓰고 횡산리 · 삼곶리 주민들이 동의해줘서 가능했다. 주민들이 전에는 산업단지 유치 이야기만 했는데 지금은 임진강 · 한탄강 생태보전을 통해 먹고살 수 있다는 쪽으로 생각이 많이 바뀌었다"고 평가했다.

민통선 축소, 풀기 어려운 딜레마

삼곶리는 1,800년의 역사를 가진 유서 깊은 마을이다. 전쟁 뒤 민통선으로 남았다가 1980년 민간인 입주가 허용되었다. 초기 입주자들은 마을에 거주하지 못하고 인근 옥계리에서 출퇴근하며 농토를 일궜다고 마을 이장 최병남 씨는 설명했다. 삼곶리 앞 모래언덕에는 3세기 백제 초기에 조성된 것으로 추정되는 돌무지무덤이 있다. 임진강가의 모래언덕을 평평하게 정리한 다음 그 위에 자갈돌로 길이 28미터, 너비 11미터의 대형 무덤터를 만들었다. 2개의 무덤터에서는 유리, 호박, 마노제의 작은 구슬로 만든 목걸이와 쇠로 만든 화살촉, 청동환이 출토되었다. 고구려 이주민이나 백제의 지방세력과 관련된 무덤으로 여겨졌으나, 최근에는 경기 북부와 영서 지역에 분포한 예(濊)계 집단의 무덤으로 보는 견해도 있다.

삼곶리에서 민통선 마을인 횡산리로 진입하려면 민통선 제5초소를 거쳐야 한다. 인근 주민과 영농인, 탐방객 등 수백 명이 날마다 출입하는 관문이다. 이 관문은 출입자에게 일일이 신분확인과 보안 각서를 작성하게 하는 복잡한 절차로 불만이 잇따랐다.

연천군은 주민과 토지주의 불만을 해소하고자 2021년 12월 1일 검문초소를 2024년까지 횡산리 방향으로 3킬로미터가량 북상 조정하기로 육군 28사단과 합의각서를 체결했다. 연천군 공무원은 “민통선 북상이 완료되면 주민들은 자유로운 영농활동과 재산권을 보장받을 수 있고, 지역 내 인구 유입 등 실질적인 효과도 나타날 것”이라고 기대했다. 연천군은 전체 면적 676평방킬로미터 중 95퍼센트가 군사시설 보호구역이며, 이 가운데 민간인통제구역이 37퍼센트를 차지해 지역발전의 저해요인으로 꼽혀왔다.

그러나 민통선 북상은 군남댐 건설에 버금갈 만큼 두루미에게 심각한 위협이 될 것이다. 연천 두루미의 최대 잠자리인 망제여울에 대한 빗장이 풀리는 것을 의미하기 때문이다. 차량과 인파에 노출되면 두루미들이 망제여울을 이용하기 어렵고 민통선 해제로 외지의 땅 주인들이 마구잡이 개발에 나설 가능성도 제기된다.

민통선에 대한 출입제한을 풀어 주민의 자유로운 활동을 보장하는 것과 그로 인한 생태계의 파괴는 늘 딜레마를 일으키는 문제이다. 주민이 출입할 수 없는 통제구역의 외지인 소유 농지에 건설폐기물 등을 대량 매립한 사례도 임진강 주변에는 많다. 민통선 북상에 앞서 개발 또는 규제에 대한 민주적인 토론과 기준 마련이 필요한 시점이다.

23 북한과 가장 가까운 태풍전망대에 올라

횡산리는 연천 유일의 민통선 마을이다. 횡산(橫山)이라는 이름은 태풍전망대가 들어선 비끼산에서 유래되었다. 임진강 동쪽으로 야트막하게 펼쳐진 횡산에서 임진강으로 합류하는 개울은 수달이 서식할 정도로 청정상태를 유지하고 있다. 허목은 횡산마을을 칭송하는 「횡산기」를 남겼다.

"횡산은 연천의 북쪽 강가에 있는 아름다운 마을이다. 소나무숲과 모래밭이 아래위로 널려있고, 남쪽 언덕은 모두 층암절벽이며, 펼쳐져 있는 산에는 숲이 우거졌고, 그 앞에는 옛 나루터가 있다. 강 가운데 돌이 많아 배가 돌을 비키고 스치며 지나는데, 물살이 제법 세차서 자칫 실수하면 배가 돌에 걸려 건너갈 수 없게 된다. 서쪽으로 장경대 석벽이 바라보이고, 동남쪽이 석지협구인데, 절벽 위에 도영암이라는 멋스런 절이 있다. 도영암 법당이 임진강을 굽어보고 있어, 중이 가사를 입고 검은 두건을 쓰고 염주를 굴리며 불경을 외는 것과, 도끼를 들고 나무하는 사람, 물동이를 들고 물 긷는 사람이며, 쌀 씻는 사람과 빨래하는 사람들의 그림자가 모두 그 밑 깊은 못에 비치므로 내려다보면 마치 거울을 보는 것 같다. 그 아래는 망제탄이라는 여울이요, 또 그 아래는 장군탄인데, 장군탄 아래 웅연 석벽에서 이상한 석문을 보았으며, 강가에는 석린과 석묵이 나고, 오랫동안 장수하는 사람들이 많았다."

▌문치에 치우쳐 문약함에 빠질까, 세종의 강무장

횡산 곧 비끼산 능선에는 벙커와 참호 등 군사시설이 촘촘히 설치되어 있다. 옛날 고구려와 백제, 신라의 옛 성터의 흔적이 산재한 횡산은 오랜 기간 백제와 고구려 사이의 국경방어선이었다. 이 때문에 전란의 참화를 피할 수 없었던 비운의 격전지이기도 했다.

초기 백제의 왕들은 횡산에서 사냥하며 국토 순시를 했고, 접경지역의 군사 동태와 지역민의 정서를 파악했다. 또 국가 위기가 닥칠 때는 이곳에서 국운 융성과 강토 및 사직 보존을 위한 제사를 올리기도 했다. 고대국가에서 임금의 사냥은 곧 군사훈련과 사열을 의미하는 것이다. 일제 이후 사냥은 전문 엽사에 의한 산짐승 포획으로 의미가 통용되고 있지만, 고려시대와 조선시대에도 임금의 사냥은 군사훈련과 무예 연마, 사열의식으로 통용됐다.

이와 관련된 기록은 『고려사』, 『조선왕조실록』을 비롯해 많은 옛 문헌이 상세히 전하고 있다. 특히 조선시대에는 문치에 치중해 무인들의 기강이 흐트러지고 문약함에 빠질까 염려하여 선대 왕들이 역대 임금들에게 '강무'를 강조했다. 강무(講武)란 국왕이 직접 참여하는 군사훈련을 겸한 사냥 행사다. 세종은 역대 어느 왕보다도 강무에 적극적이었는데, 『세종실록』에 따르면 재위 기간 19회에 걸쳐 93일이나 철원, 연천지역에서 강무하였다. 세종은 강무를 통해 군사훈련뿐만 아니라 잡은 짐승을 종묘 제사에 바침으로써 왕실의 권위를 높이고 통치체제의 기반을 조성하고자 했다. 한양 도성과 강무장 사이를 오가는 강무 행렬을 통해 백성들에게 보여주는 전시효과도 컸을 것이다.

총성이 하늘을 가르고 목책이 철책으로 바뀌다

횡산리에서 가장 높은 비끼산 수리봉(264미터)에는 1991년 태풍전망대가 들어섰다. 산 정상에 독수리 모양의 큰 바위가 있어 수리봉이라 불렀다. 태풍전망대에서 군사분계선까지 거리는 800미터로, DMZ 구간에 설치된 12개의 전망대 중 북한과 가장 가깝다. 38선 이북이었던 태풍전망대 입구에는 "제자리 사수! 싸움터에서 이기는 영웅!"이라는 구호가 걸려있다.

DMZ 폭이 줄어든 것은 1960년대 이후 남과 북이 DMZ 안에서 상대의 움직임을 잘 관측할 수 있는 고지를 확보하기 위해 군사분계선 쪽으로 철책을 앞당긴 탓이다. 양쪽이 군사분계선 쪽으로 전진 배치한 철책은 '추진철책'이라 부른다.

태풍전망대를 안내하는 병사는 "북이 1968년 먼저 휴전선 쪽으로 철책선을 옮기고 비무장지대 안의 높은 지형에 진지 형태의 관측소(OP)를 세워 정전협정을 위반했다. 아군도 이에 대응해 1979년 유엔사의 허가를 받아 남방한계선 철책을 1.2킬로미터 안쪽으로 옮기고 비무장지대 고지에 OP를 세웠다"고 설명했다. 그 결과 이 지역은 정전협정에서 설정한 남북 4킬로미터 DMZ의 실제 범위가 가장 많이 줄어든 곳이 되었다. 2013년 녹색연합이 군의 협조를 얻어 비무장지대를 실측 조사한 결과, 남북의 추진철책으로 정전 당시 992평방킬로미터였던 DMZ 면적은 570평방킬로미터로 43퍼센트쯤 축소되었다.

비무장지대의 축소와 함께 중무장화는 정전협정 위반이다. 정전협정에는 비무장지대 출입은 민사행정과 구제사업을 위한 목적에 한하고, 출입자는 양쪽이 각 1천 명이 넘지 않아야 한다고 합의했다. 또 실제 신분은 군인이지만 군인 출입을 금한 정전협정에 따라 이름을 바꿔 단 민정경찰(DMZ Police)의 무장도 반자동소총으로 제한해 연발사격이 불가능하도록 했다. 대규모 군사충돌을 방지하자는 취지였다.

하지만 북이 1950년대 후반 소련제 AK 자동소총을, 국군도 1960년대 말 M16 자동소총을 배치한 뒤 남북은 1970~90년대까지 기관포 등 각종 중무기를 앞다퉈 배치하고 병력을 크게 늘렸다. 정전협정 뒤 다소 느슨하던 휴전선 일대는 1960년대 중반 냉전이 격화되면서 급변하기 시작했다.

휴전선 일대에서 군사적 충돌이 잦자 국군은 1967년부터 남방한계선을 따라 기존에 설치한 목책을 철책으로 바꿔나갔다. 1965~69년 사이 비무장지대에서 벌어진 총격전은 무려 415건에 이르렀고 수백 명이 전사했다. 1969년 '닉슨 독트린' 이후 휴전선 일대에서 군사충돌은 크게 줄었고, 1990년대 이후 군사충돌은 거의 발생하지 않고 있다.

강은 무심히 흐르며 아무 일 없다 하네

임진강을 경계로 벌어진 한국전쟁에서 남북은 어느 쪽도 임진강을 온전히 차지하지 못했다. 고대 삼국의 국경방어선이었던 임진강은 남북한이 대치한 군사분계선으로 바뀌어 또다시 민족사의 비극의 땅으로 변모하였다.

파주 오두산~장단반도에서 국경선 구실을 했던 임진강은 태풍전망대 앞에서 다시 국경선이 되었다. 강 위에 그어진 군사분계선은 아무런 표시도 없다. 대략 4킬로미터쯤 길이로 짐작만 할 뿐, 안내하는 병사들도 딱 부러지게 설명하지 못한다. 무심한 강은 주변 산과 한데 어울리며 아무 일 없다는 듯 남북으로 태연하게 흐른다.

태풍전망대 너머로는 북한의 4월5일댐 1호와 군자산, 고왕산, 마량산, 베

북한과 가장 가까이 위치한 연천군 중면 횡산리 태풍전망대. 군사분계선까지 거리가 800미터에 불과하다.

임진강의 남한 쪽 최북단 지점. 중간을 가르는 군사분계선 북쪽으로 162킬로미터의 강줄기가 이어진다.

티고지, 노리고지 등 한국전쟁 당시 격전을 벌였던 중서부 전선이 펼쳐진다. 4월5일댐은 북이 전기를 생산하기 위해 임진강 상류에 만든 소형 댐으로 2001~2002년 1~4호가 들어섰다. 1, 2호와 3, 4호 댐 사이에 저수량 3억 5,000만 톤 규모의 황강댐이 2007년 건설되어 물 부족과 물난리가 반복되자 남쪽은 부랴부랴 2010년 군남댐을 지었다. 불과 10년 사이에 댐 6개가 들어선 임진강은 누더기가 되었다.

태풍전망대에서는 망원경이 없이도 DMZ 안 드넓은 개활지와 남북 DMZ 안에 세워진 GP, 철책선을 모두 볼 수 있다. 가장 가까운 북한 초소는 임진강 변 노리고지에 세워져 있다. 북한 쪽 GP는 1950년대부터 지하 벙커로 구축되어 겉모습은 오두막처럼 작지만 남한 쪽 GP 못지않게 견고하다고 한다. 반면 주요 봉우리마다 세워진 남쪽 GP는 중세의 성채처럼 웅장한 모습이어서 대조적인 모습을 보인다. 북 GP에는 두 개의 붉은 깃발이 게양되어 있는데, 하나는 북한 인공기이고 다른 하나는 인민군 육군기다. 남 GP는 DMZ를 유엔사가 관할하므로 유엔기와 태극기가 나란히 게양되어 있다. 북 GP는 약 160~200개, 남 GP는 약 90~100개인 것으로 알려져 있다.

봄이 되면 개활지인 오장동 농장에서 북한 주민과 군인들이 소와 경운기를 몰고 와 밭갈이를 시작한다. 겨울에는 두루미들이 DMZ를 오가며 평화 분위기를 연출한다. 민간인통제구역인 중면 마거리, 적거리에서 먹이활동을 하는 두루미 100여 마리가 군사분계선 주변 임진강 여울을 잠자리로 이용한다. 군사 OP지역인 태풍전망대 주변은 온통 지뢰밭으로 변했다.

횡산리 북쪽에는 더 긴 임진강이 있지만 군사분계선이 가로놓여 갈 수가 없다. 총 길이 254킬로미터 중 우리가 상상조차 하기 어려운 162킬로미터 길이의 임진강이 북녘을 흐르고 있다.

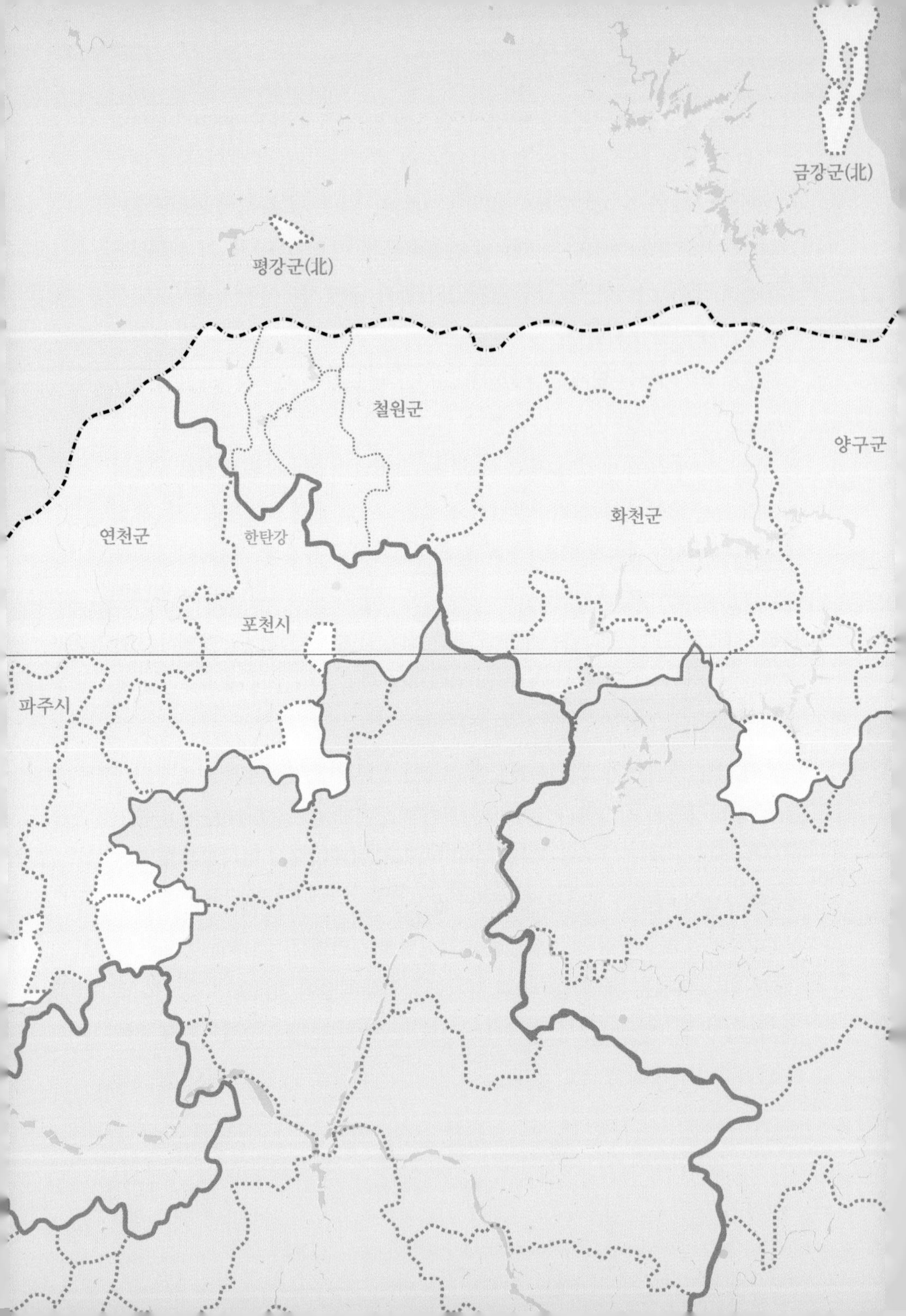
금강군(北)
평강군(北)
철원군
양구군
화천군
연천군
한탄강
포천시
파주시

3

강원도 이야기

철원, 화천, 양구, 인제, 고성

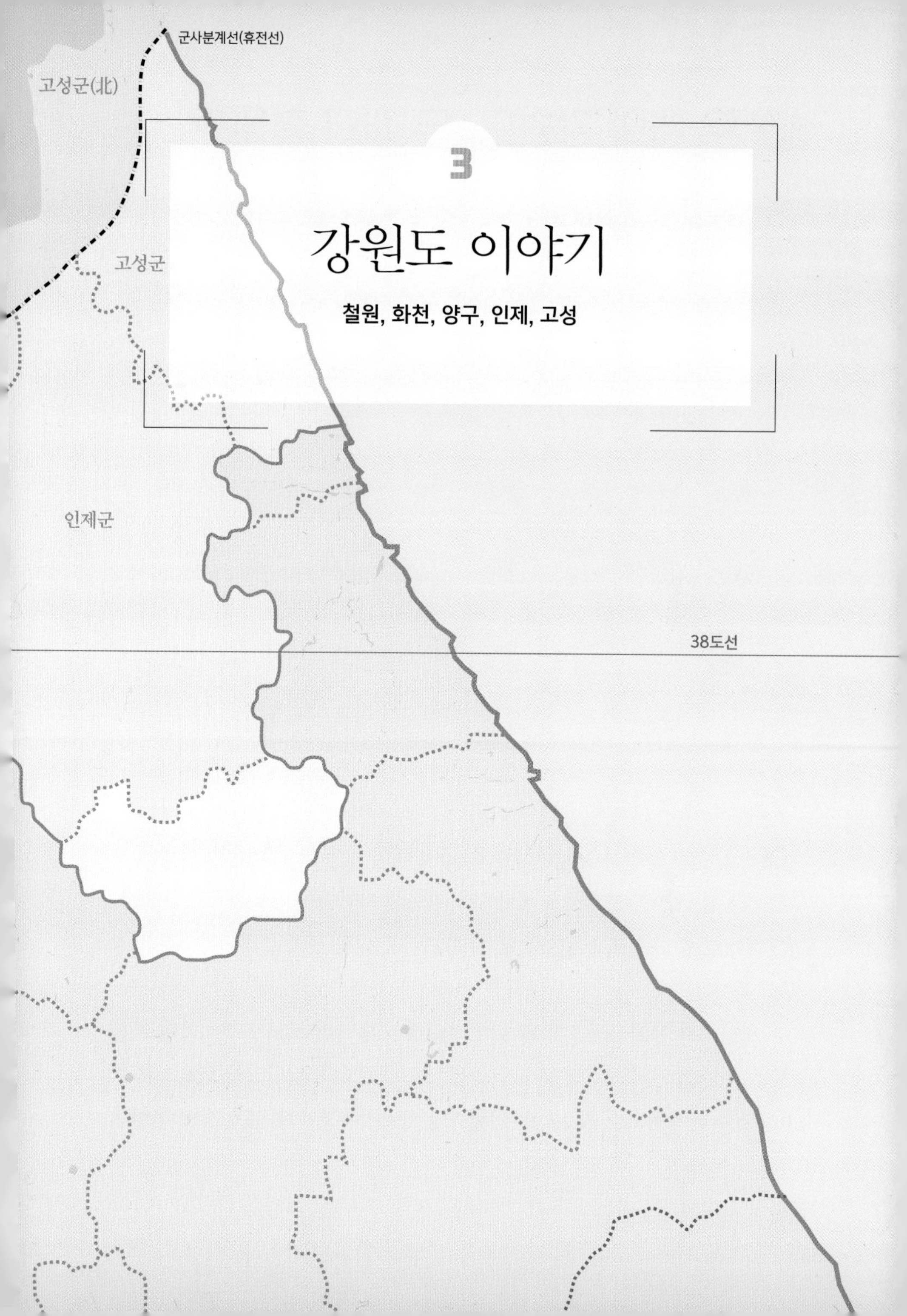

1 두 개의 강원도, 두 개의 철원

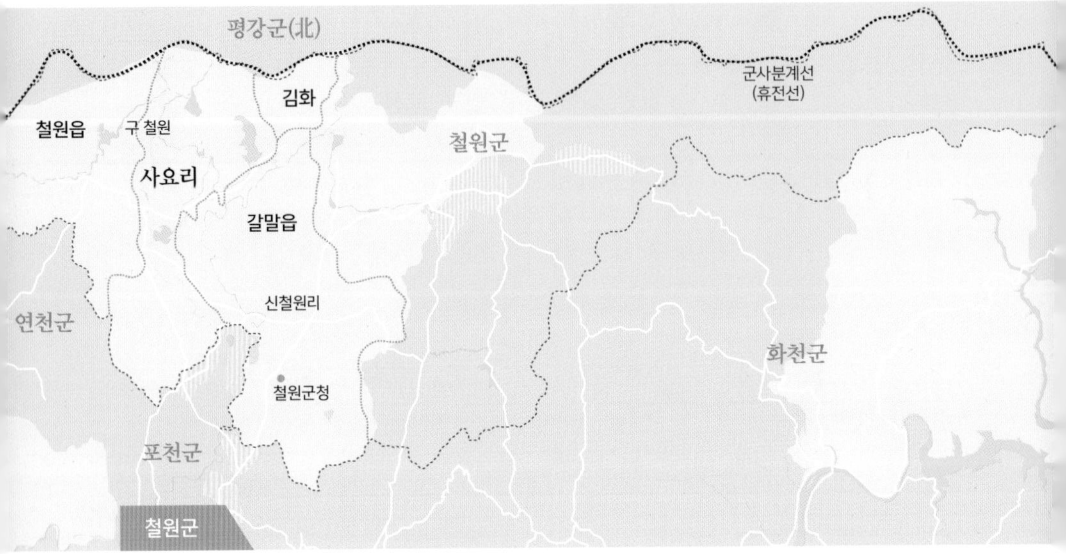

단절은 고통스러운 일이다. 우리는 최근 삼 년간 코로나 팬데믹의 집합 제한조치로 인해 물리적으로 왕래할 수 없고 대면 소통할 수 없는 막막함과 곤혹스러움을 아주 구체적으로 체험했다. 겪어본 사람만이 아는 비극이다. 카뮈의 『페스트』를 소설로만 읽었지 실제로 그런 단절된 세계를 경험하리라 생각하지 못했다.

지구상에서 유일하게 단절된 세계를 일상의 당연한 구도로 받아들이고 사는 공간이 있다. 바로 한반도다. 그중에서도 강원도다. 강원도는 한반도의 축소판으로 한가운데를 관통하는 인위적인 경계선과 분리를 온몸으로 받아들이며 존재하는 지역이다.

우리는 한반도에 두 개의 강원도가 있다는 사실을 망각하고 살아간다. 그렇다. 강원도는 두 개의 국가에 속한 행정구역이다. 대한민국 강원도와 조선민주주의인민공화국 강원도다. 공식적인 표현은 아니지만 두 지역을 구별하기 위해 강원도와 북 강원도라고 부른다.

북한은 강원도의 중심인 춘천, 강릉이 모두 38선 이남에 속하자 철원을 도청소재지로 삼았다가 1946년 함경남도와 경기도 일부를 강원도에 편입시키고 원산으로 도청소재지를 옮겼다. 한국전쟁 휴전과 함께 38선 이북이었던 화천, 양구, 인제, 양양, 속초와 철원, 고성 일부가 남한 땅에 속하게 되면서 남 강원도의 면적이 60퍼센트를 차지한다. 인구는 비슷하다. 현재 남 강원도는 18개 시군에 153만 6,498명이 살고, 북 강원도는 17개 시군에 인구 147만 7,582명이 산다.

조선 8도 중 하나였던 강원도는 강릉과 원주의 앞 글자를 따서 1395년 탄생했다. 강원도는 백두산에서 지리산까지 한반도의 뼈대를 이루는 산줄기인 백두대간의 중심에 자리한다. 1,400킬로미터 길이의 백두대간은 강원도를 지나면서 금강산, 설악산, 오대산, 태백산 등 수려한 산들을 남겼고, 다양한 생물을 품어 생태계의 보고가 되었다.

구 철원과 신철원

남북으로 갈라진 강원도에는 두 개의 철원군과 고성군이 있다. 휴전선이 갈라놓은 분단지역은 여러 곳인데 남과 북이 모두 행정구역을 설치한 곳은 강원도와 철원군, 고성군, 옹진군 등 네 곳뿐이다. 한국전쟁으로 철원 남동부를 잃은 북은 이천, 평강, 련천, 금천군 일부를 합쳐 철원군으로 개편하였고, 남 철원은 분단된 김화군의 3개 읍면을 1963년 병합하였다.

해방 당시 철원의 중심지는 철원읍 사요리였고, 지금은 갈말읍 신철원리다. 민간인통제구역이 된 옛 철원 중심지는 구 철원, 민통선 이남은 신철원이라 부른다. 광활한 철원평야에 자리한 구 철원은 한국전쟁 전 사통팔달의 교통망을 갖춘 한반도 중심도시였다. 1914년 러일전쟁 이후 일제는 군사물자를 수송할 목적으로 경원선을 개통하면서 철원은 김화, 평강, 이천, 회양, 연천을 아우르는 교통, 산업의 중심지로 발전했다. 1931년에는 금강산 전기철도가 개통되면서 관광객까지 가세해 사람과 문물이 넘쳐났다.

철원군_구철원지역

1930년대 철원은 경원선 철도와 도시 인프라를 바탕으로 인구 8만 명의 도시로 성장하였다. 그러나 해방 뒤 공산 치하로 넘어갔고 한국전쟁을 겪으면서 도시 대부분이 파괴되었다. 철원~김화~평강을 잇는 '철의 삼각지'에서는 한국전쟁 중 가장 치열한 전투가 벌어졌다.

최승희가 데뷔한 신문화의 전당 철원극장

이데올로기의 갈등이 첨예하게 충돌했던 구 철원은 해방 전후 일제와 소련, 북한, 남한이 번갈아 차지하면서 다양한 문화유산을 남겼다.

구 철원은 동송읍 북서쪽의 사요리, 관전리, 외촌리, 월하리, 중리 등 5개 마을을 중심으로 번성했다. 사요리는 산업의 중심지였다. 사요리에는 1931년 문을 연 도립 철원의원과 우시장, 종연방적 철원공장이 있었다. 도립 철원의원은 지금의 노동당사 왼편에 자리한 2층 양옥 건물로 개원 당시 60병상을 갖추었다. 의사 10명과 치과의사 1명, 약사 1명, 산파 1명이 근무했으며 연 입원환자 6,630명, 외래환자는 2만 5,947명이었다. 1천 명의 노동자가 근무한 종연방적에서 여공을 모집하면 인근 김화, 평강, 화천에서 지원자가 몰렸다. 해방 당시 2,600여 명이 다니던 철원보통학교 자리는 지뢰밭으로 변했다.

관전리에는 해방 직후 소련 주둔군 사령부가 설치되고 읍사무소와 경찰서가 둥지를 틀었다. 1934년 일본인이 개관해 운영하던 철원극장은 무성영화와 연극을 볼 수 있는 신문화의 전당이었다. 철원극장은 조선 최고의 무용가 최승희와 명창 이은관의 데뷔 무대였고, 1939년 영화 〈사랑에 속고 돈에 울고〉의 여주인공 '홍도' 역을 맡은 당대 최고의 배우 차홍녀가 천연두로 숨지기 전 마지막 공연을 한 곳이다. 1934년에는 서울에도 드물던 백화점과 조선식산은행 철원지점, 제일감리교회도 관전리에 문을 열었다.

외촌리에는 경원선 역사 중 가장 큰 철원역이 자리했다. 철원역은 5만 평 부지에 80여 명의 역무원이 일하던 2층짜리 벽돌 건물이었다. 금강산 전기철도가 개통한 뒤 하루 승객이 1천여 명에 달해 대합실이 혼잡을 빚었다. 경원선의 중간 기착지였던 철원역에는 낡은 팻말과 철로만 덩그러니 남았고, 철원에서 금강산까지 116.6킬로미터를 하루 8차례 운행하던 금강산 전기철도도 교량만 남아 있다.

1936년 일제는 외촌리에 2층짜리 농산물검사소를 지어 철원평야에서 생산된 쌀을 수탈해갔다. 철원의 농산물은 농산물검사소를 거쳐 원산, 인천을 통해 일본으로 실려 갔다. 검사소는 해방 뒤 북한의 검찰청 건물로 쓰여 주민들에게 공포의 대상이 되었다. 외촌리에는 이밖에도 철원 제2금융조합과 얼음창고, 월정역, 수도국 터 급수탑 등 근대유산이 산재해 있다.

번성했던 구 철원은 3년간 전쟁을 치르면서 신기루처럼 사라졌다. 1950년 7월 미 공군 B29 편대의 철원지구 폭격을 시작으로 1953년 7월까지 격전을 치른 철원의 옛 도시는 잿더미가 되었다.

폐허를 깨우는 서태지의 도발적 상상력

관전리 노동당사는 구 철원의 대부분 건물이 파괴된 가운데서도 끈질기게 살아남아 참혹했던 전쟁의 상흔을 전하고 있다. 1946년 북한 노동당이 철원과 김화, 평강, 포천 등을 관장하기 위해 옛 시가지의 가장 높은 언덕에 노동당사를 지었다. 3층짜리 러시아식 건물을 짓기 위해 마을마다 쌀 200가마씩 성금을 걷고 주민들의 노동력이 동원되었다. 철근 구조에 벽돌과 시멘트로 벽을 쌓아 견고하게 지은 덕분에 쓰러지지 않고 버텼지만, 건물의 외벽은 무수한 포탄과 총탄 자국으로 살점이 패였고 내부는 포탄에 박살 나 만신창이가 되었다. 1950년 10월, 38선을 회복한 미군은 탱크를 앞세워 철원에 진입하여 언덕 위의 소련식 건물을 향해 포탄을 퍼부었다. 노동당사로 오르는 계단에는 미군 탱크가 지나간 자국이 선명하다.

구 철원의 상징적인 이미지가 된 노동당사는 반공 인사들을 고문하고 양민을 학살한 공포의 권력기관이었다. 1987년 일반인에 공개될 당시 노동당사 건물 정면에는 "이 건물은 6 · 25 전 북괴노동당 철원군당으로 국민을 착취하던 곳이었음"이라는 붉은 딱지가 붙어 있었다.

노동당사가 '주홍글씨'의 저주에서 풀려난 것은 '평화를 기원하는 열린음

폭격을 맞아 만신창이가 된 철원 노동당사가 참혹했던 전쟁의 상흔을 전하고 있다.

악회'가 열린 1994년 6월 26일이었다. 노동당사의 부서진 창문에 반세기 만에 평화의 불빛이 밝혀졌다. 북핵 문제로 남북 갈등이 깊어진 가운데 이곳에서는 용서와 화해의 노래가 울려 퍼졌다.

당시 최고의 인기 가수 서태지와 아이들이 〈발해를 꿈꾸며〉라는 노래의 뮤직비디오를 노동당사에서 촬영한 것도 이때였다. 정근식 서울대 교수(사회학과)는 「폐허에 관하여: 철원에서 상상하는 평화」라는 논문에서, 철원에서 가장 의미 있는 '폐허 깨우기' 사례로 이 뮤직비디오를 꼽았다. 그는 "철원 노동당사는 서태지의 음악을 통해 폐허에서 근대문화유산으로 다시 태어났다"고 했다.

2000년 10월에는 '아셈(ASEM, 아시아유럽정상회의) 2000'의 민간 포럼에 참가한 세계 NGO 대표들이 노동당사에서 평화지대 선언문을 낭독하였다. 이어 2013년 평화음악회, 2015년 DMZ 평화예술제, 2018년 DMZ 피스 트레인 뮤직페스티벌이 잇따라 열렸다. 문화재청은 2002년 노동당사를 비롯해 철원감리교회, 철원얼음창고, 철원농산물검사소, 승일교 등을 국가등록문화재로 지정하였다. 불사신처럼 살아남은 노동당사는 평화를 추구하는 상징적인 장소이자 평화관광의 핵심 자원으로 재코드화되었다.

2 백마고지와 궁예도성을 굽어보는 소이산

철원읍 사요리 소이산은 철원평야 일대를 한눈에 굽어볼 수 있는 최고의 전망대다. 해발 362미터로 높은 편은 아니지만 주변에 장애물이 없어 정상에 오르면 한국전쟁 당시 격전지였던 백마고지, 김일성고지, 평강고원, 아이스크림고지 등이 눈앞에 펼쳐진다. 고려시대부터 외적의 출현을 알리던 봉수대가 자리했던 소이산은 전쟁 전 화려했던 구 철원 역사의 중심이었다. 소이산에는 한국전쟁 이후 지뢰지대가 설치되어 생태계와 자연환경이 잘 보존되어 있다. 철원군은 2012년 육군 6사단과 협의를 거쳐 '소이산 생태숲 녹색길'이라는 탐방로를 조성했다. 총 4.8킬로미터의 생태숲 녹색길은 지뢰꽃길, 생태숲길, 봉수대 오름길이 있다. 또한 포탄과 총탄이 난무하던 격전지들은 겨울철 두루미의 세상으로 바뀌었다.

산등성이가 하얗게 벗겨진 백마고지

백마고지는 1952년 10월 6일부터 15일까지 열흘간 한국군 9사단과 중국군 3개 사단이 쟁탈전을 벌인 곳이다. 해발 395미터의 작은 고지에 28만 발의 포탄이 쏟아졌고 유엔군 항공기가 754회 출격해 폭격을 가했다. 열흘 동안 뺏고 빼앗기는 고지전에서 백마고지의 주인이 무려 24번이나 바뀌었고, 국군 3,400여 명과 중국군 1만 4,000여 명의 사상자가 발생했다. 세계 전쟁사에서 찾아보기 힘든 이 전투는 영화 〈고지전〉의 배경이 되었다. 영화 고지전은 휴전 직전의 처절한 고지전을 그렸는데, 여기 등장한 애록고지가 백마고지를 모티브로 했다. '애록'(AEROK)은 KOREA를 거꾸로 읽은 것이다.

백마고지의 원래 이름은 395고지였는데 극심한 포격으로 수목이 없어지고 산등성이가 하얗게 벗겨져 백마가 누워 있는 형상처럼 보인다고 해서 백마고지라 부르게 되었다. 중국군은 395고지를 차지하면 철원평야를 장악한 유엔군·국군 기지와 보급선을 위협할 수 있다고 판단해 파상공세를 퍼부었다. 국군 9사단은 중국군에 몇 차례 고지 정상을 내주었으나 병력을 총동원해 중국군이 공격의 교두보로 삼았던 백마고지 북쪽 능선을 탈환해 고지를 완전히 장악하였다. 백마고지 전투를 승리로 이끈 9사단은 '백마부대'라는 별칭을 얻게 되었고 이승만 대통령으로부터 '상승'(常勝) 칭호를 받았다. 상승이란 항상 승리한다는 뜻으로, '상승 백마'는 9사단 장병들의 구호이자 자부심이 담긴 건배사가 되었다.

백마고지는 DMZ 안에 위치해 일반인이 접근할 수 없다. 대신 백마고지가 잘 보이고 출입이 가능한 곳에 전적지를 조성했다. 전적비 시계탑에는 세 개의 시계가 멈춰 있다. 좌측면 10시 15분은 국군이 백마고지 전투에서 승리한 날짜이며, 전면 6시 25분은 한국전쟁 발발일, 우측면 9시 5분은 한국전쟁 때 참전한 9사단과 현재 관할하는 5사단을 나타낸다. 해마다 10월 16일을 전승기념일로 삼아 합동 위령제를 지낸다.

북 강원도 금강군에 자리한 김일성고지는 북한이 한국전쟁 중 가장 대표적인 전투로 선전하는 1211고지를 말한다. 1951년 9~10월 동부전선 요충지인 1211고지를 두고 미군 25사단과 2사단이 북한군과 맞섰다. 폭격으로 산 높이가 11미터 낮아져 1200고지로 되었다는 말이 나올 만큼 치열했던 전투에서 승리한 김일성은 "한 치의 땅도 내놓지 말라는 당의 중요한 전략적 방침을 견지했다"며 칭찬했다고 한다. 한편으로는 곡창지대인 철원평야를 빼앗긴 김일성이 1211고지에 올라 사흘 밤낮을 울어 김일성고지가 되었다는 설도 전해진다.

1211 전투에서 국군의 화구를 가슴으로 막고 전사한 18세의 돌격조 리수복은 '공화국 영웅'이 되었다. 리수복이 북에서 불멸의 영웅이 된 것은 전투를 앞두고 수첩에 남긴 짤막한 글 때문이었다. "나는 해방된 조선청년이다. 생명도 귀중하다. 찬란한 내일의 희망도 중요하다. 그러나 나의 생명, 나의 희망, 나의 행복은 조국의 운명보다 귀중치 않다. 하나밖에 없는 조국을 위하여 둘도 없는 목숨이지만 나의 청춘을 바치는 것처럼 그렇게 고귀한 생명, 아름다운 희망, 위대한 행복이 또 어데 있으랴!"

리수복과 1211고지는 북한에서 따라 배우기 운동이 전개될 만큼 충성심의 아이콘이자 신화가 되었다. 〈노동신문〉은 "제2, 제3의 리수복이 돼 부강조국 건설에 한 몸 바쳐야 한다"(2005년 12월 8일자), "금속공업은 당이 제시한 국가경제발전 5개년 계획 수행의 운명이 걸린 오늘의 1211고지"(2021년 3월 9일자)라고 보도하며 조국에 헌신할 것을 촉구했다.

철원평야 재송평 한가운데 우뚝 솟은 '아이스크림고지'는 해발 219미터의 삽슬봉[揷松峰]을 말한다. 낮은 산이지만 주변을 내려다볼 수 있는 요충지여서 한국전쟁 때 치열한 쟁탈전이 벌어졌다. 조그마한 봉우리에 2만 7,000여 발

한국전쟁 때 폭격으로 산 정상이 녹아내려 아이스크림 고지라 불렸던 삽슬봉에 두루미 탐조대가 들어섰다.

의 포탄이 쏟아져 정상이 아이스크림 녹듯 흘러내렸다 하여 외신 기자들이 아이스크림고지라는 별칭을 붙였다.

나무와 풀이 모두 불타 민둥산이 된 삽슬봉은 자연 치유를 통해 생태계의 보고가 되었다. 두루미와 재두루미의 군무를 가장 가까이 볼 수 있는 삽슬봉에는 최근 두루미 탐조대가 들어서서 겨울철 생태평화 관광지로 탈바꿈했다. 양지리 DMZ 두루미평화타운에서 셔틀버스를 타고 삽슬봉 두루미 탐조대와 근대문화거리, 월정리역 등을 둘러볼 수 있다.

궁예 왕궁의 은신처가 된 철원 DMZ

철원은 새 세상을 꿈꾼 궁예의 나라 태봉국(901~918) 수도였다. 901년 평양에서 충주 이남까지 한반도의 중앙을 장악한 궁예는 광활한 평야에 도성을 쌓고 태봉국을 건설했다. 비록 18년에 그친 짧은 왕조였지만 대동방국 건설을 꿈꾸던 궁예는 철원에 도읍을 만들기 위해 청주에서 1천 호를 집단 이주시켰다.

모노레일을 타고 동송읍 중강리 철원평화전망대에 올라가면 평강고원과 철원평야가 바다처럼 펼쳐진다. 그 안에 궁예왕이 세운 태봉국의 도성이 묻혀 있다. 평화전망대 1층 전시실에는 태봉국 도성지 모형이 전시되어 있다.

발해의 동경성을 본떠서 905년 쌓은 태봉국 도성은 외성, 내성, 왕궁성의 3중 구조를 갖추고 있다. 1942년 조사한 기록에 따르면 도성은 외성 12.7킬로미터, 내성 7.7킬로미터, 왕궁성 1,900미터, 높이 3.6미터로 흙과 돌을 섞어 쌓았다고 한다. 이는 백제 풍납토성과 신라 경주월성, 고구려 국내성의 3배 이상 규모다. 유적으로는 활궁터, 사찰, 석등, 석탑, 어수정 등이 남아 있었다. 도성 남문 쪽에 있던 석등은 일제강점기 당시 국보 118호로 지정되었으나 한국전쟁 이후 소재가 파악되지 않고 있다. 유일하게 사서에 기록된 포정전은 고려 태조가 즉위한 곳이다.

태봉국 궁예 도성은 1,100년 세월 동안 그 자리에 있었지만 잘 알려지지 않았다. 도성에 대한 기록도 제각각이었다. 도성의 구조와 규모를 처음 언급한 『신증동국여지승람』에는 외성 1만 4,421척(4,226미터), 내성 1,905척(572미터)의 토성이라 기록되어 있다. 일제강점기에 발간된 『조선보물고적조사자료』(강원도편)에는 외성 6,000칸(1만 908미터), 내성 400칸(727미터)이라고 기록되어 있다.

전쟁 뒤에는 군사분계선과 남방한계선-북방한계선에 맞닿은 DMZ 안에 있어 접근 자체가 불가능했다. 국립중앙박물관은 2008년 유엔사 정전위로부터 출입허가를 받아 진행한 현지조사를 바탕으로 인공위성 사진, 1950년대 항공사진 등을 종합해 2010년 『철원 태봉국 도성 조사 자료집』을 발간했다. 국립중앙박물관이 새로 파악한 궁예 도성은 '남북으로 기다란 직사각형을 띠고 있으며 외성 1만 2,306미터, 내성 7,656미터'로 이전 기록보다 웅대한 모습이었다.

한국전쟁 이후 군사분계선이 가로로 지나가고, 옛 경원선 철도가 세로로 남벽을 허물고 지나간 도성은 DMZ 안에 쏙 들어간 형태로 남았다. 마치 궁예왕이 천년 뒤 한반도 상황을 꿰뚫어 보기라도 한 듯 누구도 손댈 수 없는 곳에 도성을 꼭꼭 숨겨두었다. 선견지명이 있었던 궁예왕이 경색된 남북관계를 푸는 평화의 도구로 태봉국 도성이 이용되기를 바랐던 것일까. 남북은 9 · 19 군사합의에 따라 DMZ 안 태봉국 철원성을 공동 조사 · 발굴하기로 했으나, 북미정상회담 결렬로 시도조차 못하고 말았다.

문화재청의 자료를 보면, DMZ 안에는 철원성을 포함해 현재 알려진 역사유적만 36개소가 남아 있다. 철원에는 병자호란 때 청군을 궤멸한 뒤 전사자들의 유골을 모아 묘를 만든 전골총과, 1359년 김화 오성산에 쳐들어왔다가 토벌당한 홍건적의 돌무덤인 매두분이 대표적이다. 또 김화전투 전적지와 백마고지, 저격능선 등 한국전쟁 전적지와 소이산 봉수지, 성재산성, 중어성, 충장사지 등 문화유산도 산재해 있다. 정전협정으로 생긴 DMZ 일대의 GP, 군사분계선, 남-북방한계선 철조망은 세계 유일한 냉전의 역사문화 유산이다. 과거 동서독의 국경을 갈랐던 철조망들은 모두 해체되어 현장에서 볼 수 없지만, 이곳에서는 여전히 냉전의 기억을 되살리고 있다.

3 '두루미 왕국' 양지리

철원의 겨울은 '두루미 왕국'으로 변신한다. 철원평야는 여름에는 농부에게, 겨울에는 철새에게 땅을 내어준다. 휴전선에서 6킬로미터 떨어진 동송읍 양지리는 철원의 대표적인 철새마을이다. DMZ에 근접하여 환경오염이 적고 철원평야와 토교저수지, 한겨울에도 얼지 않는 샘물이 있어 철새들이 서식하기 좋은 조건을 갖추고 있어서다.

양지리는 한국전쟁 이후 군사통제지역으로 관리되면서 마을이 폐쇄되었다가 1973년에야 재건되었다. 민통선 이북 취락구조 개선사업으로 60동의 주택이 건설되어 400여 명이 입주했다. 마을이 생긴 뒤 경작지가 늘고 1976년 100만 평(338헥타르) 규모의 토교저수지가 조성되자 새들이 몰려들었다. 원래 봉래호가 철원평야에 물을 공급했는데, 전쟁 이후 북한이 황해도 연백평야 쪽으로 물줄기를 돌리자 정부 차원에서 건설했다. 5년의 공사 끝에 탄생한 호수는 혹시라도 북한군의 표적이 될까 봐 쉬쉬하며 외부에 알리지 않았다.

갈 수도 볼 수도 없었던 비밀의 호수를 가장 먼저 알아차린 건 겨울 철새들

철원 토교저수지를 가득 메운 기러기 떼. 먹이가 풍부하고 사람의 간섭이 적은 철원 민통선 지역은 야생동물들의 천국이다.

이었다. 선발대인 청둥오리와 가창오리, 쇠기러기에 이어 두루미, 재두루미들이 토교저수지의 품으로 떼 지어 찾아왔다. 한탄강과 철원평야에 흩어져 먹이를 먹던 수만 마리의 철새들이 해 질 무렵 찾아와 저수지에서 잠을 자고, 해 뜰 무렵이면 회오리바람을 일으키며 일제히 날아올라 먹이터로 제각각 흩어진다.

젖과 꿀이 흐르는 철원평야에 정착한 '탈북 두루미'

1990년대 들어 철원에 두루미가 급증한 것은 북한의 식량난과 관련이 깊다. 북 강원도 안변에서 터를 잡고 월동하던 두루미들이 들판에서 먹이를 찾지 못하자 탈북 행렬에 나섰다. 남쪽으로 70킬로미터 떨어진 철원평야는 젖과 꿀이 흐르는 땅이었다. 1980년대까지만 해도 240마리 이상 머물던 안변 두루미들은 앞다퉈 '탈북 두루미'가 되어 철원에 정착했다. 안변에는 1984년 220마리, 1988년 140마리, 1990년 70마리의 두루미가 월동했다는 기록이 있다. 국제두루미재단은 2008년부터 북한 두루미 월동지를 복원하기 위한 '안변 프로젝트'를 추진했지만 한 번 거둔 두루미의 마음을 되돌리기는 어려웠다. 안변 두루미 복원사업은 현재 대북제재 조처로 중단된 상태다.

두루미 수가 크게 늘면서 탐조지역으로 유명해지자 양지리 주민들은 1996년 철새 먹이주기 봉사단을 구성하였다. 철원군은 1999년 양지리를 '철새마을'로 공식 지정하였다. 2002년 친환경 우수마을, 2003년 강원도 새농어촌건설 우수마을, 2004년 농림부 녹색농촌마을로 선정되면서 마을에 두루미펜션, 자연생태학습원 등의 시설이 들어섰다.

탐조 관광이 본격화된 것은 2012년 양지리가 민통선에서 해제되어 일반인의 출입이 자유로워지면서부터다. 철원군은 2016년 폐교된 옛 양지초등학교를 리모델링하여 'DMZ 두루미 평화타운'을 조성해 탐조객들을 맞았다. 2018년 환경부는 철원의 철새도래지 지역을 생태관광지역으로 지정하였다.

지금은 두루미 덕을 톡톡히 보는 유명 생태여행지가 되었지만 초기에는 두루미가 오는 것을 탐탁지 않게 생각하는 주민들도 많았다. 1995년 환경부가 철원평야를 생태계 보전지역으로 지정하려 하자 일부 주민은 군사시설보호법에 묶여 불편한 게 많은데 철새보호구역이 되면 농사를 못 짓게 된다며 새

철원의 비무장지대 상공을 나는 재두루미 가족. 군사분계선이 없는 남과 북의 하늘을 오가며 평화 메시지를 전하는 듯하다.

를 쫓아버리자고 주장했다. 농약을 써서 새를 내쫓자는 말까지 나오자 이 마을 농부 겸 생태운동가인 백종한 씨가 나섰다.

"반대하더라도 새는 해치지 말자. 철원평야에서 우리가 농사를 지으니까 낙곡을 주워 먹겠다고 찾아온 것 아니냐. 새가 무슨 죄가 있냐. 새들이 살 수 없는 땅이면 사람도 살 수가 없다."

마을 사람들이 점차 백 씨의 뜻에 동조하면서 눈 쌓인 들판에 철새를 위한 먹이 주기를 시작했다. 두루미가 찾아오는 맑은 물로 농사를 짓는 양지리 쌀이 좋다고 입소문이 나면서 쌀이 비싼 값으로 팔려나갔다. 백 씨는 탐조관광객들을 위해 토교저수지가 바라보이는 곳에 커다란 창이 달린 '철새 보는 집'

을 열었다. 수많은 탐조객이 이곳을 거쳐 갔다.

양지리를 비롯해 인근 이길리 · 정연리 · 대마1리 · 대마2리 등 접경지역 5개 마을 이장과 부녀회장은 2017년 한국조류협회, 철원군두루미보호협회, 농민회 등 10개 단체와 연합하여 철원DMZ 두루미생태관광협의체를 결성했다. 총 20명으로 구성된 협의체의 회장은 백 씨가 맡았다. 두루미생태관광협의체는 두루미 서식지 보호와 생태관광 활성화, 두루미 브랜드 개발 등을 통한 주민소득창출 방안을 모색하고 있다.

▍두루미·재두루미 90퍼센트 몰리는 'DMZ 두루미벨트'

2022년 철원평야에 온 두루미류는 6,710마리로, 한반도에서 월동하는 전체 두루미류의 54.5퍼센트를 차지했다. 연천 1,105마리, 파주 임진강 595마리까지 합하면 전체의 68.4퍼센트가 DMZ 일원에서 겨울을 보낸다. 순천만에 오는 흑두루미 3,000여 마리를 제외하면 한반도에 오는 두루미와 재두루미의 90퍼센트 이상이 DMZ에서 겨울을 보내는 셈이다. 추위에 약한 흑두루미는 DMZ보다 따뜻한 순천만이나 일본 이즈미까지 내려가 겨울을 보낸다.

과거에 재두루미 주요 도래지였던 산남저수지, 강화도, 한강 하류(고양 · 김포), 사천만, 구미 해평, 낙동강 하류 등은 4대강 공사와 도시화 등으로 서식지가 파괴되어 두루미들이 거의 찾지 않고 있다. DMZ를 제외하고는 순천만과 주남저수지 정도가 서식지로서 기능을 유지하고 있다.

DMZ 생태연구소에 따르면, 파주 성동습지에는 2009년 개리 1천 마리와 재두루미 450마리가 월동했으나 김포 · 파주 · 고양 등 경기 북부지역 도시의 팽창으로 배후 먹이터가 줄어 현재는 월동하지 않는다. 고양 장항습지를 잠자리로 하는 한강 하류 재두루미들은 과거 고양 송포와 김포 홍도평 · 태리, 인천 이화 등지에서 폭넓게 먹이활동을 했으나, 도시화로 인한 환경 변화로 장항습지 철책선 안쪽과 김포 돌방구지 습지만 겨우 이용하고 있다.

신도시 개발로 조성된 김포 후평리 재두루미 대체 서식지는 10년 동안 재두루미가 거의 찾지 않고 있다. 파주의 경우 두루미 서식 면적이 지난 6년간 12배나 늘었으나 같은 기간 도로, 건물 등 인공 구조물 면적도 1.5배 증가해 서식처의 질이 점점 나빠지고 있다.

반면, 철원을 비롯한 DMZ 일원에는 1월 기준 2020년 7,062마리에서 2021년 7,973마리, 2022년 8,422마리로 두루미류가 해마다 증가세를 보이고 있다. 철원두루미협의체의 모니터링 결과를 보면, 철원에서 월동하는 두루미는 2001년 550여 마리에서 2020년 1,179마리로 20년 사이 두 배 이상 늘었다. 재두루미도 같은 기간 1,600여 마리에서 4,870마리로 세 배가량 늘었다.

철원이 세계 최대의 두루미 월동지가 된 것은 두루미가 살기 좋은 환경을 갖추었기 때문이다. 1만 헥타르가 넘는 논의 절반 이상이 민통선 안에 있고, 철원만의 독특한 생태계로 한겨울에도 얼지 않는 둠벙인 '샘통'이 들녘 곳곳에 널려있다. 또 한탄강, 역곡천, 대교천, 토교저수지 등은 다른 월동지에 견줘 더 안전한 먹이터와 잠자리 구실을 하고 있다. 여기에 민통선 주민들의 먹이주기와 볏짚 존치, 무논 조성 등 적극적인 보호 노력도 더해졌다.

동아시아 이동 경로에 있는 중국 · 일본 쪽의 서식지 훼손, 급속한 기후변화의 영향도 두루미들이 철원으로 몰린 이유로 꼽힌다. 지구 온난화 영향으로 일본으로 내려갔던 많은 재두루미들이 철원에 눌러앉았다. 김승호 DMZ 생태연구소장은 "기후변화와 도시화로 중국 북부 번식지가 러시아 쪽으로 이동하는 추세여서 향후 동아시아 두루미류가 월동지로 한반도를 더 많이 찾을 가능성이 높다"고 내다보았다.

한탄강 먹이터로 날아드는 재두루미 무리.

두루미·재두루미 함께 볼 수 있는 지구에서 유일한 곳

세계적으로 두루미 종류는 총 15종으로 남아메리카와 남반구(적도 남쪽)를 제외한 전 세계에 서식한다. 시베리아에서 번식하고 한반도에서 월동하는 두루미류는 두루미와 재두루미, 흑두루미 등 3종이다. 드물게 검은목두루미, 캐나다두루미, 쇠재두루미, 시베리아흰두루미 등도 한반도를 찾기도 하지만 이들은 무리에서 이탈해 길을 잃은 새로 추정되며 개체 수 또한 극히 적다.

'뚜루루루 뚜루루루' 소리를 내며 운다고 해서 유래된 두루미는 학(鶴) 또는 정수리가 붉은 학이라 하여 단정학(丹頂鶴)이라고도 부른다. 두루미류는 가을걷이가 끝난 10월 말, 11월 초에 찾아와 이듬해 3월까지 4~5개월 머문 뒤 러시아 동남부 시베리아 습지와 중국 북동부, 몽골 대초원으로 돌아간다.

한반도에 오는 두루미 중 겨울에 이동하는 철새인 두루미 수는 약 1,800여 마리, 재두루미는 8,000마리, 흑두루미는 1만 5,000마리 안팎으로 추정된다. 국립생물자원관의 동시 조사자료를 보면, 2022년 1월 우리나라에서 겨울을 지낸 두루미는 1,722마리, 재두루미 7,569마리, 흑두루미 3,092마리 등 총 1만 2,403마리로 집계됐다. 텃새가 된 일본의 북쪽 섬 홋카이도 두루미를 제외하면 전 세계 두루미와 재두루미 대부분이 한반도에서 월동하는 셈이다.

한반도 DMZ는 두루미와 재두루미 무리가 자연스럽게 섞여 겨울을 나는 지구상에서 유일한 곳이다. 재두루미는 DMZ를 지나서 순천만과 주남저수지, 멀게는 일본 규슈의 이즈미까지 남하하는 반면, 추위에 강한 두루미는 한반도 DMZ까지만 이동하고 더는 내려가지 않기 때문이다. 두루미가 이동하는 남방한계선이 한반도 DMZ인 셈이다.

다랑이논에 함께 모인 두루미와 재두루미 가족. 두 철새를 한 자리에서 볼 수 있는 곳은 지구상에서 한반도 DMZ가 유일하다.

홋카이도에도 독립된 개체군의 두루미가 서식하고 있지만 이들은 텃새가 된 지 오래다. 두루미를 '습지의 신'으로 숭배하는 섬 주민들이 뿌려준 먹이 때문에 여름에도 떠나지 않고 눌러 앉아버렸다. 따라서 홋카이도 두루미는 이즈미에 오는 재두루미와 만날 일이 없다. 중국 동남쪽으로 이동하던 두루미는 서식지가 파괴되어 제대로 집계조차 안 되고 있다.

두루미는 한국과 일본, 중국 등 동아시아에서 '천상의 새'로 추앙받는다. 그 이유는 겉모습의 우아함뿐만 아니라 시원을 기억하는 그들의 야성에서 비롯된다. 대륙의 북쪽에 찬 공기가 돌기 시작하면 시베리아 철새들은 갓 태어난 어린 새를 데리고 남쪽 나라로 떠날 채비를 한다. 몸속에 새겨진 유전자의 명령에 따라 거칠고 위험한 순례가 시작된다. 부모를 따라 먼 길을 비행한 어린 새는 월동지에서 생존법을 배운 뒤 이듬해 홀로서기를 한다. 가족 단위로 생활하는 두루미는 자식은 1년 만에 떠나보내지만 부부는 평생을 함께 한다.

"철원 무너지면, 한반도 두루미 멸종할 수도"

한반도 DMZ 일원에 두루미 개체 수가 해마다 늘고 있으나 서식지의 질은 나빠지고 있다. 두루미 먹이터인 논 습지는 비닐하우스나 인삼밭, 과수원, 창고, 태양광시설 등으로 급격히 바뀌고 있고 철원 · 연천에서 두루미들의 보호막이 되었던 민통선은 계속 줄어들고 있다.

2009년부터 DMZ 일원에서 두루미류 서식 실태를 조사해온 이수동 경상국립대 교수(조경학과)는 철원이 무너지면 한반도 두루미가 멸종할 수 있다고 경고한다.

"접경지역 두루미류 증가세는 중국 쪽 서식처가 훼손된 탓이며, 우리나라에서도 훼손이 안 일어난다고 말하기 어렵습니다. 하늘 위에서 보면 낙동강,

서해안, 해평 습지 등 대부분이 비닐하우스로 덮여 대체 서식지로 갈 만한 곳이 없어요. 중국과 북한 쪽이 훼손된 상태에서 마지노선인 철원마저 무너지면 DMZ가 월동 한계선인 두루미는 더는 한반도 남쪽을 찾지 않게 될 것이고 결국 멸종할 수 있습니다. 재두루미도 기후변화로 이즈미까지 더 내려가지 않을 가능성이 커 개체 수가 확 줄게 되겠지요. 더 늦기 전에 국가 차원에서 습지보호지역이나 천연기념물 보호구역 등으로 지정해 농민과 공존할 수 있는 대책을 세워야 합니다."

실제로 철새마을 양지리는 2012년 민통선에서 해제된 뒤 대규모 축사와 비닐하우스가 마구 들어서서 두루미 개체 수가 과거보다 10분의 1 수준으로 줄어든 것으로 조사됐다. 철원에는 2016~2019년 3년간 총 18만 평방미터 규모의 기업형 축사 78개가 들어섰다. 군부대가 빠져나간 자리에는 태양광발전 시설이 난립해 주민들로부터 "지역 특성을 고려하지 않은 막개발 횡포"라는 반발을 사고 있다.

철원평야에서 벼농사를 짓는 최종수 '두루미와 농사짓는 사람들' 대표는 "민통선이 풀리고 축사와 태양광시설이 들어서면서 두루미뿐 아니라 흔하게 보던 삵이나 맹꽁이, 두꺼비 등도 3년 새 거의 사라졌어요. 민통선이 해제되면 개발을 막을 수 없을 텐데, 농민과 두루미가 공생할 수 있는 땅을 정부가 미리 확보해둬야 합니다"라고 했다.

두루미에게 먹이 주기 무조건 좋은가?

야생의 두루미에 먹이 주기를 둘러싸고 전문가와 철원 주민들의 의견이 엇갈린다. 최종수 씨는 다른 철원 지역 활동가들과 달리 인위적인 먹이 주기를 반대한다. 두루미와 기러기들이 먹이터로 몰리면 조류인플루엔자(AI) 등 감염병에 취약할 수 있으므로 농경지에 흩어져 스스로 먹이를 찾아 먹도록 해야 한다는 것이다.

이수동 교수의 생각도 비슷하다. “두루미류가 DMZ로 몰리면 행정하는 쪽에서 먹이 주기나 관리가 편하겠지만, 조류인플루엔자에 취약하고 집단서식지에서 교란이 발생하면 우리나라를 이용하지 않을 수도 있어요. 두루미류는 서식처가 훼손되면 일단 주변 다른 곳으로 옮겨 이용하지만 마지막까지 몰리면 아예 떠나버리는 경향이 있습니다.”

두루미의 밀도가 높아지고 한 지역에 집중되면 조류인플루엔자 등 감염병에 치명적일 수밖에 없다. 실제 2021년 겨울 이스라엘에서 고병원성 조류인플루엔자가 발생해 훌라호보호구역에서 서식하던 검은목두루미 약 5,000마리가 집단 폐사한 적이 있다.

2022년 겨울 일본 이즈미에서는 조류인플루엔자로 흑두루미들이 집단 폐사하자 발길을 되돌려 순천만으로 피난 오는 기현상까지 발생했다. 철새들이 재난을 피해 대규모로 장거리 이동하는 현상이 관찰된 첫 사례였다. 평소 3천여 마리 정도가 월동하던 순천만에는 최대 1만 마리까지 흑두루미 개체 수가 급증했다. 김승호 DMZ 생태연구소장은 두루미 먹이 주기보다 서식지의 생태계 훼손을 막아야 한다고 강조한다. “두루미 먹이 주기보다 겨울철 무논 조성, 볏짚 존치사업과 두루미 농법 확대, 민통선 북상 중지, 논 습지 법적 보호, 접경지역 자연환경 및 생태보호 특별법 제정 등 서식처 질 유지를 위한 정부 차원의 종합대책 마련이 시급합니다.”

4 이승만과 김일성이 합작한 한탄강 승일교

철원은 신생대에 북 강원도 평강군 오리산에서 화산이 폭발하여 분출된 용암이 추가령의 낮은 골짜기를 메우면서 형성된 광활한 평야다. 용암이 흐른 용암대지 한가운데가 침식되어 136킬로미터 길이의 한탄강이 만들어졌다. 한탄강은 발원지에서 임진강 합류점까지 현무암으로 된 용암지대를 관류하기 때문에 곳곳에 수직 절벽과 협곡이 형성되어 절경을 이루고 있다. 한탄강의 대표적인 비경인 주상절리는 약 54만 년 전부터 12만 년 전 사이에 형성된 것으로 추정된다. 병풍을 쳐놓은 듯한 수직의 주상절리가 협곡을 따라 수 킬로미터 펼쳐지고, 강을 따라 걸을 수 있는 한탄강 주상절리길이 만들어졌다.

눈과 귀가 즐거운 한탄강 주상절리 얼음트레킹

2013년 꽁꽁 언 한탄강 위를 걷는 얼음트레킹이 시작되었다. 한탄강은 겨울철 영하 10도 이하의 날씨가 지속되면 사람이 걸을 수 있을 정도로 얼어붙는다. 철원의 강추위를 관광상품으로 이용한 역발상은 민간단체가 기획하고 지역의 예술가, 주민들이 참여하면서 철원의 대표 축제로 자리 잡았다.

한탄강 얼음트레킹은 태봉대교에서 출발해 직탕폭포~송대소~승일교~고석정~순담계곡까지 약 8킬로미터의 '물윗길'을 걸으면서 한탄강 주상절리의 절경을 감상하는 행사다.

'직탕폭포'는 강의 침식으로 현무암 주상절리가 떨어져 나가면서 형성된 폭포다. 높이는 3~5미터에 불과하지만 다른 폭포들과 달리 폭이 하천 면을 따라 80미터가량 넓게 펼쳐져 '한국의 나이아가라폭포'라 불린다. 강물이 하천 중앙을 가로지르는 평평한 현무암 암반을 넘어 수직으로 쏟아져 내려 직탕이라는 이름이 붙었다. 직탕폭포 상류 여울에 강을 건너는 징검다리가 놓여있다.

'송대소'는 수직 절벽 아래 수심이 약 30미터로 한탄강에서 가장 깊은 소다. 30미터가 넘는 현무암 절벽으로 둘러싸인 강물이 마치 커다란 연못처럼 보인다. 촘촘하게 형성된 현무암 주상절리는 지층에 따라 붉은색, 회색, 검은색, 황토색 등 색깔이 달라 시차를 두고 여러 번 화산 폭발과 용암 분출이 일어났음을 보여준다. 주상절리 절벽 중간에는 검은 띠도 보이고 군데군데 3~4미터 크기의 동굴 같은 구멍이 뚫려있다. 이 구멍은 용암이 갑자기 식으면서 수축 작용이 일어나 결정체 간에 틈이 생긴 것이다.

한탄강의 대표적인 비경 주상절리. 용암이 식으면서 수직의 다채로운 암벽을 만들었다.

한국의 나이아가라 폭포로 불리는 한탄강 직탕폭포.

한탄강의 양쪽 절벽을 연결하는 출렁다리인 은하수교를 지나면 모래와 자갈, 화강암이 자주 눈에 띈다. 현무암 절벽과 주상절리 안쪽의 강바닥에는 널따란 화강암 암반이 깔려있다. 억겁의 세월 동안 깎이고 깎인 바위가 마당처럼 펼쳐져 '마당바위'라 불린다. 마당바위에서 고석정으로 가는 길에 승일교를 만난다.

소련식·미국식 공법의 경연장이 된 아치교

1948년 8월, 철원의 주인이었던 북한은 군사적 목적으로 한탄강에 다리를 놓기 시작했다. 동송읍 장흥4리와 갈말읍 문혜리를 잇는 다리의 설계는 철원농업전문학교 토목과장인 김명여가 맡았다. 김명여는 일본 규슈공전 출신으로 진남포 제련소 굴뚝을 설계했던 북한의 젊은 엔지니어였다. 철원, 김화 주민들이 '노력공작대'라는 이름으로 동원되어 건설현장에 투입되었다. 소련식 공법의 아치교로 설계된 이 다리는 동송읍 쪽의 아치교각만 완성된 상태에서 한국전쟁이 발발해 공사가 중단되었다.

공사를 재개한 것은 1952년 4월 20일 철원에 주둔하던 미군이었다. '6주 안에 한탄강 다리를 놓으라'는 긴급명령이 미 79공병대에게 하달되었다. 중국군의 대대적인 공세가 예견되자 철원, 김화, 평강에 이르는 철의 삼각지대를 방어하기 위해 한탄강 남북을 연결하는 군수품 보급로 구축이 필요해졌다. 79공병대가 공사를 거의 마친 상태에서 6월 초 한국군 62공병대에 마무리를 넘겼다. 북한이 소련식 공법으로 절반 지은 다리는 미국과 남한이 이어받아 착공 10년 만인 1958년 12월 완공되었다. 시작과 완성의 주체와 시공법이 달라 아치의 크기, 교각의 모양이 달랐다.

남북 합작으로 완성된 다리의 이름은 '승일교'(昇日橋)다. 완공 당시 육군

북한이 소련식 공법으로 절반을 짓고, 미군과 남한이 합작하여 완공한 한탄강 승일교.

5군단장이었던 이성가가 명명했다. 사연이 많은 다리라서 그런지 이름을 두고도 많은 일화가 전해진다. 당시 남과 북의 통치자였던 이승만의 승(承) 자와 김일성의 일(日) 자를 한 자씩 따서 승일교(承日橋)라고 했다는 설과 '김일성을 이기자'고 해서 승일교(勝日橋)라 했다는 설 등이다.

정설은 한국전쟁에서 전공을 세우고 포로로 잡혀간 연대장 박승일(朴昇日) 대령의 이름을 따서 명명했다는 것이다. 박승일은 육사 1기로 임관해 한국전쟁이 일어나자 육군 7사단 8연대장으로 영천 전투와 평양 탈환전투에 참가해 공을 세웠으며, 1950년 11월 5연대장으로 한탄강을 건너 북진하던 중 평안남도 덕천지구에서 중국군과 격전 끝에 포로가 되었다. 이후의 행적은 분명하지 않다. 당시 한탄강과 임진강 교량에는 전쟁영웅의 이름을 따서 지은 경우가 많았다. 가령 포천 영북면의 근홍교는 같은 시기에 포로가 된 고근홍 연대장의 이름을 딴 것이다.

정설이 어떻든 간에 철원 사람들은 아직도 이승만과 김일성의 이름을 따서 지었다고 해석하려 든다. 1981년 철원군이 펴낸 『태봉의 향기』라는 책에는 승일교의 유래를 '이승만 대통령의 승자와 김일성의 일자를 넣어 명명했다'고 밝히고 있다. 유홍준 교수는 『나의 문화유산답사기 2』에서 승일교를 이승만과 김일성의 이름에서 유래했다고 기술했다가 박승일의 유족들에 의해 출판금지 가처분 신청을 당하기도 했다.

승일교는 1996년 안전진단 결과 차량통행 불가 판정을 받아 지금은 보행자와 자전거만 이용할 수 있다. 승일교 옆에 1999년 한탄대교가 새로 세워졌다. 승일교는 2002년 국가등록문화재 26호로 지정됐다.

안보관광의 메카 고석정과 한탄강 하늘길

철원의 DMZ 일원이 관광지가 된 것은 1980년대 고석정에서 비롯되었다. 정부는 88서울올림픽을 앞두고 한국전쟁 최대 격전지이자 반공교육의 메카였던 철원을 안보관광지로 개발하기 시작했다. 1987년 고석정에 '철의 삼각지 전적관'을 짓고 제2땅굴과 필승교회, 도피안사, 노동당사, 백마고지, 월정역 등에 주차장을 만들었다.

고석정 국민관광지는 강안에 우뚝 솟은 고석바위를 중심으로 전적기념관과 안보교육장, 교육영화관이 조성되어 1989년 전적관광단지로 재단장되었다. 하지만 노태우 정부가 '한민족공동체통일방안'을 발표하고 반공보다 남북 화해를 강조하면서 안보관광은 활성화되지 못했다. 열악한 도로 인프라, 부족한 편의시설과 숙박시설, 까다로운 출입절차, 관리 인원 부족으로 철원을 찾는 안보관광객은 많지 않았다.

한탄강 안에 우뚝 솟은 고석바위. 임꺽정의 은신처로 알려져 있다.

안보관광지로 개발된 철원은 오히려 철원평야 두루미 탐조 여행과 한탄강 얼음트레킹이 소문이 나면서 자연관광지로 관심을 끌기 시작했다. 철원은 보여주는 것만 보는 안보관광에서 제 발로 찾아가서 보는 생태평화 여행지로 거듭났다.

고석정을 지나 순담계곡까지 1.5킬로미터 구간은 물살이 세서 여름철 래프팅 명소가 된다. 순담계곡은 절벽으로 둘러싸인 협곡의 기암괴석 사이로 강물이 거친 소리를 내며 지금까지와는 다른 풍경을 보여준다. 백악기 화강암으로 이루어진 아기자기한 계곡과 수평절리, 수직절리의 절벽이 조화롭다.

순담계곡에서 잔도와 교량으로 연결된 한탄강 주상절리길의 시작점을 만난다. 총 길이 3.6킬로미터인 철원 한탄강 주상절리길은 순담계곡에서 절벽을 따라 지상 20~30미터 높이의 깎아지른 협곡 절벽에 만든 벼랑길로, 일명 '한탄강 하늘길'로 불린다. SNS를 통해 "중국의 산악지대나 가야 볼 수 있는 절벽과 허공 사이를 걷는 잔도(棧道)가 한국에도 있다"며 화제를 모으면서 개통 1년 만에 100만 명이 다녀갔다.

5 민북마을 건설, 재건촌 대마리와 통일촌 유곡리

철원 민간인통제구역 이북 지역에 전략촌이 건설된 것은 1950년대 말부터다. 정부는 주민들의 영농 편의, 식량 증산, 대북 전시효과 등을 위해 민통선 북방 미개척 토지를 개간해 민북마을을 건설하기 시작했다.

민북마을은 자립안정촌, 재건촌, 통일촌 등으로 구분된다. 자립안정촌은 한국전쟁 이전 원주민으로 구성된 마을로 월하리, 관전리, 도창리, 동막리 등이 해당한다. 재건촌은 민간인 보호와 대북 전시효과를 목적으로 정부 지원을 받아 농지 개간과 주택 건설이 이루어진 마을이다. 재건촌은 제대군인을 중심으로 형성된 대마리, 마현리, 생창리 등 군사안보중심형과 출입 영농인 · 연고자를 중심으로 형성된 정연리, 이길리, 양지리 등 영농중심형 마을이 있다. 통일촌은 재건촌을 보완하여 기반 시설을 확보하고 경작권을 보호해주는 마을로 파주 백연리, 철원 유곡리 등 전국에 2곳이 건설되었다. 철원에는 1959년 월하리를 시작으로 총 14개 민북마을이 조성되어 975가구가 입주했다.

두루미 평화마을이 된 오대쌀 주산지, 대마리

재건촌은 정부 계획에 따라 1968년 철원읍 대마리에 처음 조성되었다. 남방한계선 시작 지점에 마을을 조성한 목적은 대북심리전 우위와 국방력 강화, 식량 증산 등 일거삼득의 효과를 노린 것이었다. 철원과 연천에서 반공정신이 투철한 제대군인 출신 150명(철원 80명, 연천 70명)과 가족을 모집해 '향군촌'이라는 마을을 만들었다.

마을이 형성되기 1년 전인 1967년 제대군인 150명이 먼저 입주해 군용천막에서 생활하며 마을과 농토를 개척했다. 1년 뒤 1968년 8월 30일 150가구 830명의 주민이 입주했다. 입주 당시 경작지는 논 310헥타르, 밭 45헥타르였다. 정부는 경운기 15대를 마을에 지원했다.

한국전쟁 격전지였던 '철의 삼각지'에 이스라엘식 재건촌으로 세워진 대마리 준공식에는 내무장관과 1군 사령관이 참석했다. 당시 〈동아일보〉는 "피의 삼각지대로 불린 이곳은 북괴 측에서 빤히 보이는 휴전선 남방 1킬로미터 지점으로 유사시의 자체방위를 위해 예비군 특수중대를 설립, 여자들도 부락 방위에 나서도록 하였다"(1968년 8월 30일자)고 보도했다.

같은 날 〈경향신문〉은 "이날 입주식을 가진 향군 가족들은 그동안 대마리 지구에 2백 정보, 마현리 지구에 1백 정보의 황무지를 옥답으로 개간했는데 연간 2만 4천 석의 농작물을 수확할 수 있게 됐다"(1968년 8월 30일자)며 식량 증산 부분에 주목했다.

입주민들은 재건촌의 모델이 된 이스라엘 '키부츠'에 대한 교육을 받았다. "박정희 대통령이 이스라엘에 갔는데, 인구가 250만 명인데 전쟁을 할 수 있는 사람이 200만 명이라는 이야기를 들었대요. 어떻게 그게 가능한지 물으니 적이 쳐들어오면 상부의 명령 없이 논밭에서 총을 가지고 와 싸움을 한다고 그래요. 그래서 우리도 해보자 그렇게 해서 생기게 되었지. 그때는 간첩이 많이 넘어왔잖아요. 철책선이 뚫리면 다 동원되어 보초를 섰죠."

이스라엘의 키부츠(Kibbutz)는 전투와 영농이 결합된 집단 농업 공동체다. 이스라엘 말로 '공동체'를 뜻하는 키부츠는 토지 등을 공동 소유하고 모든 수입을 키부츠에 귀속하여 공동으로 소비하거나 균등하게 분배한다. 이름도 낯선 이 제도는 반공 이데올로기로 무장한 구성원들이 황무지를 개간해 정주하는 민북마을 개척의 모델이 되었다. 대단위 협업농업 모델은 입주 뒤 3년간 계속되다가 점차 농가별 토지분배가 이루어졌고 입주 8년째인 1976년 농가별로 토지분배가 완료되면서 개별농가 단위로 영농을 할 수 있게 되었다.

초기 입주민들은 낮에는 농지를 개간하고 밤에는 경계 작전에 동원되었다. 주민들의 증언에 따르면 농지를 개간하는 과정에서 7,000여 발의 지뢰를 제거

금학산에서 내려다 본 광활한 철원평야

하였고, 지뢰나 폭발물 사고로 7명이 숨지고 8명이 부상했다. 대마리 개척비에는 "피 흘려 찾은 땅, 피땀 흘려 개척했다"라고 쓰여 있다. 주민들이 꾸준히 황무지와 지뢰지대를 개간한 끝에 355헥타르였던 농경지는 2000년 832헥타르로 확대되었다. 1970년대 중반, 입주 1세대 자녀들이 분가하면서 거주지 확장이 이루어졌다. 대마리는 2000년 3월 민통선이 북상하고 검문소가 이전하면서 민북마을에서 해제되었다.

철원평야의 넓은 들판과 역곡천의 풍부한 물을 갖춘 대마리는 철원오대쌀의 주산지가 되었다. 겨울철이면 두루미와 재두루미가 찾아와 '두루미 평화마을'로 불린다. 203가구 492명의 대마리 주민들은 백마고지 오대쌀, 도라지청, 김치 등 농산물을 전자상거래로 판매하면서 소득을 올리고 있다. 주민들은 대마리의 개척 과정을 되살린 지뢰 찾기 체험, 천막 체험, 병영 체험과 함께 오대쌀의 재배, 생산 등 다양한 체험관광 프로그램을 운영하고 있다. 마을 입구에 노동당사의 건물 구조를 본떠 지은 두루미평화관은 각종 행사와 회의 시설로 사용된다. 두루미평화관 옥상에 올라가면 한국전쟁 격전지인 백마고지가 보인다.

오성산 코앞에 세워진 선전마을, 통일촌 유곡리

철원군 근북면 유곡리는 파주 백연리와 함께 조성된 통일촌 마을이다. 남방한계선 철책 아래 자리한 유곡리는 오성산 북 관측소가 내려다보는 곳으로, 입주 전까지 출입 영농조차 허용되지 않았다.

오성산(1,062미터)은 중국이 항미원조전쟁의 승전지로 내세우며 미제와 싸워 이긴 전투로 선전하는 중부전선의 요충지다. 평강평야의 천연병풍인 오성산(상감령) 전투는 미 8군 사령관 밴 플리트가 직접 진두지휘에 나설 만큼 양 진영이 필사적 기세로 맞붙었다. 낮에는 빼앗고 밤에는 빼앗기는 쟁탈전이 진행된 43일 동안 미군과 국군은 6만여 명의 병력과 대포 300여 문, 고사포 47문이 투입되어 190만 발의 포탄과 5,000개의 폭탄을 투하했지만 공산군의 철통 방어선을 뚫지 못했다. 이 전투로 2만 8,000명(유엔군 자료)에서 3만 7,000여 명(중국군 자료)에 달하는 유엔군과 중국군이 인명피해를 입었다. 국방부 전사편찬위원회가 펴낸『한국전쟁사 11』은 "유엔군 작전은 겨우 저격능선 일각만 확보하는데 그치고만 실패한 작전"이라고 기록했다.

이 전투에서 중국군이 승리할 수 있었던 것은 인해전술과 땅굴효과 때문이었다. 중국군은 제공권을 장악당한 불리한 여건에서도 땅굴을 이용해 무려 5개 사단 병력을 동원했다. 중국군은 미군의 막강한 전투기, 탱크, 야포의 폭격을 피하기 위해 1951년 가을부터 '한 손에는 총, 다른 한 손에는 곡괭이를 잡고' 전투와 함께 땅굴파기에 전력을 쏟았다. 1952년 8월 말 마침내 한반도 중앙을 횡단하는 난공불락의 '지하 만리장성'을 완성했다. 당시 〈UPI 통신〉은 "원자폭탄을 사용했더라도 오성산의 공산군을 없앨 수 없었을 것"이라고 보도했다.

유곡리 옆 마을인 생창리 십자탑 고지에서 내려다보면 오성산 아래로 북 평강평야와 유곡리 들판이 나란히 펼쳐져 있다.

유곡리의 초기 입주민들은 다른 재건촌과 마찬가지로 폭격에 불탄 마을을 재건하고 황무지를 개간해야 했다. 입주 1년 전부터 지뢰를 찾아 제거하고 삽과 호미로 농경지를 일구다가 1973년 7월 30일 60가구가 입주했다. 3사단 제대군인 30가구, 민간인 30가구로 이뤄진 주민들은 가구당 농경지 6,300여 평을 배당받아 경작하기 시작했다. 초기 이장은 장교 출신이 맡았고 중 · 상사 출신 제대군인들이 마을 운영과 관리의 주도권을 행사했다. 민간인은 부모와 같이 사는 사람이나 결혼하지 않은 사람은 배제했다. 유사시에 기동력 있게 적을 상대해야 하는 최전방 지역이라는 이유 때문이었다. 입주 후 2~3년 지나서야 조건이 완화되어 부모와 함께 살 수 있었다.

주민들은 수시로 군사훈련을 받았고 군인들과 함께 경계 근무를 섰다. 아침 일찍 군대식으로 삼부연폭포까지 구보로 뛰고 예비군훈련을 받듯 교육을 받았다. 군 보안부대원들의 점호를 받으며 등화관제에도 참여했다. 마을에는 무기고가 마련되어 가구별로 총기가 비치되었다. 마을 주택의 벽면은 총알이 관통할 수 없게 두텁게 세웠고, 집집마다 일련번호가 주어져 각 가정에 대한 신속한 지휘 통제가 가능하도록 했다.

일상적 복장과 경작물의 종류와 조경에 이르기까지 군의 통제 속에 주민들은 군사주의 문화에 적응해야 했다. 군의 규정에 따라 남자는 규정된 모자를 쓰고, 여자는 머플러 등 규정된 표식을 부착했다. 관혼상제를 제외하고는 술도 마시지 못했는데 농번기에는 1인당 하루 2잔까지 허용되었다. 2002년 세워진 유곡리 입주 30주년 기념비에는 "유곡리의 기반이 형성되기까지 입주민들의 피눈물과 땀이 배어 있는 정신을 영원히 후손들에게 계승하고 마을을 발전시키는 원동력이 되어야 하기에 글을 새겨둔다"고 적혀 있다.

일제강점기 때 270가구가 살았던 유곡리는 2022년 현재 61가구 106명이 살고 있으며 대부분 60대 이상이다. 전교생 150~200명이 다녔던 유곡초등학교는 폐교가 되어 2015년 숙박형 자연체험시설인 서울캠핑장이 들어섰다. 서울시가 직영하는 서울캠핑장에는 하루 100명이 이용할 수 있는 숙박형 자연체험시설과 숙박 데크가 조성되어 있다. 안보라는 이름 아래 생업 이상의 부담을 져야 했던 주민들은 이제야 외부 지원에 힘입어 숨통이 트이고 있다.

무주공산이었던 전략촌의 토지 소유권 분쟁

오랜 기간 주민들을 괴롭힌 민북마을의 구조적 문제는 토지 소유권 분쟁이었다. 농지개혁을 거치지 않았던 민통선 이북 수복지구는 무주공산으로 여겨졌다. 정부는 초기에 전략촌을 건설하면서 사실상 소유자가 없는 황무지를 개간해 입주 신청자들에게 분배하였다.

주민들은 토지의 소유권은 없지만 통일이 되기 전까지 장기간 안정적으로 경작할 수 있을 것으로 기대했다. 하지만 지뢰지대와 황무지를 개간해 옥토로 만들어놓자 농지의 원소유자들이 뒤늦게 나타나 주민과 갈등을 빚기 시작했다. "철원군에 따르면 민통선 북방 11개 마을 중 대마, 유곡, 생창, 마현 1 · 2리 등 5개 마을 815헥타르의 경작지는 지난 59년 현지주민들이 정부의 조치로 정착하면서부터 과거 연고를 주장하는 타지역 사람들과의 분쟁대상이 되기 시작, 추수철만 되면 농작물 소유다툼 등으로 골머리를 앓아 왔다."(〈동아일보〉 1981년 1월 16일자 7면)

원소유자들은 입주 정책을 시행한 국가를 상대로 손해배상이나 반환청구를 하지 않고 토지를 경작하는 주민을 상대로 소송을 제기했다. 대마리 등 전략촌 주민들은 억울함을 알리기 위해 백방으로 노력하였고 대법원까지 항소했으나, 판결은 원소유주의 소유권을 대부분 인정하는 것으로 나왔다. 일부 농가는 빚을 내서 농토를 매입했지만 소유주가 땅을 팔지 않거나 빚낼 형편이 안 되는 주민들은 땅을 임대하는 소작농으로 전락하였다. 전략촌 건설에 앞서 정부의 법적 준비 미비로 발생한 피해를 주민들이 고스란히 떠안아야 했다.

1983년 미복구 토지에 관한 특별조치법인 '수복지역 내 소유자 미복구 토지의 복구 등록과 보존 등기 등에 관한 특별조치법'이 시행되었지만, 토지 소유권 분쟁은 언제 다시 불거질지 알 수 없는 상황이다. 정부 정책에 따라 자의 반 타의 반 이주 정착한 입주민들의 삶의 기반은 여전히 취약한 상태로 남아 있다.

6 옛 명성을 되찾기 바라는 김화

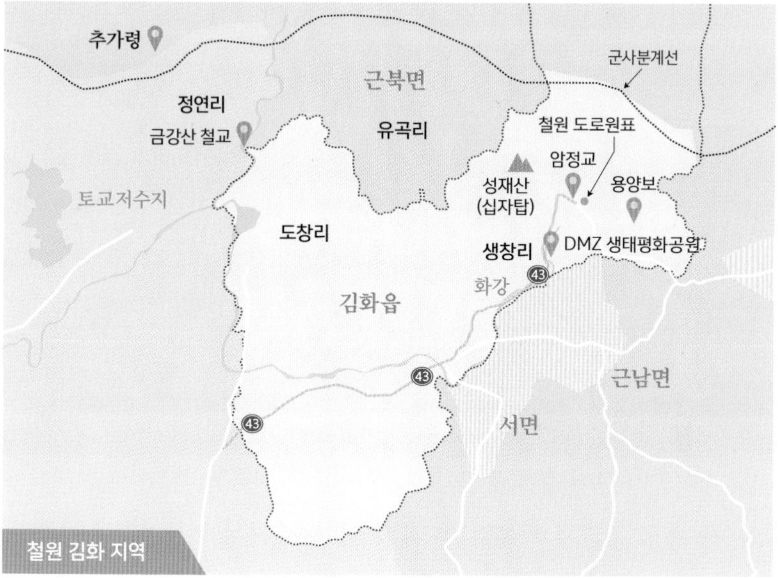

철원 김화 지역

김화는 1930년대 인구가 8만 7,000여 명으로 당시 강원도 21개 군 가운데 강릉에 이어 두 번째로 컸다. 사통팔달의 교통 요충지로 번성했던 김화는 전쟁이 끝난 뒤 남북으로 쪼개졌고 시가지에는 집 한 채 남지 않았다. 일부 지역이 북한과 DMZ에 편입되면서 면적도 줄어 1962년 철원군에 흡수되었다. 김화권은 현재 김화읍, 서면, 근남면, 근북면 등 4개 읍면에서 1만 2,000여 명의 주민이 생활하고 있다.

번성했던 김화군의 위상을 보여주는 김화~화천을 잇는 암정교와 도로원표, 금강산 전기철도의 교각 등이 총탄 자국을 뒤집어쓴 채 남아 있다. 이곳들은

1917년 무렵 건립된 김화 암정교. 한국전쟁 전까지 김화, 평강, 금성을 잇는 교통 요충지였다.

민간인통제구역으로 2016년 생창리에 DMZ 생태평화공원이 조성되기 전까지는 일반인 방문이 어려웠다.

옛 김화군의 향수를 가진 토박이들은 김화군의 복군을 주장하고 있다. 이들은 김화(金化)를 금화라고 부른다. 여기에는 쇠가 아니라 금이 되어 옛 명성을 되찾기를 바라는 마음이 담겨 있을 것이다. 2017년 생창리에는 '사라진 마을 김화이야기관'이 세워졌다. 한국전쟁으로 사라진 마을에 대한 복원 프로젝트로, 파괴된 삶의 터전에 대한 기억을 바탕으로 옛 시가지를 모형으로 재현했다.

생창리에 들어선 DMZ 생태평화공원

43번 국도변에 아담하게 형성된 김화읍 생창리는 최전방 재건촌 마을이다. 남북 체제경쟁이 한창이던 1970년 10월 30일 제대군인 100가구가 입주했는데, 감시가 쉽고 북에 더 큰 집으로 보이게 하려고 2가구 1주택 형식으로 집을 지었다. 북으로 성재산과 계웅산이 에워싸고 남으로 화강이 흐르는 배산임수의 고장인 생창리는 고구려시대부터 김화군의 중심지였다.

임진왜란 때는 왜군의 진격로였고, 병자호란 때는 남진하는 청나라 10만 대군에 맞서 홍명구와 유림 장군이 활약한 곳이다. 전쟁 전에는 국도 5호선과 43호선이 만나고, 금강산 전기철도가 지나면서 동서남북을 연결하는 물류·교통의 중심지였다. 하지만 한국전쟁 때 철의 삼각지 전쟁터의 한가운데에 속하면서 폐허가 되어 주민들은 뿔뿔이 흩어졌다.

2016년 생창리에는 DMZ 생태평화공원이 조성되었다. 환경부와 국방부(육군 3사단), 철원군은 공동협약을 맺고 전쟁, 평화, 생태가 공존하는 DMZ의 상징적 메시지를 전달하기 위해 민간인에게 한 번도 개방하지 않았던 곳에 생태탐방로를 조성했다. 탐방로는 추진철책 설치 이전에 DMZ였던 지역까지 들어가는 십자탑 탐방로와 용양보 탐방로로 이루어져 있다.

군 작전로를 따라 성재산 산등성이에 세워진 십자탑에 올라서면 오성산의 5개의 봉우리가 병풍처럼 펼쳐진다. 오성산은 나무 한 그루 없는 민둥산이다. 북한군이 시야 확보를 위해 4~5월이면 불을 지르기 때문이다. 산불이 바람을 타고 DMZ 남방한계선 앞까지 번져도 지뢰지대라 진화가 쉽지 않다. 소방인력 투입은 엄두를 내지 못하고 헬기를 띄우려면 유엔사의 승인이 필요해 초기 대응에 어려움을 겪는다. 김화뿐 아니라 DMZ 전 구간이 구조적으로 진화에 취약한 산불 사각지대인 셈이다. 생창리 오성산식당 사장은 "과거에는 한국군

김화 생창리 십자탑 고지에서 바라본 백골OP(왼쪽)와 오성산(오른쪽).

도 맞불을 놓았지만 지금은 꺼질 때까지 기다린다. 보통 나흘쯤 타고 나면 꺼진다"고 했다.

육군 3사단(백골사단)이 1979년 설치한 36.4미터 높이의 십자탑을 전망시설로 활용한 십자탑 탐방로에서는 남방한계선, 북방한계선의 철책과 백골 OP, 남북 GP 등 진지들을 살펴볼 수 있다. 한국전쟁 당시 고지전이 치열했던 저격능선 전투 현장이 인접해 있으며 오성산의 북한군 초소를 육안으로 볼 수 있다. 십자탑에는 당시 백골사단장 박세직 소장이 쓴 "북한 선교의 전초기지요, 신앙전력화의 표징으로 삼고자 전 장병의 뜻과 정성과 땀을 한데 모아 옛 격전지인 이곳 최전방고지에 승리의 십자탑을 건립한다"는 글귀가 새겨져 있다.

용양보 탐방로는 화강 둑방길을 따라 걷는 평지 트레킹 코스다. 화강은 북

김화군 금성면 수리봉에서 발원하여 쉬리마을을 지나 한탄강으로 유입되는 23.5킬로미터 길이의 하천이다. 그동안 남대천으로 불리다가 2009년 '꽃으로 덮힌 강'이란 뜻의 화강(花江)이라는 옛 이름을 되찾았다. 화강의 남한 쪽 첫 물길은 남방한계선 철책을 겸한 용양보 수문이다. 70년간 사람의 손길이 전혀 닿지 않은 원시 자연생태가 실감 나게 다가온다. 금강산 철교 교각을 이용해 만든 용양보는 DMZ 남방한계선 안에 조성된 농업용 보로 한국전쟁 때 피의 능선 전투 등 치열한 격전지 한가운데 위치한다. 국내에서 보기 어려운 호수형 습지인 용양보에는 왕버들 군락이 분포하며 계절별로 두루미, 고니, 가마우지 등 다양한 철새들이 찾아온다.

생창리 DMZ 생태평화공원은 DMZ를 조망하는 관측소와 군사시설 등을

북의 화강에서 오는 물길을 처음 만나는 김화 용양보. 일제 때 건설한 금강산 철교 교각을 이용해 DMZ 남방한계선 안에 농업용수를 공급하는 보를 만들었다.

볼 수 있어 안보관광의 성격도 띠지만, 전쟁으로 파괴된 자연생태계의 복원 과정을 체험할 수 있어 대표적인 DMZ 생태평화관광지라 할 수 있는 곳이다. 생태탐방로 개통으로 생창리에 숙소가 조성되고 주민 해설사, 지역 특산물 판매 등이 이뤄져 외부와 소통이 활발해지고 있다.

민들레가 피지 않는 '민들레 벌판' 김화 도창리

철원, 김화, 평강의 땅이 조금씩 만나는 철의 삼각지 마을인 김화 도창리에는 '민들레 벌판'이 있다. 약 50만 평 규모의 현무암 분지인 민들레 벌판은 지뢰지대로 오랫동안 사람의 접근이 금지된 땅이었다.

민들레 벌판은 자연 생태계가 보존된 청정지역으로 DMZ에서 흘러드는 맑은 물에서 두루미와 기러기가 월동하는 아름다운 땅이지만 정작 민들레는 없다. '민들레 벌판'이라는 이름은 옛날부터 내려온 것이 아니라 한국전쟁 이후 생겨났다. 사람들은 왜 민들레가 피지 않은 벌판을 민들레 벌판이라 부르게 된 걸까.

민들레 벌판의 유래는 27만 년 전으로 거슬러 오른다. 화산활동으로 형성된 도창리 용암대지에는 까맣고 곰보처럼 얽고 구멍이 숭숭 뚫린 현무암 돌이 파도 파도 끝없이 나왔다. 사람들은 그 돌을 구멍돌, 멍돌이라 불렀다. 멍돌이 널린 벌판은 멍돌뜰로 불리다가 나중에 멘들, 먼들로 불렸다. 먼들이 민들레가 된 것은 한국전쟁 때 미군이 작전지도에 이 지역을 'Mendle'이라고 표기하면서부터다. 영어로 쓰인 Mendle은 멘들 또는 민들레라고 읽혔다. 미군과 원주민들이 떠난 뒤 지뢰밭으로 변한 벌판을 사람들은 민들레 벌판이라고 부르기 시작했다.

한국전쟁 당시 민들레 벌판은 공격과 후퇴의 주요 길목으로 전략적 요충지였다. 점령한 쪽이 남한이든 북한이든 대량의 지뢰를 묻었다. 한국전쟁 때 수많은 피난민들이 이곳에서 지뢰를 밟고 죽었다. 피난민들 사이에 '먼 들에 가지 마라'라고 떠돌던 이야기는 지금의 '민들레 벌판'으로 구전 변형된 것이라는 이야기도 있다.

사방을 둘러봐도 구멍 난 돌멩이만 보이는 황무지인 민들레 벌판은 500여 명의 도창리 주민이 1급수인 화강 물을 활용해 '민들레쌀'을 생산하는 곡창지대로 바꿔놓았다. 화산석 위 기름진 점질토에서 재배된 민들레쌀은 전국 2,500가구만 먹을 수 있는 귀한 쌀로 대접받으며 비싼 값에 팔려나간다.

민들레 벌판은 DMZ와 한탄강을 접하고 있고 민간인 출입이 제한되어 겨울철이면 두루미 낙원으로 변신한다. 겨울 철새들은 사람들이 쓸모없다며 버려놓은 땅의 가치를 알아보고 민들레쌀과 두루미 낙원이라는 고품격 자원으로 만들었다. 세월이 많이 흘렀지만 민들레 벌판의 많은 부분은 미확인 지뢰지대로 남았다. 철조망으로 단절된 벌판은 지뢰라는 이름표를 달고 민간인의 출입을 막고 있다. 민들레 벌판에는 나무와 새, 고라니가 지뢰와 동거하고 있다.

도창리에는 지금도 가끔 지뢰 사고가 발생해 주민들의 생명을 위협하고 있다. 2022년 7월 3일 오전 9시 40분, 도창리 유곡천에서는 엄청난 폭발음과 함께 불기둥이 솟았다. 대전차 지뢰 폭발이었다. 굴삭기 기사인 50대 남성이 현장에서 숨졌고 30톤에 달하는 대형 굴삭기는 형체를 알아볼 수 없을 정도로 파손되었다. 지뢰가 있던 자리에는 어른 대여섯 명이 들어갈 만한 커다란 구덩이가 생겨났다. 파편이 튀면서 사고 현장에서 200미터 떨어진 전신주의 고압전선이 끊겨 인근 마을 1,900여 가구가 90분 동안 정전되기까지 했다. 여러 발의 지뢰가 동시에 폭발했을 것으로 추정되었지만 미확인 지뢰밭이라 조사는 물론 시신 수습조차 어려웠다.

민통선 입주민 “지뢰 보상요구 않겠다” 각서

초기 민북마을 입주민들의 가장 큰 두려움의 대상은 대인지뢰였다. 주민들은 주변에서 지뢰 사고를 당하는 것을 눈으로 보면서 어린 시절을 보냈고, 학교에서는 선생님으로부터 공부하라는 말보다 지뢰 조심하라는 말을 더 많이 들으면서 자랐다.

지뢰 사고는 한국전쟁 직후보다 1960년대에 가장 많았다. 철원 대마리, 생창리, 유곡리 등 민통선 안 지뢰지대에 마을을 만들어 민간인을 입주시키면서 피해 규모가 커졌다. 농경지를 개척하던 입주 초기에 발생한 지뢰 사고는 은폐된 경우가 많아 정확한 피해 상황이 파악되지 않고 있다. 평화나눔회에 따르면 강원도 지역의 지뢰 피해자는 양구군이 39퍼센트로 가장 많았고, 철원군이 30퍼센트로 뒤를 이었다. 주민들은 지뢰 피해에 대해 ‘배상을 요구하지 않고 외부에 알리지 않는다’는 각서를 쓰고 입주한 터라 사고를 당해도 보상이 제대로 이루어지지 않았다.

전방에 대량으로 묻혀 있는 지뢰도 문제지만, 더 큰 문제는 어떤 지뢰가 어디에 얼마만큼 묻혔는지 모른다는 점이다. 한국전쟁에서 한국군과 미국군, 북한군, 중국군 누구라 할 것 없이 전선 곳곳에 지뢰를 묻었다. 지뢰 매설 작업은 전쟁이 끝난 뒤에도 계속되었다. 냉전기인 1960년대 미군은 민통선에 지뢰를 집중적으로 묻었는데, 이들 지뢰는 대부분 미확인 지뢰로 남았다. 1970년대 초 미군이 민통선에서 철수하면서 관련 정보를 한국 쪽에 넘기지 않아서다.

환경단체인 생태지평은 이렇게 방치된 미확인 미군 지뢰가 60만 발가량 될 것으로 추정하고 있다. 국방부는 남한지역 대인 · 대전차 지뢰를 약 112만 5,000개로 집계하였다. 정부와 시민단체, 전문가들의 추정치를 종합하면, 남한에는 약 130만 발의 지뢰가 묻혀 있을 것으로 예상된다. 매설 면적은 약 2억

9,700평이다.

군은 1990년대부터 해마다 4억여 원을 들여 비무장지대와 후방지역 지뢰를 제거하고 있다. 연간 수거량은 500발 정도다. 녹색연합은 이런 방식으로는 남한의 모든 지뢰를 제거하는 데 1조 340억 원의 비용과 469년이라는 시간이 필요하다고 보았다. 그만큼 지뢰 제거는 많은 비용과 시간이 요구된다. 지뢰 피해자를 돕는 민간단체인 평화나눔회의 조재국 대표는 "지뢰 문제 해결을 위해 비무장지대 일원의 지뢰지대를 국제사회에 개방하고 유엔 등 국제기구의 협력을 끌어낸다면 한반도의 지뢰 제거는 넘지 못할 산이 아니다"라고 말했다. 문재인 대통령은 2019년 유엔총회 연설에서 비무장지대의 국제평화지대화를 제안하며 지뢰 제거를 위한 유엔지뢰행동조직 등 국제사회의 협력을 요청했다.

서울대 환경계획연구소 유재심 박사는 다른 의견을 제시한다. 그는 "지뢰의 수명은 100년 이상 된다고 한다. 지뢰가 저절로 기능을 못할 때까지 30년 정도 기다리면 비무장지대는 큰 숲으로 한반도의 허파가 될 것이다. 남북의 다음 세대가 그 숲을 보전할지 개발할지 협의해 결정하면 된다"고 했다. 유 박사의 의견처럼 DMZ의 지뢰를 제거하지 말고 생명이 다할 때까지 그대로 두는 것도 DMZ를 보전하는 한 방법이 될 수 있겠다. 원시 생태계가 복원된 지뢰지대는 동식물의 낙원이 되었고 한반도 미래를 여는 희망의 땅이 될 것이다.

근대 관광의 발상지, 금강산 전기철도

도창리와 정연리 사이 민통선에는 금강산 가는 철교가 있다. 1926년 건립된 금강산 전기철도용 교량에는 '끊어진 철길! 금강산 90키로'라는 문구가 붙어 있다.

1931년 7월 1일 철원에서 내금강에 이르는 금강산철도가 개통되었다. 116.6킬로미터에 달하는 국내 최초의 관광용 전기철도다. 1919년 착공한 뒤 1924년 8월 1일 철원~김화 구간 1차 개통에 이어 7년 만에 전체구간이 운행되었다.

금강산 전기철도는 북한강 수력발전을 이용해 생산한 전기를 썼다. 초대 금강산전기철도주식회사 사장인 구미다미 노스케는 북한강 상류 화천을 막아 낙차점에 4개의 유역변경식 수력발전소를 만들었다. 기차를 운행하고 남은 전력은 주택 8,800호와 광산, 정미소를 돌렸다. 나중에는 서울까지 송전하여 2만 9,000호가 혜택을 받았다.

금강산 전기철도는 일제가 창도 지역의 지하자원인 유화, 철을 흥남의 제련소를 거쳐 일본으로 반출하는 데 사용되었으며 관광용으로 쓰임새가 확대되었다. 금강산 열차 관광은 한국의 근대 관광산업의 시작이며 강원도 개발에 큰 역할을 하였다. 객차 15량을 단 관광열차가 하루 7~8회 운행했으며, 봄가을 성수기에는 서울역에서 직통 침대열차가 다니기도 했다. 철원역에서 출발해 종착역인 내금강까지 4시간 반이 걸렸는데 당시 요금은 쌀 한 가마 값인 7원 56전이었다. 금강산 열차는 1942년 한 해에만 관광객 90만 명과 화물 23만 톤을 실어 날라 125만 원의 수입을 올렸다. 현재 가치로 따지면 약 400억 원에 달한다.

2차 세계대전 중인 1944년 10월에 창도~내금강 사이 궤도가 철거되었고, 한국전쟁 때는 북한군이 군수물자 수송에 이용했다. 이후 휴전선이 생기면서 철도 사용이 중단되었다. 2004년 9월 4일 등록문화재 112호로 지정됐으며, 2007년 교량 보수작업을 거쳐 일반에 공개되었다.

한반도 최고 명승지인 금강산은 조선시대에 내국인은 물론 중국이나 일본의 사신들도 꼭 가보고 싶어 했던 곳이다. 조선 후기 제주도의 기생 김만덕과 관련된 일화는 이를 잘 보여준다. 성차별이 엄격했던 당시 여성 사업가로 크게 성공한 김만덕은 제주에 기근이 닥치자 자신이 모은 재산을 풀어 백성들을 먹여 살렸다. 이 소식을 들은 정조는 김만덕에게 상을 주려고 했으나 만덕은 사양하며 금강산 관광을 요청했다. 『조선왕조실록』은 당시 사실을 이렇게 기록하였다.

"제주의 기생 만덕이 재물을 풀어서 굶주리는 백성들의 목숨을 구하였다고 목사가 보고하였다. 상을 주려고 하자 만덕은 사양하면서 바다를 건너 상경하여 금강산을 유람하기를 원하였다. 허락해 주고 나서 금강산으로 가는 길에 있는 고을들로 하여금 만덕에게 양식을 지급하게 하였다."(『조선왕조실록』, 정조 20년 11월 25일)

화천군

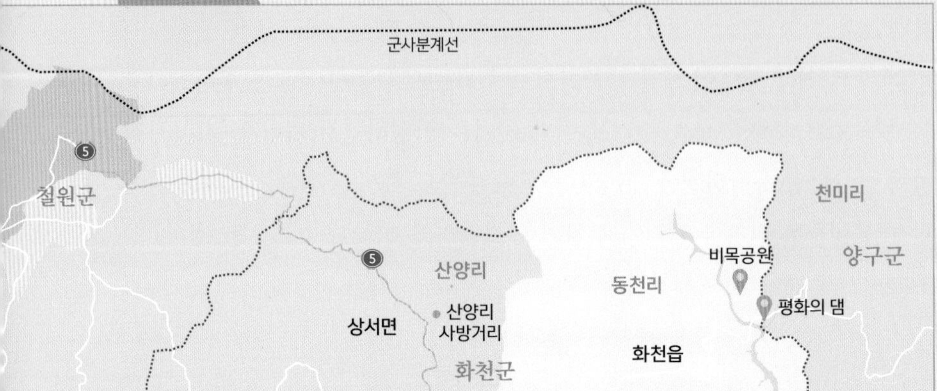

군사분계선
철원군
천미리
비목공원
양구군
산양리
동천리
평화의 댐
산양리
사방거리
상서면
화천읍
화천군
백암산
(비목 기념비)
화천댐
파로호 선착장
파로호
사내면
구만리
사창리
화천호
춘천시

7 '솔저 스트리트' 화천 사방거리의 추억

강원도에서 군인들이 가장 많이 주둔하는 화천에는 장병들의 외출, 외박만을 바라보며 형성된 군인 도시들이 여럿 있다. 대표적인 군인 마을은 상서면 산양리 '사방거리'다. 춘천에서 화천을 지나 북쪽으로 20여 킬로미터를 달리다 보면 상점들이 즐비하게 늘어선 사방거리를 만나게 된다. 산양리가 사방거리로 불리게 된 것은 두 가지 설이 있다. 한국전쟁 뒤 폭격으로 지역을 구분할 수 있는 건물이나 이정표가 없던 시절, 이곳에 정착한 제대군인들이 자신의 거주지를 알리기 위해 '사방으로 도로가 뻗어 있다'는 뜻으로 불렀다는 게 첫 번째 설이다. 또 한 가지는 일제강점기 때 산양역이 있던 번화한 곳이었는데 장날이면 상인들이 이곳에서 사방으로 흩어진다고 해서 생겼다는 설이다. 사방거리에 관한 옛 자료가 없어 확인하기는 어렵지만 산양역은 동서남북으로 길이 난 사통팔달 거리다.

다방, 술집은 카페, 편의점, PC방으로

사방거리는 한국전쟁 이후 전역병들이 고향으로 돌아가지 않고 산양리 일대에 정착하면서부터 생겼다. 이 지역은 대성산과 백암산, 적근산, 추파령 등 험한 산세에 둘러싸여 있고, 수십 개 부대가 주둔하는 군사요충지다.

1970~1980년대 이 거리는 군 장병들로 특수를 이루었다. 외출, 외박 나온 군인들이 각을 세운 군복을 입고 사방거리에서 가족, 연인, 친구들을 만나 1박 2일의 자유를 누렸다. 이 때문에 사방거리는 식당과 여관, 다방, 술집이 밀집된 독특한 '솔저 스트리트'가 됐다.

1만여 명의 장병이 주변 부대에 주둔하는 것으로 추정되는 산양리는 주말이면 전국에서 온 차량들로 2차로 거리가 가득 메워졌다. 1990년대까지만 해도 사방거리 주변에만 130개의 업소가 있을 정도로 상권이 붐볐다. 상인들도 '돈을 세다 잠이 들 정도'로 장사 재미를 보았다. 부대 복귀 시간이 가까워지면 아들의, 연인의 손을 놓지 못하고 참았던 눈물을 훔치곤 했다.

사방거리는 2000년 무렵 군부대 위수지역이 확대되면서 옛 모습을 잃었다. 군인들이 사방거리를 떠나 화천읍으로 나가는 경우가 잦아졌다. 군인들이 안 오니 주민들도 마을을 떠나가고 가게는 40여 곳으로 줄었다. 다방과 술집이 커피숍, PC방으로 바뀌었지만 침체를 벗어나지 못했다.

건물 노후화로 그나마 오던 군인들마저 외면해 마을이 소멸위기에 몰리자 강원도와 화천군, 군부대, 상인들이 옛 명성을 되찾기 위해 팔을 걷었다. 화천군은 사방거리 일대의 경관을 개선하고 군 장병 쉼터를 조성했다. 북카페와 스크린 야구장, 스크린 골프장, 실내 골프연습장 등이 들어서 민군 상생의 문화공간으로 자리 잡았다. 군 장병 쉼터 옆에는 영화관과 탁구장, 실내체육관이 있어 외출 · 외박 장병들과 주민들이 외지에 나가지 않고도 스포츠와 문화

생활을 즐길 수 있게 되었다. 군부대는 사방거리에서 음악회와 축제를 열고 상인들은 신세대 장병 코드에 맞춰 카페, 편의점, PC방 등을 새로 열면서 사방거리는 잃었던 생기를 되찾고 있다.

전방 부대 통폐합 '솔저 스트리트' 저격

정부의 국방개혁 2.0 추진으로 전방 군부대가 통폐합되면서 군인 도시들이 심각한 위기를 겪고 있다. 군인 손님들에 의존했던 화천, 양구, 철원, 인제, 고성 등 강원도 접경지역 상권은 침체일로다. 가장 많은 병사가 빠져나간 화천군 사내면은 점포의 절반이 문을 닫는 등 유령도시로 변하고 있다.

육군 27사단 '이기자 부대'가 67년간 주둔했던 사내면 사창리는 27사단 해체로 6,800여 명의 병사가 빠져나가면서 지역이 활기를 잃었다. 평일 주말 할 것 없이 항상 손님이 넘쳤던 PC방들이 문을 닫았고 식당에서도 군인 손님을 구경한 지 오래다. 펜션과 모텔 등 숙박업소는 벌써 오래전부터 개점휴업 상태다. 부사관 등 직업군인의 자녀들이 다니던 초등학교도 폐교 위기로 몰렸다. 이해복 사내면 상가번영회장은 27사단 해체가 본격화한 뒤 상가 절반가량이 폐업하거나 이전했다고 말한다. 김종섭 사창1리 이장은 "군부대들의 위수지역 폐지와 장병들의 평일 외출, 외박이 가능해지면서 지역 상권만 걱정했는데 군부대 자체가 이전한다니 희망이 사라졌다. 군부대 이전으로 주민들 삶의 근거지가 송두리째 사라지지 않을까 걱정"이라고 했다.

양구, 철원에서도 군부대의 이전, 해체로 문 닫는 상가가 속출하고 곳곳에 점포임대 표지가 나붙는 등 지역 황폐화가 현실로 다가오고 있다. 양구 중앙시장과 신철원전통시장, 와수전통시장, 화천전통시장 등 지역의 중심상권도 찾는 발길이 확 줄었다.

강원도 접경지역에서는 양구와 화천의 2사단과 27사단이 해체에 들어갔고, 철원의 6사단은 경기도 포천으로 이전하며, 고성의 22사단은 동해안에 분산 배치된다. 군부대가 해체, 이전하면 강원도 5개 접경지역에서만 장병 2만 5,900여명이 빠져나갈 것으로 예상된다. 이들 지역에서는 지금까지 15만 7,000여 명의 주민과 주둔 장병 10만 5,000여명이 지역 경제를 지탱해왔다. 하지만 기밀 · 보안이라는 이유로 관련 정보가 잘 공유되지 않고, 국방개혁 추진에 따른 상권 침체 등 피해 보상 대책도 없는 실정이다.

접경지역 주민들은 국방개혁 반대 투쟁위원회를 꾸리고, 상생 없는 국방개혁 전면 백지화를 요구했다. 투쟁위의 문경훈 대표위원장은 "반세기 넘게 국가 안보를 위해 각종 규제를 참으며 묵묵히 희생해 온 대가가 군부대 이전 · 해체로 마을 공동화라니 허탈하다. 지역경제 피해가 최소화될 수 있도록 국방부와 지자체가 민군협력모델을 만들어줘야 한다"며 정부의 적극적인 지원책을 호소했다.

8 구만리의 대붕호, '오랑캐 깨부순' 파로호가 되다

해방을 1년 앞둔 1944년 일제는 화천의 북한강 협곡을 막아 수력발전이 가능한 화천댐을 축조했다. 대륙 침략을 위한 전력을 생산하기 위해 북한강 물길의 흐름을 360도 바꾸는 대공사였다.

높이 81.5미터, 길이 435미터, 저수량 약 10억 1,800만 톤의 화천댐이 간동면 구만리에 들어섰다. 호수의 이름은 화천호, 화천저수지 혹은 대붕호(大鵬湖)라 불렸다. 대붕호란 이름이 붙은 이유는 멀리서 내려다본 호수의 모습이 거대한 새가 날개를 펴고 날아가는 형상을 하고 있기 때문이라고 한다. 댐이 들어선 구만리(九萬里)는 양구~화천 간 북한강 골짜기를 굽이굽이 돌면서 흐른다고 해서 유래된 이름이다. 크기가 수천 리에 달하고 한 번 날갯짓으로 구만 리를 날아간다는 전설 속의 새 대붕과 구만리는 궁합이 잘 어울리는 이름이다.

주민들은 일제에 호수 이름을 대붕호라고 지어달라고 건의했다. 하지만 대붕이라는 이름이 거슬렸던 일제는 대붕보다 작은 전설 속의 새 이름인 대명이라는 이름에다 호수 대신 둑을 의미하는 '제' 자를 붙여 대붕호 대신 대명제(大鵬堤)라는 명판을 댐 제방에 새겼다.

화천발전소를 두고 벌어진 쟁탈전

대붕호와 화천수력발전소는 완공 후 주인이 다섯 번이나 바뀌었다. 일제가 건설하고 1년도 못 쓴 화천댐은 해방과 함께 38선 이북의 북한령이 되었다.

1948년 북한이 단전 조치와 함께 북한강 물을 막아버리자 하류의 청평댐 등 수력발전은 큰 피해를 보았고, 남한은 가뭄과 전력 부족에 시달려야 했다. 전력이 부족했던 남한은 한국전쟁이 발발하자 화천발전소 수복을 첫 번째 목표로 삼았다. 북한 역시 전력이 부족하기는 매한가지였다. 화천발전소를 차지하기 위한 남과 북의 싸움은 필사적이었다.

1950년 10월 1일, 38선을 넘어 북진할 때 대붕호는 남한 땅이 되었으나 1 · 4 후퇴로 다시 북한 땅이 되었다. 1951년 5월 남한으로 또 주인이 바뀌었는데 주인공은 육군 6사단이었다. 중국군의 2차 춘계공세를 용문산에서 막아낸 육군 6사단 병사들은 결사적으로 북진하여 화천발전소까지 점령하였다. 중국군 3개 사단 2만 4,141명이 전사하여 수장된 이 전투는 한국전쟁 사상 최고의 전과였고, 대붕호가 파로호가 된 사연이기도 하다.

1955년 10월 18일, 파로호에서는 대통령까지 참석한 거대한 기념식이 열렸다. 파로호 명명 기념탑 제막식이었다. 대통령 이승만은 '오랑캐를 깨부순 호수'라는 뜻의 파로호(破虜湖)라는 친필 휘호를 내렸다. 커다란 날개로 온 세상을 품는다는 대붕의 큰 뜻이 적에 대한 적개심과 증오심으로 둔갑한 순간이었다. 적을 죽여야만 내가 사는 전쟁, 그 비극적 필연으로 수만 명 목숨이 스러진 현장을 바라본 대통령의 시선에는 비록 적군이었지만 인간에 대한 존엄과 예

화천전투 때 중국군 수만 명을 수장했다는 파로호. 북한강변을 따라 파로호를 구석구석 볼 수 있는 파로호 산소(O_2) 100리길이 조성되어 있다.

의라고는 찾아볼 수 없었다.

2019년 강원도가 남북평화시대에 중국과 북한에 대한 적대 의식을 담은 파로호 명칭을 대붕호로 바꾸기 위해 주민 의견수렴에 나서자 보수언론은 개명에 반대하는 기사와 논설을 쏟아냈다. 중국 외교부도 2018년 주중 한국대사관을 통해 파로호의 명칭 변경을 요구했지만 받아들여지지 않았다. 북한에서는 이 호수를 화천저수지라고 부른다.

1990년 화천전투의 대승을 기념하기 위해 파로호 안보전시관이 건립되었다. 파로호에는 잉어, 붕어, 메기, 쏘가리 등 각종 담수어가 풍부해 낚시인들이 끊이지 않는다. 구만리 선착장에서 평화의 댐까지 유람선도 운행한다.

정전협정이 임박하자 공산군은 화천발전소 탈환을 위해 결사적으로 매달렸다. 김일성은 "화천발전소만은 넘겨줄 수 없다"며 탈환을 독려했다. 국군도 서부전선 일부를 포기하는 한이 있더라도 서울의 주요 전력 공급원인 화천댐을 반드시 차지해야 했다. 이승만은 "화천발전소는 반드시 지켜야 한다"며 절대 사수를 명령했다.

1953년 7월 13일 총공세에 나선 중국군은 금성 전투에서 요지를 차지한 뒤 백암산 공격에 나섰다. 화천읍과 철원군 원동면 사이에 위치한 백암산(1,178미터)은 화천댐을 차지하기 위해 반드시 점령해야 하는 요충지였다. 백암산은 화천댐과 직선거리로 12킬로미터에 위치해 화천댐 사수를 위한 마지노선으로 여겨졌다. 또한 백암산은 중부내륙을 지키는 관문과 같은 곳이기도 했다. 백암산을 내주면 춘천과 원주, 제천 등 중부내륙을 통해 남부지역까지 갈 수 있어 국군은 백암산에 최정예 전력을 집중했다. 이 때문에 중부전선 전투는 백암산 쟁탈전 양상으로 전개되었다.

처절한 고지전 끝에 7월 15일 오후 백암산과 1051고지가 중국군 수중에 떨어졌다. 백암산 남쪽 고지에 방어선을 구축하고 정상 탈환을 시도하던 한국군은 3일 만인 18일 아침 항공 폭격이 끝난 뒤 국군 5사단 27연대가 정상 탈환에 성공했다. 한 달간의 치열한 공방전 끝에 국군은 백암산을 등 뒤에 두고 정전을 맞았다.

국군이 백암산을 탈환하자 이제 중국군은 20일 백암산 전투 병력 일부를 425고지와 406고지에 투입해 금성천과 화천발전소를 노리는 고지전을 감행했다. 화천 북방 철책선 1.2킬로미터 지점의 DMZ에 위치한 425고지를 탈취하기 위한 중국군의 총공세가 펼쳐졌다. 국군 5사단과 8사단, 6사단 7연대 병사들이 백병전 끝에 고지를 사수했다. 이 전투로 중국군 400여 명과 한국군 160여 명이 목숨을 잃었다.

화천발전소를 두고 치러진 425고지 전투는 한국전쟁의 마지막 승전으로 기록되었다. 이 전투의 승리로 휴전선이 35킬로미터나 북상하였고 화천댐을 포함한 호수 전체가 남한 영토가 되었다. 칠성전망대에서 425고지와 406고지를 조망할 수 있다.

돌무덤 위에 세워진 비목

백암산은 가곡 〈비목〉의 탄생지다. 〈비목〉의 작사가인 한명희는 1964년 백암산 수색대 소대장으로 근무하면서 백암산 기슭에서 한국전쟁 당시 숨진 이름 모를 병사의 돌무덤과 철모가 올려진 나무로 만든 비[碑木]를 발견했다. 병사들의 유해는 전쟁이 끝난 지 10년이 지나도록 제대로 수습되지 못해 돌무덤 아래나 이름 모를 골짜기에서 발견되었다. 화약 냄새가 채 가시지 않은 백암산에서 그는 처참하게 쓰러져간 또래의 젊은이들을 생각하며 비목의 노랫말을 썼다.

초연이 쓸고 간 깊은 계곡, 깊은 계곡 양지 녘에
비바람 긴 세월로 이름 모를, 이름 모를 비목이여
먼 고향 초동 친구 두고 온 하늘가
그리워 마디마디 이끼 되어 맺혔네

궁노루 산울림 달빛 타고, 달빛 타고 흐르는 밤
홀로 선 적막감에 울어 지친, 울어 지친 비목이여

그 옛날 천진스런 추억은 애달퍼
서러움 알알이 돌이 되어 쌓였네

이 노래는 작곡가 장일남이 곡을 붙여 1969년 발표되자마자 국민 애창 가곡이 되었다. 백암산 OP 정상에 〈비목〉의 가사가 새겨진 기념비가 세워졌고 평화의 댐 인근에 '비목 공원'이 조성되었다.

화약 냄새가 진동하던 백암산은 평화생태특구가 되어 평화생태관광 명소로 거듭나고 있다. 백암산 정상까지는 2022년부터 '백암산 케이블카'가 운행되고 있다. 백암산 케이블카는 파로호 유람선과 연계해 운행하며, 중동부 최전방 민통선을 오가면서 DMZ 생태와 비경을 볼 수 있다. 백암산 정상에서는

전쟁 후 백암산 기슭에서 발견된 이름 모를 병사의 돌무덤과 나무로 만든 비가 국민가곡 '비목'의 탄생 배경이 되었다.

남북 대결의 상징처럼 여겨져 온 평화의 댐과 금강산댐(임남댐), 북한의 농촌 마을 등을 조망할 수 있다. 백암산에서 평화의 댐까지는 직선거리로 약 12킬로미터, 금강산댐까지는 17킬로미터다.

"서울 물바다" 평화의 댐 건설 국민모금운동

"북한이 북한강에 최대 저수량 200억 톤의 대규모 댐을 비밀리에 축조하고 있으며, 이를 붕괴하여 수공에 사용한다면 서울은 12~16시간 안에 물바다가 되고 여의도 63빌딩의 3분의 2, 국회의사당의 지붕 부분만 남게 될 것이다."

1986년 11월 전두환 정부는 북한의 임남댐 수공을 방어하기 위한 대응 댐의 건설계획을 발표하며 충격적인 시뮬레이션을 공개했다. 언론은 특집프로그램까지 만들어 63빌딩, 국회의사당, 서울시청 등 서울 시내 주요 건물이 물에 잠기는 모형을 보여주며 '서울 물바다론'을 집중보도했다. 대학교수와 전문가들이 방송에 나와 공포 분위기를 띄우면서 국민의 불안감은 극에 달했다.

평화의 댐 건설을 위한 범국민 모금 운동이 벌어졌다. 기업과 국민은 반강제로 모금에 동참했고 초등학생들도 돼지저금통을 털어 보탰다. 직선제 개헌과 민주화를 요구하던 야권과 시민, 대학생의 시위는 위축되었다.

1987년 2월 28일 화천댐 상류 24킬로미터 지점인 화천읍 동촌리에서 '평화의 댐' 기공식이 열렸다. 1988년 서울올림픽 이전까지 1단계 공사를 마무리하고, 이후 임남댐 건설과정을 지켜보며 나머지 공사를 진행하기로 하였다. 1988년 5월 27일 화천읍 동촌리에서 양구군 방산면 천미리를 연결하는 길이 414미터, 높이 80미터, 최대 저수량 5억 9,000만 톤의 1단계 댐 축조 공사가 완료되었다. 모금된 국민 성금 661억 원 가운데 639억 원이 공사비로 투입되었다.

국면전환용 대국민 사기극

1993년 김영삼 정부는 평화의 댐에 대한 감사 결과를 발표했다. 결론적으로 평화의 댐은 대국민 사기극이었다. 금강산댐(임남댐) 위협은 터무니없이 과장됐으며, 전두환이 정권 유지 차원에서 불안감을 조성하기 위한 국면전환용이었다. 전 국민이 분노했다. 발전 기능과 인위적 홍수조절 기능이 없는 평화의 댐은 천덕꾸러기가 되어 흉물로 남게 되었다.

무용론이 제기되던 평화의 댐은 2002년 극적인 반전을 맞는다. 평화의 댐 북쪽 24킬로미터 지점에 완공된 금강산댐 상층부에 균열이 발견되어 붕괴 위험이 제기되자 김대중 정부는 방치되었던 평화의 댐 후속 공사에 착공하였다. 2006년 2단계 공사로 댐 높이가 80미터에서 125미터로 높아지고 최대 저수량은 26억 3,000만 톤이 되었다. 금강산댐(26억 2,000만 톤)보다 1,000만 톤이 많아 금강산댐이 붕괴해도 막아낼 수 있는 규모다.

북한에서는 임남댐이라 부르는 금강산댐은 높이 121.5미터, 폭 710미터로 1986년 공사를 시작해 17년만인 2003년 완공되었다. 이 댐이 지어지면서 서울~금강산 길목인 옛 김화군 통구면과 창도면, 임남면, 양구군 수입면 등이 물에 잠겼다.

북한강에 평화가 찾아왔지만 물을 둘러싼 남북 간 갈등은 끝난 게 아니었다. 북한강 상류에 댐들이 들어서면서 파로호의 물이 줄어들었고, 금강산에서 발원한 북한강은 흐르지 않는 강이 되어버렸다. 평화의 댐 옆에는 2009년 5월 개장한 '세계 평화의 종 공원'을 비롯해 비목공원, 물문화관, 상설 야외공연장이 들어서 통일안보 관광지가 되었다. '세계 평화의 종'은 세계 60여 개 분쟁 지역에서 보내온 탄피 37.5톤을 녹여 만든 높이 5미터, 너비 3미터의 세계에서 가장 큰 종이다. 물길을 막고 끊어도 북한강은 여전히 살아서 꿈틀댄다.

북한의 금강산댐 수공 방어를 내세워 대국민 모금운동으로 건립한 평화의 댐.

평화의 댐은 군사분계선을 자유롭게 넘나드는 수달과, 가곡 '비목'에 등장하는 궁노루(사향노루)의 놀이터가 되었다.

양구군과 인제군

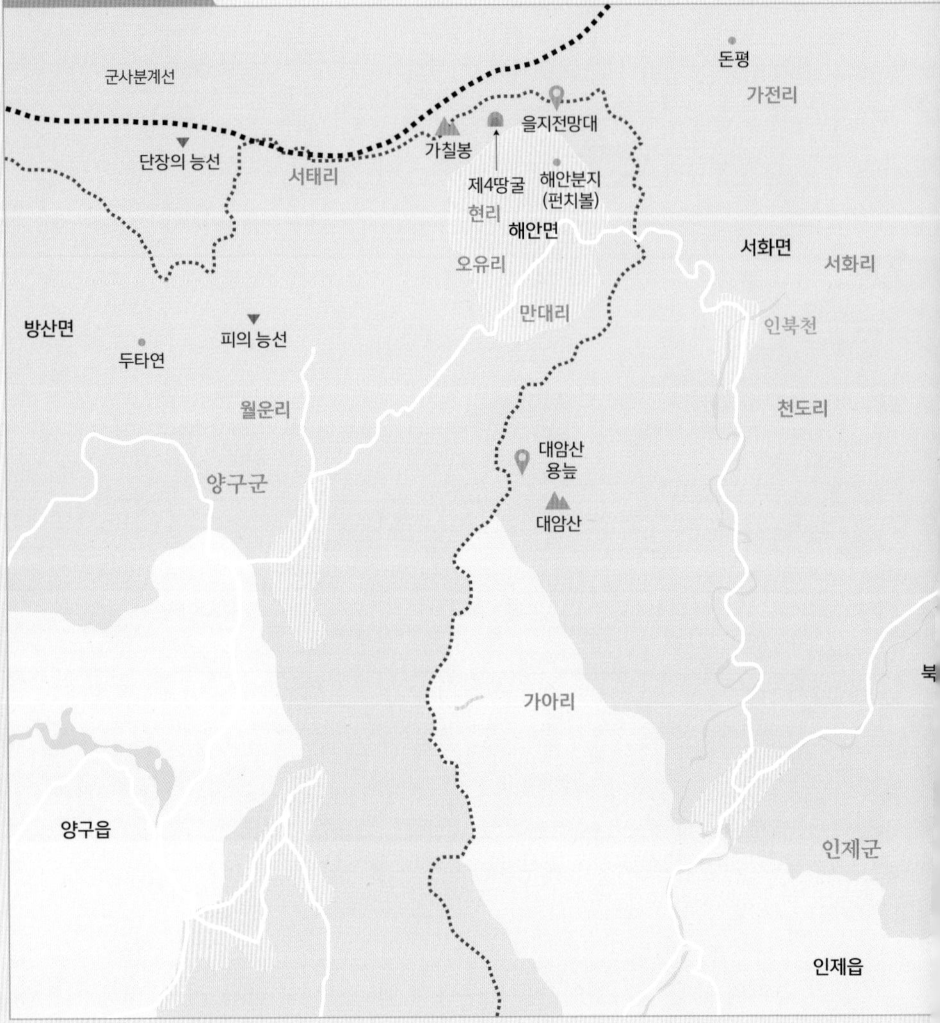
군사분계선
돈평
가전리
을지전망대
가칠봉
단장의 능선
서태리
제4땅굴
해안분지
(펀치볼)
현리
해안면
서화면
서화리
오유리
만대리
인북천
방산면
피의 능선
두타연
월운리
천도리
대암산
용늪
양구군
대암산
북
가아리
양구읍
인제군
인제읍

9 '금강산 가는 길' 두타연의 산양과 열목어

피맺힌 전투가 벌어졌던 단장의 능선 아래 양구군 방산면에 두타연이 있다. 금강산 가는 길의 오른쪽 깎아지른 듯한 절벽이 단장의 능선이다. 비득고개 넘어 18킬로미터에 걸쳐 고지들이 남북으로 늘어서 있다.

금강산 가던 길에 탱크가 질주하고 사상 처음으로 헬리콥터가 병력과 장비를 수송하는 작전이 펼쳐졌다. 두타연에는 한국전쟁 양구전투 위령비가 세워져 있고, 양구지역 9개 전투 소개와 함께 당시 사용했던 무기들이 전시되어 있다. 민간인통제구역이 된 두타연은 금강산에서 발원한 물이 수입천 줄기를 타고 내려오다 커다란 연못을 이룬 곳이다. 한국전쟁 이후 반세기 동안 사람의 발길이 닿지 않은 두타연은 DMZ의 동서남북을 잇는 생태축 구실을 하고 있다.

거주지와 화장실 분리한 산양의 생존비결

두타연은 멸종위기야생생물 1급이자 천연기념물 217호인 산양이 가장 많이 서식하는 곳이다. 바위와 활엽수림, 수계가 넓게 펼쳐져 있고 먹이도 풍부해 산양이 살기 좋은 조건을 갖추고 있다. 산양은 주로 해발 600~700미터, 경사도 30~35도의 바위가 많은 산악지대에 주로 살며 참나무와 찔레, 원추리, 헛개나무, 취나물 등을 주로 먹는다. 200만 년 전 출현한 뒤 현재까지 외형적인 변화가 거의 없는 가장 원시적인 종으로 '살아있는 화석'이라 불리는 동물이다. 양구군은 2007년 산양 · 사향노루 증식복원센터를 세워 두타연에서 산양을 방사하는 증식사업을 진행하고 있다.

두타연 생태탐방로에서 산양을 만나기는 쉽지 않지만, 산양이 무더기로 쌓아놓은 따끈따끈한 배설물은 흔하게 볼 수 있다. 현장 생태해설사의 말에 따르면, 산양은 자신의 위치를 노출하지 않기 위해 일정한 곳에 변을 수북하게 쌓는 습성이 있다. 거주지와 화장실을 멀찌감치 분리해 은신처가 노출되지 않도록 은폐하는 산양의 본능이자 지혜가 이 동물을 200만 년 동안 생존하게 했다.

두타연은 멸종위기야생생물 2급인 열목어의 최대 서식지이기도 하다. 4~5월 산란기에 두타연 폭포의 거친 물살을 거슬러 오르는 열목어의 도약을 볼 수 있다. 열목어는 연어과의 민물고기로 몸길이가 30~70센티미터에 달한다. 눈에 열이 많아 붉은색을 띤다고 해서 열목어(熱目魚)라는 이름이 붙었다. 몸은 은색 바탕에 크고 작은 자홍색의 불규칙한 작은 반점들이 흩어져 있으며, 산란기에는 온몸이 짙은 홍색으로 변한다.

두타연은 2009년 10월, 50여 년 만에 일반에 공개되었다. 양구군은 2019년 두타연에 '금강산 가는 길 안내소'를 개소했다. 사전 예약 후 안내소를 통해 하

한국전쟁 기간 피맺힌 고지전이 벌어졌던 양구 두타연. 산양과 열목어가 서식하는 계곡을 따라 생태탐방로가 조성되어 있다.

루 4회, 1회당 40명씩 총 160명까지 출입할 수 있다. DMZ 평화의 길 양구코스가 개방되면서 두타연에서 삼대교 통문까지 16.7킬로미터의 금강산 가는 길이 열렸다. 두타연에서 금강산까지 거리는 32킬로미터로 걸어서 하루면 닿을 수 있는 길이다. 분단 전에 주민들이 오가던 금강산 가는 옛길 걷기대회가 해마다 10월 열린다.

'고지전'의 서막… 전쟁박물관이 된 양구의 능선

두타연, 펀치볼 일대 양구의 중동부 전선은 살아있는 전쟁박물관이다. 1951년 6월 도솔산 전투(6.4~6.20)를 시작으로 대우산 전투(7.8~7.31), 피의 능선 전투(8.18~9.20), 펀치볼 전투(8.31~9.20), 백석산 전투(8.18~10.28), 가칠봉 전투(9.4~10.14), 단장의 능선 전투(9.13~10.13), 949고지 전투(11.17~11.18), 크리스마스고지 전투(12.25~12.28) 등 한국전쟁의 주요 전투가 양구의 능선과 골짜기에서 벌어졌다. 무명의 산봉우리와 능선은 고지전 이후 생경한 이름을 얻었다.

1950년 9월 18일 낙동강 전선에서 반격을 개시한 국군과 유엔군은 10월 말 압록강 유역까지 진격했지만 중국군 개입으로 퇴각하여 1951년 1월 4일 서울이 다시 북한군에게 점령되었다. 전열을 정비한 국군과 유엔군은 반격에 나서 3월 14일 서울을 탈환했고, 5월 무렵 현재의 휴전선 부근에서 전선이 교착되었다.

1951년 7월 개성에서 열린 휴전협상이 결렬되자 유엔군 총사령관 리지웨이는 우월한 군사력으로 압박을 가하는 전략을 세웠다. 미 8군 사령관인 밴 플리트 중장은 7월 21일 미 10군단과 국군 1군단에 양구의 해안분지(펀치볼) 일대를 공격하게 했다. 미 2사단이 7월 27일 펀치볼 서쪽의 대우산(1,179미터)을 점령했으나, 장마 때문에 공격이 중단되었다. 장마가 멎은 8월 중순, 미 10군단장인 바이어스 소장은 펀치볼 북쪽 고지들에 대한 공격을 명령하였다. 수많은 젊은이들이 총알받이로 쓰러진 '고지전'의 막이 올랐다.

펀치볼은 1천 미터가 넘는 높은 산들로 둘러싸여 있다.(펀치볼에 대한 이야기는 뒤에서 다시 자세히 설명한다.) 당시 북한군 3군단에 속한 1사단은 펀치볼 북쪽의 924고지를 '김일성고지', 1026고지를 '모택동고지'라고 부르면서 방어진지를 공고히 구축하고 있었다. 고지 공격 임무를 맡은 미 해병 1사단은 당시 사단에 배속된 국군 해병 1연대에게 924고지와 1026고지를, 미 해병 7연대에는 펀치볼 동북쪽의 702고지와 660고지를 공격하게 했다.

8월 31일 공격을 시작한 국군 해병 1연대는 9월 2, 3일 924고지와 1026고지를 각각 점령했다. 미 해병 7연대도 9월 1, 2일 702고지와 660고지를 확보했다. 미 해병 1사단은 9월 8일 전방의 고지들에 대한 공격에 나서 9월 20일까지 749고지와 812고지 등을 추가로 점령했다. 이로써 미 10군단은 펀치볼을 완전히 확보하였다. 이 전투에서 미 해병 1사단은 400여 명의 전사자와 1천여 명의 부상자가 발생했으며, 북한군은 2,700여 명이 전사했다.

피의 능선과 단장의 능선

펀치볼 서쪽의 '피의 능선'을 방어하던 북한군은 북쪽의 924고지, 1026고지 등이 점령되자 퇴로가 차단되어 고립될 것을 우려해 '단장의 능선'으로 퇴각했다. 바이어스 미 10군단장은 미 2사단에게 단장의 능선을 공격하게 했으며, 국군 5사단에게 펀치볼 서쪽의 가칠봉을 공격하게 했다.

'피의 능선'은 동면 월운리 북쪽 능선으로 983 · 940 · 773고지를 말한다. 이 전투에서 한국군과 미군 1개 연대 규모의 사상자와 북한군 1개 사단 규모의 사상자가 발생하자 미군 신문인 〈성조지〉(Stars and Stripes)에서 이 전투를 피의 능선(Bloody Ridge) 전투라 이름 지었다. 각 4,000명이 넘는 미군과 공산군 병사들이 피의 능선에서 목숨을 잃었다. 미국의 역사학자 T. R. 페렌바크는 『이런 전쟁』(*This Kind of War*)에서 "전선을 따라서 자리한 고지 몇 백 개 중에서 보잘것없는 둥근 언덕 세 개를 차지하기 위해 4,000명도 넘는 아군 병사들이 목숨을 잃었다"라고 기록했다. 피의 능선은 레마르크의 소설 『서부전선 이상 없다』에서 독일군과 맞서 싸워 비슷한 상황이 발생했던 지명에서 따온 것이다. 이 전투에서 한국군이 승리함으로써 북한군은 펀치볼 북쪽 능선으로 물러나게 되었다.

'단장의 능선'은 방산면 문등리와 동면 사태리 일원의 894 · 931 · 851고지를 말한다. 9월 13일부터 2주 동안 고지 주인이 서너 번 바뀔 정도로 점령이 쉽지 않았다. 미군 1,670명의 사상자를 낸 이 고지들에 미국 종군기자들이 '심장이 찢기는 것 같다'는 뜻으로 'Heartbreak Ridge'라는 이름을 붙였는데 우리말로 옮기면서 단장(斷腸)의 능선이 되었다. 단장의 능선 전투에서 4만여 명의 군인들이 죽거나 다쳤으며, 미군이 쏜 포탄은 20만 발이 넘었다고 한다. 백마고지와 더불어 한국전쟁의 대표적 전투로 꼽힌다. 단장의 능선은 1986년 클린트 이스트우드가 주연한 미 해병대 영화 〈승리의 전쟁〉(Heartbreak Ridge)의 모티브가 되었다.

40일간 6번 주인 바뀐 가칠봉 전투

한편, 피의 능선과 단장의 능선 동쪽에서는 국군 5사단이 주력이 된 가칠봉 전투가 치열하게 벌어졌다. 양구군 해안면에 위치한 가칠봉(1,242미터)은 DMZ에서 가장 높은 봉우리이자 금강산 연봉의 마지막 봉우리다. 가칠봉이

들어가야 금강산 1만 2,000봉이 완성된다는 뜻에서 지명에 '더할 가(加)'를 사용했다고 한다.

국군 5사단은 9월 4일 가칠봉을 공격해 점령하는 데 성공했으나, 북한군 27사단, 12사단이 4개 연대 병력으로 대규모 반격을 가해오면서 다시 빼앗겼다. 그 뒤 가칠봉에서는 10월 14일까지 40여 일 동안 공방전이 계속되었다. 여섯 차례나 고지의 주인이 바뀌는 치열한 전투 끝에 국군은 가칠봉과 인근 고지들을 확보하였다.

가칠봉 전투에서 패하면서 북한군은 사태리 방면의 쌍두령으로 퇴각했다. 이 전투에서 국군 5사단은 600여 명이 전사하고 400여 명의 실종자가 발생하는 피해를 입었다. 북한군도 1,000여 명이 전사하고 250여 명이 포로가 되었다.

가칠봉 능선에는 1988년 을지전망대가 세워졌다. 군사분계선 남쪽 1킬로미터 지점에 들어선 을지전망대에서는 금강산 비로봉을 비롯해 차일봉, 월출봉, 미륵봉, 일출봉 등 북한의 산과 자연이 펼쳐진다. 폭격으로 풀 한 포기 없었던 정상 부근은 고산식물인 왜솜다리 군락지로 변했다. 왜솜다리는 에델바이스로도 부르는데, 둘은 같은 속(屬)으로 거의 비슷하게 생겼지만 서로 다른 종이다. 멸종위기야생생물 1급인 검독수리와 산양도 가칠봉에서 산다.

고지전에 참여한 무명의 '지게부대'

미 10군단은 국군 7사단과 8사단 병력을 동원해 북한군 5군단이 지키던 백석산을 점령함으로써 양구 북방의 고지를 완전히 확보하여 방어선을 구축하였다. 미군과 한국군은 중동부 전선 고지전을 통해 전력의 우위를 입증하면서 공산군에 협상을 압박하는 효과를 거둘 수 있었다.

수많은 젊은 병사들이 퇴로가 없는 고지전에서 숨졌다. 명령에 죽고 사는 건 병사들만이 아니었다. 탄약과 식량을 고지로 실어 나르던 민간인의 희생도 잇따랐다. 미군은 개전 초기 군수품 등 원활한 보급을 위한 수단으로 민간 인력을 요청했다. 정부는 1950년 7월 26일 대통령 긴급명령 제6호 '징발에 관한 특별조치령'을 공포하여 작전을 수행하는 데 필요한 민간인을 징발할 수 있도록 했다.

2017년 지게부대원 김아귀 씨의 유해가 66년 만에 귀향했다. 국방부 유해발굴감식단이 김 씨의 유해와 유품을 양구에서 찾아 유족에게 전달한 것이다. 당시 마흔 살이던 김 씨는 아내와 3남 3녀를 남겨둔 채 1951년 지게부대에 들어가 피의 능선 전투와 단장의 능선 전투에 참전했다가 전사한 것으로 추정되었다. 김 씨와 같은 민간인 수송단은 맨몸에 지게를 이용해 전투에 필요한 탄약, 연료, 식품 등 보급품은 물론 부상자와 심지어 전사자까지 실어 날라서 '지게부대'라고 불렸다. 알파벳 A자 모양의 지게를 사용한다고 해서 'A특공대'라는 별명도 붙었다.

대통령 긴급명령에는 35~45세로 나이를 제한했지만 실제로는 10대 소년에서 60대 노인까지 약 30만 명이 전쟁에 동원되었다. 급하게 소집되느라 군복도 없이 흰색의 무명바지에 철모도 쓰지 않고 45킬로그램의 보급품을 지게에 지고 16킬로미터나 떨어진 고지를 밤낮없이 오갔다. 눈에 잘 띄는 복장 때문에 표적이 되어 희생이 잇따랐다.

군번도 계급장도 없었던 민간인 수송단은 1951년 7월 군단 예하의 한국노무단으로 재편되었다. 당시 미 8군 사령관 밴 플리트는 "한국노무단이라는 무명의 전쟁영웅이 없었더라면 미군은 최소 10만 명 이상의 추가 병력이 필요했을 것"이라고 했다.

변변한 보상도 없었다. 당시 15살로 전투에 징발된 한 지게부대원은 "어린 나이에 영문도 모르고 끌려가 전쟁의 참상을 온몸으로 겪었어요. 겨우 살아남아 고향에 돌아가는데 손에 쥔 것은 종군기장과 징용해제 통지서, 열차표가 전부였지. 대가치고는 너무 소박했지요"라고 말했다. 지개부대원의 공식적인 피해 상황은 전사자 1,064명, 부상 4,282명, 실종 2,448명이다. 국립현충원 22, 25묘역에 지게부대 희생자들의 묘역이 조성되어 있다.

10 '펀치볼'이라 불리는 해안분지

금강산을 볼 수 있는 가칠봉 을지전망대에서 남쪽으로 시선을 돌리면 오밀조밀한 마을들을 품고 있는 웅덩이 모양의 움푹 파인 지형이 눈에 들어온다. 한국전쟁 때 격전지였던 '펀치볼'이다.

원래 해안분지(亥安盆地)라 불렸는데 한국전쟁 때 미국 종군기자가 가칠봉에서 내려다본 모습이 화채그릇(Punch Bowl)처럼 생겼다 하여 펀치볼이라고 한 뒤 한국전쟁 전사와 작전지도에 모두 펀치볼로 소개되었다. 펀치볼은 대암산 · 가칠봉 · 대우산 · 도솔산 등 해발 1,100미터 이상의 산에 둘러싸인 해발 400~500미터의 고산 분지다. 남북 11.95킬로미터, 동서 6.6킬로미터로 남북 방향으로 길쭉한 타원형이며 면적은 44.7평방킬로미터로 여의도의 6배가 넘는다. 분지 안 만대리, 현리, 오유1 · 2리 등 여섯 마을은 특색 있는 지형과 보전된 자연환경을 활용해 '펀치볼 마을'로 브랜드화되었다.

뾰족한 산봉우리에 찔린 신의 '분노의 펀치'

펀치볼의 움푹 파인 특이한 지형을 두고 다양한 이야기가 전해진다. 1천만 년 전 거대한 운석과 충돌로 생긴 세계 최대 규모의 운석 분지라는 설과, 오랜 세월 딱딱한 암석층 안쪽에서 차별적 풍화작용에 의해 생성된 차별침식 분지라는 주장이 있다. 분지에서 운석의 파편이 발견되지 않았고, 지질이 주변에 비하여 무른 점을 근거로 차별침식설이 설득력을 얻고 있다. 옛날 대륙을 관리하던 신이 크고 뾰족한 산에 찔려 화가 나서 주먹으로 내려쳤더니 움푹 파여 펀치볼이 되었다는 우스개 이야기도 나온다. 해안면의 지명은 돼지[亥]가 마을의 안녕[安]을 가져왔다는 데서 유래된다. 옛날 이곳에 뱀이 들끓었는데

움푹 팬 해안분지에 들어선 펀치볼 마을. 1,000미터 이상의 산들로 둘러싸인 6개 마을에 1,200여 명의 주민이 거주한다.

1956년 양구 해안분지에 160가구가 입주하면서 세워진 해안재건비. 뒷면에는 당시 육군 6사단장 이백우의 글귀가 새겨져있다.

조선말 한 스님의 권고로 뱀과 상극인 돼지를 키워 뱀을 퇴치했다고 해서 해안마을이 되었다고 한다.

전쟁 이후 거주가 금지되었던 해안면에 농민들의 발길이 닿기 시작한 것은 정전 이듬해인 1954년 봄이었다. 전국 각지에서 모인 160가구 965명이 황무지 개간에 뛰어들었다. 농민들은 군의 허가 아래 출입증을 발급받아 천막생활을 하며 농사를 지었고 추수 이후에는 해안에서 나가야 했다. 1956년 4월 25일 해안면에 민간인 입주가 시작되었으며, 이후 민통선 이북 수복지구에 99개의 자립안정촌이 건설되었다. 신원이 확실한 사람들만 민북지역에 입주할 수 있었으며, 입주 이후에도 주민들은 군부대로부터 엄격한 감시와 통제를 받았다. 해안면사무소 앞에 당시 세워진 해안재건비에는 '정의의 피로 물드린 빤찌뽈에 평화여 기리 깃들라'라는 당시 6사단장 이백우의 글귀가 뒷면에 새겨져 있다. 2023년 2월 현재 펀치볼에는 6개 마을 679가구 1,210명이 주로 밭농사를 지으며 살고 있다.

김대중이 정치인 길 걷게 된 인제 재보선

군에 의한 철저한 출입 통제는 선거 때도 문제가 되었다. 1959년 6월 실시된 인제군 국회의원 재선거에서 민주당 김대중 후보 쪽은 선거운동 기간 중 당시 인제군에 속한 해안면에는 3시간밖에 들어가지 못했다. 해안면 투표소에는 참관인조차 선정할 수 없어 투표참관인 추천도 포기해야 했다. 이런 상황에서 치러진 선거 결과는 보나마나였다. 해안면 유권자 590명 중 564명이 투표에 참가해 자유당 전형산 후보가 512표를 차지했고 나머지는 민주당 김대중 33표, 무소속 김응조 4표, 무효 15표에 그쳤다. 〈동아일보〉는 당시 '처음부터 여당표'란 제목으로 인제 재선거의 관권개입을 비판했다.

전형산의 당선무효형으로 김대중은 1961년 5월 인제 재보궐선거에 다시 도전해 당선된 뒤 본격적인 정치인의 길을 걷게 된다. 그는 대통령에 당선된 뒤 인제에서 국회의원에 처음 당선되던 당시의 선거운동원 25명을 초청해 "40년 전 지금으로선 상상도 할 수 없는 관권개입 속에서도 국회에 첫발을 디딜 수 있도록 해준 인제 군민들에게 항상 마음으로 감사하고 있다"고 인사했다.

지뢰지대인 펀치볼은 전쟁 뒤 민간인 출입이 통제되면서 자연환경이 온전히 보존되었다. 대우산 · 도솔산 · 대암산과 펀치볼 능선은 우리나라 중부의 식물상을 대표하는 곳으로 금강초롱, 흰비로용담, 날개하늘나리, 해오라비난초, 끈끈이주걱 등 많은 희귀식물이 자라고 있다.

일교차가 심한 펀치볼에서 재배되는 고랭지 채소와 감자, 사과, 수박, 포도, 파프리카 등 농산물은 맛이 좋아 비싼 값에 팔려나간다. 특히 무청을 말린 펀치볼 시래기는 명품으로 대접받으며 해마다 재배면적이 늘고 있다. 2006년부터 해마다 10월 시래기 축제를 열어오다가 2022년부터는 사과를 포함해 '펀치볼 시래기 사과축제'가 열린다. 펀치볼 북서쪽에서는 1990년 제4땅굴이 발견되었다. DMZ 펀치볼 둘레길도 조성되어 있다.

▌전동차 타고 떠나는 땅속 DMZ 여행, 제4땅굴

해안면 현리에는 제4땅굴이 있다. 남쪽에서 발견된 4개의 땅굴 중 마지막으로 1990년 발견된 땅굴이다.

북한은 1972년부터 '남침용 땅굴'을 파기 시작했다. 1971년 9월 25일 "남조선을 해방하기 위한 속전속결 전법을 도입하여 기습전을 감행할 수 있게 하라"는 김일성의 교시에 따라 군단별로 땅굴 작전이 수행되었다. 땅굴은 1974년 11월 15일 연천 고랑포 쪽에서 처음 발견된 뒤 1975년 3월 19일 철원에서 제2땅굴이, 1978년 10월 17일 파주 판문점 인근에서 제3땅굴이 차례로 발견되었다. 이후 한동안 땅굴이 발견되지 않다가 12년 만인 1990년 3월 3일 양구 동북쪽 군사분계선 1,502미터 남쪽의 DMZ 안에서 4번째 땅굴이 발견된 것이다. 제4땅굴이 발견되기 전까지만 해도 서부와 중서부 전선에만 있는 줄 알았던 땅굴이 모든 전선에 존재한다는 것이 확인되었다.

제4땅굴은 높이와 폭이 각 1.7미터로 상체를 구부려야 들어갈 수 있다. 땅굴 관람을 위해서는 투명 덮개가 달린 캡슐 모양의 15인승 전동차에 탑승해야 한다. 전동차에는 방송시설과 좌석별 헤드폰을 부착해 안내 방송을 하고 있다. 땅굴은 지하 145미터에 위치하며 총 길이는 2,052미터다. 육군 백두산 부대는 땅굴 발견 뒤 1992년 2월까지 37억 원을 들여 안보기념관과 기념탑을 세우고 갱도, 갱내시설을 설치해 안보교육장으로 활용하고 있다.

땅굴 출입구에는 땅굴 수색작전 도중 북한군이 설치해놓은 목함지뢰에 의해 숨진 군견 '헌트' 소위의 동상이 세워져 있다. 육군 21사단 소속 수색탐지견인 헌트는 제4땅굴이 발견되었을 때 수색대원들보다 먼저 땅굴에 들어가 유독가스와 부비트랩을 탐지하는 임무를 맡았다. 수색팀의 선두에서 북한군이 설치한 부비트랩을 발견한 뒤 대원들에게 알리려 돌아오다 물속에 잠긴 지뢰를 밟아 그 자리에서 폭사했다. 수색대원들의 생명을 구한 공을 세운 헌트는 인헌무공훈장과 함께 군견 최초로 장교계급인 소위로 추서되었다.

냉전의 사생아에게 보금자리는 없다

제4땅굴 발견은 1983년 양구 사태리 계곡을 통해 귀순한 북한군 장교 신중철 대좌(당시 36세)가 '양구 동북방에 땅굴이 있다'고 제보한 것이 결정적 계기가 되었다. 땅굴은 발견 당시 145미터 지하에 숨어 군사분계선 남쪽으로 1,502미터나 내려와 펀치볼 북쪽 벽을 뚫고 나오기 직전 상태였다.

김일성종합대학 출신인 신중철은 북한군 13사단 민경대 참모장으로 북한군의 전술이론과 실무를 체계적으로 익힌 엘리트 군인이었다. 신중철은 월남귀순자 최초로 한국군 육군 소령으로 특별 임관해 국군정보사령부에서 근무하며 귀순 4년 만에 중령, 8년 만에 대령까지 진급하였다. 귀순하던 해 12살이나 어린 띠동갑 여성과 결혼도 했다. 패기 있고 자신만만했던 그는 상관의 눈치를 보지 않고 입바른 소리를 곧잘 했다. "북한에서 13년 동안 군 생활을 하면서 단 한 번도 맞거나 때려본 적이 없다. 인격 대 인격이 만나 어떻게 패고 맞을 수 있느냐"라며 남한 군대의 구타문화를 비판하기도 했다.

대령까지 승승장구하던 그는 "20년을 살아도 도무지 적응이 안 돼"라는 말을 남기고 2001년 중국으로 출국한 뒤 잠적했다. 남과 북 모두에서 능력이 출중한 엘리트였지만 어디에도 속할 수 없는 이방인의 삶, 하나의 체제를 배신한 대가로 얻은 다른 체제의 삶은 담벼락 위를 걷는 듯 위태롭고 고독했을 것이다. 최인훈의 소설 『광장』에서 남도 북도 아닌 제3국을 택한 주인공처럼 그는 또 한 명의 '이명준'이었는지도 모른다. 남과 북 양측의 감시망에서 벗어나고 싶었을 신중철은 그렇게 사람들의 기억으로부터 서서히 벗어났다.

11 람사르 1호 '용이 쉬어가는' 대암산 용늪

인제군 대암산(1,304미터) 정상 인근에는 국내 람사르 습지 1호인 용늪이 있다. 대암산 남서쪽 1,280미터의 구릉지대에 형성된 용늪은 우리나라에서 가장 높은 곳에 위치한 습지로 북방계와 남방계 식물을 동시에 만날 수 있다.

1966년 DMZ 생태계 조사 과정에서 발견된 뒤 생태계 가치를 인정받아 1973년 용늪을 포함한 대암산 일대 30.9평방킬로미터가 천연기념물 246호가 되었다. 1989년 용늪만 따로 생태계보전지역이 되었고, 1997년 람사르 습지 1호로 등록되었다. 이어 1999년 환경부 습지보호지역, 2006년 산림유전자원 보호림으로 지정되었다. 대암산 등산로 입구에는 원주지방환경청, 인제군, 북부지방산림청, 문화재청, 육군 21사단이 각각 설치한 '반만년 생태계의 신비, 대암산 용늪' 안내판이 세워져 있다. 축구장 2배 크기인 1.36평방킬로미터의 습지에는 융단처럼 자란 습지식물이 바람에 출렁거린다.

람사르 습지 1호인 대암산 용늪 입구의 안내도. 여러 국가기관이 자신들의 관점에서 적어놓은 설명이 이채롭다.

천혜의 자연사박물관 용늪

용늪이라는 이름은 '하늘로 올라가는 용이 쉬었다 가는 곳'이라는 전설에서 유래했다고 한다. 습지보호지역을 가로지르는 탐방로를 사이에 두고 큰용늪과 작은용늪, 애기용늪이 있다.

해발 1,000미터가 넘는 지점에 용이 쉬어 갈 만한 늪이 생긴 것은 4,000여 년 전이다. 대암산은 1년에 5개월 이상 기온이 영하에 머물고, 안개에 싸여있다. 춥고 습한 날씨가 이어지면서 바위에 스며든 습기가 풍화작용을 일으켜 우묵한 지형이 만들어졌고, 여기에 빗물이 고여 습지가 생겨났다. 용늪에는 수천 년에 걸쳐 갈색의 부드러운 흙인 이탄층이 어른 키 높이만큼 쌓여있다.

이탄층은 습지식물의 유해가 썩지 않고 차곡차곡 퇴적된 유기물질 층으로, 1밀리미터 쌓이는 데 1년가량 걸린다고 한다. 수천 년 식물의 잔해가 쌓인 용늪 이탄층은 한반도의 식생과 기후변화 연구에 중요한 '자연사박물관'이 되었다.

특이한 지형과 기후 덕분에 이탄층이 쌓이자 다양한 생물들이 용늪에 자리를 잡았다. 용늪에는 기생꽃, 닻꽃, 새호리기, 날개하늘나리, 제비동자꽃, 조름나물, 참매, 까막딱따구리, 산양, 삵, 왕은점표범나비 등 멸종위기야생생물 13종을 포함해 식물 300여 종, 동물 600여 종이 살고 있다. 특히 물이끼, 사초, 끈끈이주걱 등 습지식물과 한국특산식물인 금강초롱, 모데미풀과 남한에서는 유일하게 비로용담이 분포한다.

용늪을 탐방하려면 대암산 동쪽 인제군과 서쪽 양구군에서 출발해 용늪을 둘러보고 대암산 정상까지 오를 수 있다. 하루 탐방 허가 인원은 인제군이 150명, 양구군이 100명으로 사전 신청해야 한다. 탐방 기간은 6월부터 10월 말까지인데 다양한 생물을 볼 수 있는 8월이 탐방 적기다. 인제군의 용늪 생태 탐방 코스는 가아리와 서화리가 있다. 가아리 코스는 3시간가량 소요되며 1일 1회, 20명으로 탐방객 수가 제한된다. 서화리 코스는 약 6시간이 소요되며 1일 3회 운영한다. 1회 탐방객 수는 40~50명이다.

금강산 지름길 서화리

휴전선이 지나가는 인제 최북단 서화면은 금강산 자락에 위치한 분단 면이다. 한국전쟁 이전에 같은 생활권이었던 서화리를 중심으로 북쪽으로는 가전리, 서희리, 장승리, 이포리가, 남쪽에는 천도리, 서흥리가 자리했다. 지금은 서화리와 천도리를 제외하고 민간인통제구역이 되었고 장승리와 이포리, 서희리는 북 강원도 금강군에 편입되었다. 소양강 상류인 인북천이 북 강원도 고성군 무산에서 발원해 가전리, 서화리를 거쳐 설악 북천과 만나 인제읍으로 흘러든다.

'금강산 지름길' 마을인 서화리는 1979년 새마을촌 계획에 따라 실향민과 군인 출신 77가구가 입주해 만들어졌다. 전방지역 특성상 주민 수보다 주둔하는 군 장병과 군인가족 수가 더 많아서 실제 거주하는 인구는 꽤 많다. 사격장의 총소리, 대포소리, 도로를 주행하는 탱크와 장갑차, 군인들의 훈련 모습은 이 마을의 일상 풍경이다. 서화리는 한때 군인 손님들로 식당과 술집, 여관 등이 문전성시를 이뤘으나 지금은 적막감이 감돈다.

마을 앞 인북천에서는 북한 금강산에서 내려온 물과 양구 해안면에서 내려온 물이 합류한다. 1990년대 중반까지만 해도 이곳에서 수영도 하고 쏘가리, 붕어, 잉어 등 물고기도 잡았는데 해안면에 고랭지 농사와 인삼밭이 늘면서 비가 조금만 와도 흙탕물로 변해 골칫거리다.

서화리는 대암산 용늪과 마을 어귀에 들어선 한국DMZ평화생명동산과 연계해 '평화생명마을'로 거듭나고 있다. 한국DMZ평화생명동산은 DMZ 일원의 생태계와 역사, 문화를 보존하고 평화와 생명의 가치를 일상에서 실천하고자 설립한 연구 · 교육기관이다. 노무현 · 김정일의 제2차 남북정상회담 이후 민통선 지역 평화프로젝트의 일환으로 2008년 설립되었다.

서화리 주민들은 훼손되지 않은 자연 생태를 간직한 마을 이미지를 앞세워 친환경농법으로 생산된 쌀을 '평화마을쌀'이라는 브랜드로 판매하고 있다. 마을 곳곳에 돌탑과 장승을 세우고 군부대 담장을 따라 조형물을 설치하는 등 평화생명공원 조성에도 공을 들이고 있다.

1970년대 '동부전선 라스베이거스' 천도리

남북으로 갈라진 서화면의 현재 중심지는 천도리다. 1970~80년대 최대 호황을 누렸던 천도리는 화천 사방거리처럼 '동부전선의 라스베이거스'로 불렸다. 인근의 군 장병들이 위수지역인 비득고개(서화면과 북면의 경계)를 넘을 수 없어서 밤이면 천도리에는 군인 손님들로 넘쳐났다.

천도리의 한 마을 주민은 "옛날에는 평일, 주말 할 것 없이 거리가 군인들로 가득 찼어. 가게들도 장사가 잘돼 포대자루로 돈을 쓸어 담았지"라고 회상했다. 잘나가던 천도리는 1980년 이후 군 위수지역 완화로 군인들이 인제읍이나 원통, 속초로 빠져나가면서 위축되었다. 군인들의 외출, 외박 문화가 바뀐 것도 한몫했다.

한 집 건너 하나씩 있던 다방, 술집들은 PC방이나 편의점, 치킨 · 햄버거 가게로 바뀌었다. 쌍화차를 앞에 두고 마담과 실없는 농담을 주고받던 왕다방 자리는 PC방이 들어섰다. 천도리의 화려한 유흥문화를 이끌었던 서울장 여관, 가요주점 일번지, 일미횟집, 우정의 무대 등의 간판들은 아직 살아남아 마을을 지키고 있다.

네온사인으로 화려했던 천도리는 최근 들어 재기를 꿈꾸고 있다. 인제군은 평화지역 발전사업 일환으로 2019년부터 경관개선사업과 택지조성사업을 추진하고 있다. 또 물빛테마공원과 천도리 시가지를 잇는 인북천 물결보도교가 행정안전부의 특수상황지역 공모사업에 선정되어 2025년 건립될 예정이다. 한때 위수지역 경계로 마을의 운명을 쥐락펴락했던 비득고개(529미터) 광장에 오르면 천도리가 한눈에 내려다보인다.

반달가슴곰이 사는 '사라진 마을' 가전리

서화리에서 개고개를 넘으면 인제의 최북단 DMZ 마을 가전리다. 장승리, 이포리 등 3개 마을은 북 금강군에 속한다. 가전리에서 삼재령을 넘으면 금강산 남강에 닿는다.

개고개에는 마을 어른이 고개 잔디밭에 누워 잠든 사이 산불이 나자 개가 주인을 구출하기 위해 냇가를 오가며 털에 물을 묻혀 잔디를 적셔 주인을 살리고 자신은 쓰러져 타 죽었다는 전설이 전해진다. '오수의 개'가 임실 오수에만 있었던 것은 아닌 모양이다. 군부대 시설이 들어선 가전리는 한국전쟁 전 300여 가구의 주민들이 거주했었다.

가전리 부연동 계곡을 지나면 돈평(옛 지명 둔평)이다. 돈평은 인북천이 흐르는 평야지대로 많은 주민이 농사를 지으며 살았던 가전리의 최대 마을이었다. 인제 DMZ를 지키는 장병들은 가전리보다 돈평이라는 지명이 더 익숙하다. 지금은 남북의 군사가 대치하는 최전방 초소인 GOP가 설치되고 지뢰가 매설되어 민간인은 허가를 받아야 출입할 수 있는 곳이 되었다.

주민들이 모두 떠난 가전리는 인북천 습지와 주변을 둘러싼 1천 미터가 넘는 산들이 어우러지면서 생물 다양성의 보고가 되었다. 소양강의 지류인 인북천에는 멸종위기야생생물 2급인 가는돌고기, 돌상어를 비롯해 한국 고유종인 쉬리, 돌마자, 배가사리, 어름치 등 다양한 어류들의 천국이 되었고 산양, 삵, 담비 등 포유동물이 서식한다. 또 금꿩의다리, 호랑버들 등 특산식물을 포함해 갯버들과 달뿌리풀 등 90여 종의 식물과 고운점박이푸른부전나비를 포함한 31종의 나비도 이곳에서 산다.

남방한계선 철책 구간인 36통문과 37통문 사이의 DMZ 안에서는 2018년 10월 생후 8~9개월 된 야생 반달가슴곰 새끼가 무인카메라에 포착되기도 했다. 국립생태원은 부모 개체 수를 포함해 최소 3마리 이상의 반달가슴곰이 이 일대에 서식하고 있으며, 지리산 일대의 복원된 반달가슴곰과는 다른 독립적인 야생 개체인 것으로 추정했다.

접경 마을 가전리는 남북교류협력사업의 최적지로 꼽혀 개발에 대한 기대감이 높다. 남북 평화체제가 구축되면 자연 생태가 온전히 보존된 가전리 DMZ 일대는 생태, 산림을 활용한 관광지로 개발될 가능성이 크다. 실제로 2018년 판문점 선언 이후 남북교류협력 의제발굴을 위한 현장조사가 가전리에서 진행되기도 했다.

12 소양강변 38선 마을에서 시작된 전쟁

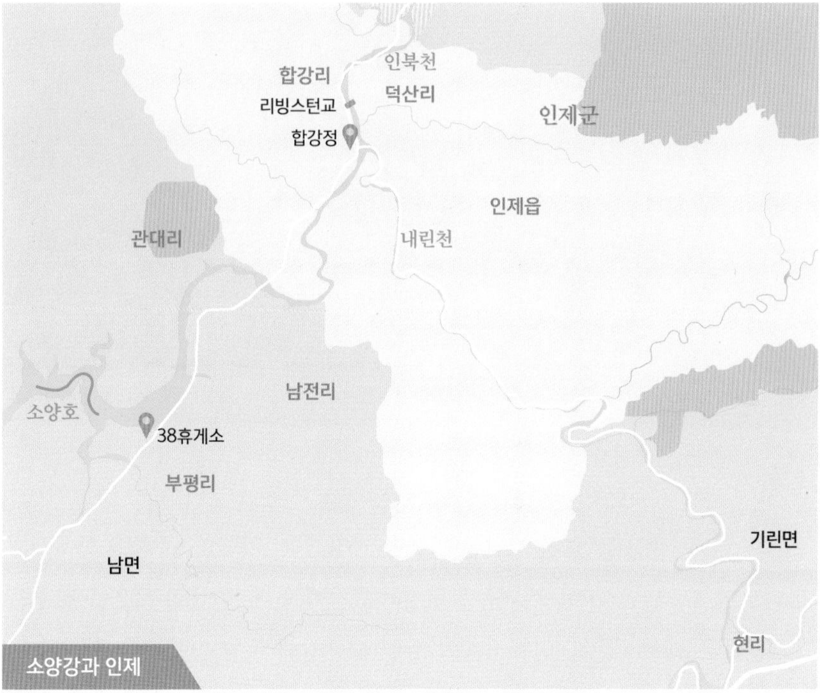

소양강과 인제

강원도는 해방과 함께 춘천의 북산면, 신북면, 사북면, 인제의 남면, 기린면, 양양의 현북면, 서면에 38선이 그어졌다. 춘천시 추전리와 원평리, 인제군 신남리와 부평리, 양양군 기사문리는 마을이 남과 북으로 갈라졌다. 소련군과 미군이 마을의 이북과 이남을 가르고 그 사이에 장막을 쳤다. 한 집에서 방은 남쪽, 부엌은 북쪽으로 갈라지는 황당한 일까지 일어났다.

양양군 현북면 38선 기념비. 한반도의 허리를 관통한 38선은 12개의 강과 75개 샛강, 181개의 우마차로, 104개의 지방도로, 15개의 전천후 도로, 8개의 고속도로, 6개의 철로를 끊어놓았다.

춘천, 인제, 양양 등 38선 지역은 전쟁을 가장 먼저 맞았다. 북한군 작전계획에 따르면, 1군단은 개성 - 문산, 동두천 - 포천 방면에 투입해 서울을 점령하고, 2군단은 화천 - 춘천, 인제 - 홍천 방면에 투입해 춘천과 홍천을 점령한 뒤 서울 동남쪽과 수원 방향으로 진격하는 것이었다. 남진을 위해 북한군은 38선이 지나는 춘천시 사북면 원평리의 무진강과 인제군 남면 관대리, 부평리 일대의 소양강을 건너야 했다.

관대리 주민들을 깨운 요란한 새벽 포격

1950년 6월 25일 새벽 4시. 소양강변 38선 마을인 인제 관대리 주민들은 요란한 포격 소리에 잠에서 깨어났다. 북한군 주력부대가 남북의 경계지점인 소양강 도하에 나섰다. 관대리 남쪽 500미터 지점에 있는 38교 주변의 국군 고지가 불길에 휩싸였다.

북한군은 춘천보다는 하천 폭이 상대적으로 좁은 관대리에 기갑 화력을 쏟아부었다. 관대리는 춘천~양구~인제~속초를 잇는 교통의 요충지로 조선시대에는 마노역과 마노진이라는 나루터가 있었다. 1970년대 초 소양강댐으로 수몰되기 전까지 관대리는 중동부 전선의 최대 요충지였다. 국군은 관대리에서 육탄전을 벌여가며 북한군의 남진을 결사적으로 저지했다. 국군 6사단은 북한 주력군에 심각한 타격을 입히며 29일까지 춘천과 홍천지역을 지켜냈다. 그러나 춘천, 홍천, 인제지역의 선방에도 불구하고 서부전선이 붕괴되어 개전 사흘 만에 서울을 내주게 되자 후퇴를 해야 했다. 춘천은 점령되었지만 동부전선에서의 남진 지연으로 북한군은 서울을 점령하고도 한강을 건너지 못해 작전계획에 큰 차질을 빚었다.

1950년 10월 인천상륙작전으로 서울을 탈환하고 북진에 나선 국군의 북진 루트는 북한군의 남진 루트와 다르지 않았다. 관대리 앞 하천에 한미 공병단에 의해 북진을 위한 다리가 놓였다. 길이 285미터, 너비 7미터의 다리 이름은 '38교'다. 원래 있었던 나무다리를 보수한 38교는 1973년 소양강댐 건설로 수위가 높아지면서 철거되었고 표지석만 신남리 38휴게소로 옮겨졌다. 38교가 없어진 지 36년만인 2009년 10월 길이 700미터의 새로운 38교가 소양강에 모습을 드러냈다. 이 다리는 소양강댐 건설로 육지 속 섬이 된 관대리와 남전리를 잇는다.

38교 주변에는 한국 땅임을 강조하는 대형 태극기가 걸려 있고, 관대리에서 생산하는 농특산물을 판매하는 관대리 도농교류센터와 정자(38정), 전망대가 들어섰다.

신기루처럼 사라진 소양강 38선 마을들

한국전쟁 내내 소양강을 사이에 두고 뺏고 빼앗기는 전투가 계속되었다. 한국군이든 북한군이든 도하를 허용하면 후퇴선이 밀리게 되므로 안간힘을 다해 지키려 했다. 개전 초기, 북진, 1 · 4후퇴, 중국군 춘계 대공세 등 전황이 바뀔 때마다 소양강은 피로 물들었다.

목가적이던 남면의 강 마을은 군사기지로 바뀌었다. 1953년 5월, 관대리에서는 현리전투 참패로 해체되었던 3군단이 재창설되었다. 1야전군사령부와 미 10군 사령부 부대 막사들도 38교 주변에 들어섰다. 관대리 건너편 남전리에는 보급창, 통신대, 하사관교육대가 자리 잡았다. 군 비행장 활주로까지 만들어졌다. 군부대 주변에는 식당, 다방, 술집, 여관들이 들어서 불야성을 이루었다.

1973년 소양댐이 세워지면서 '군인 도시'는 신기루처럼 사라졌다. 면적 1,608헥타르, 저수량 29억 톤의 국내 최대 규모의 소양호가 강변 마을들을 삼켰다. 정찰기가 뜨고 내리는 활주로는 물고기놀이터가 되었고 주민과 군인들은 다른 곳으로 떠나야 했다. 춘천, 화천, 인제의 7개 면 36개 마을이 물에 잠겼고, 수몰민은 3,000여 가구 1만 8,000여 명에 달했다. 소양호는 강변 마을의 역사와 함께 전쟁의 기억까지도 아득하게 묻어버렸다.

한국전쟁 격전지였던 소양강은 휴전 20년이 지난 뒤 뱃길 관광의 명소로 탈바꿈했다. 소양강댐에서 인제까지 물길 150리는 그림같이 아름다워 신혼여행, 수학여행 등 관광객들로 붐볐다. 소양호에서 유람선을 타고 청평사, 오봉산을 돌아보는 여행코스는 지금도 인기가 있다. 호수는 구불구불한 산길을 대신해 인제와 양구를 잇는 물길이 되었고 향어, 송어, 잉어, 뱀장어, 빙어 등 50여 종의 물고기 터전이 되었다.

한국전쟁 내내 뺏고 빼앗기는 전투가 계속되었던 소양강. 1973년 국내 최대 규모의 소양댐이 세워지면서 춘천, 화천, 인제의 7개 면 36개 마을이 물에 잠겼다.

"다리를 놓아 달라" 리빙스턴 소위의 유언

오대산, 방태산 등에서 발원한 내린천과 설악산에서 발원한 인북천이 만나는 곳이 인제읍 합강리(合江里)다. 내린천은 우리나라 하천 중 드물게 남에서 북으로 흐른다. 한국전쟁 때 퇴각하던 국군이 남쪽으로 내려가기 위해 내린천 물줄기를 따라가다가 오히려 북으로 올라가 피해가 컸다는 이야기가 전해진다. 두 물줄기가 합쳐지는 합수 지점에 1676년(숙종 2) 건립한 인제군 최초의 정자인 합강정이 있다. 1760년 간행된 『여지도서』에 "맑은 연못을 굽어 바라보면 경치가 시원하고 상쾌하여 산골 고을의 뛰어난 경치가 여기보다 나은 곳이 없다"라는 기록이 남아 있다. 지금의 합강정은 1998년 정면 3칸, 측면 2칸의 2층 목조 누각으로 복원한 것인데, 정자 앞에 대형 번지점프대가 설치되어 옛 경관은 찾아볼 수 없다. 합강정에서 원통 방면으로 1킬로미터가량 떨어진 인제읍 덕산리~합강리 일원에 인북천을 건너는 다리가 놓여있다. 다리의 이름은 리빙스턴교다.

1951년 5월 중순, 기린면 현리전투에서 굴욕적 패배를 당했던 한국군은 5월 20~29일 반격작전으로 인제지역 대부분을 되찾았다. 인제지구 전투로 불리는 중동부 전선의 요충지를 회복하는 데 국군 5, 7, 9사단과 미 10군단이 참여했다.

6월 10일 인제지구 전투에서 미 10군단 소속으로 포병대대를 이끌었던 리빙스턴 소위(중령으로 포병대대장이었다는 주장도 있으나 현장에 설치된 안내판에는 소위로 기록)는 북한군에 밀려 덕산리까지 후퇴하고 있었다. 퇴로는 인북천을 건너 기린면으로 가는 한 길뿐이었다. 하지만 홍수로 인해 강물이 불은 데다 강을 건널 수 있는 다리마저 없었다. 수영으로 강을 건너는 도중 북한군의 공격을 받아 많은 부대원이 전사하고 보급품과 전투 장비를 잃었다. 리빙스턴 소위도 중상을 입고 후송되어 치료를 받다가 숨졌다. 야전병원에서 사경을 헤매던 그는 임종을 앞두고 "강에 다리가 있었더라면 그렇게 많은 부하들이 희생당하지 않았을 텐데"라며 부인에게 '다리를 놓아 달라'는 유언을 남겼다.

1957년 리빙스턴 부인이 사재를 들여 만든 길이 150미터, 폭 3.6미터 다리의 이름은 리빙스턴교가 되었다. 붉은 피로 물들었을 강 위에 붉은 색칠을 한 목제로 다리를 놓아 일명 '빨간 다리'라고도 불렀다. 목제 다리가 노후화되어 차량 통행이 어렵게 되자 1970년 육군 공병단이 기존 다리보다 상류 지점에 콘크리트 다리를 새로 놓았다. 2015년, 리빙스턴교는 붉은색 상판 구조물이 복원되어 자유 수호의 상징물로 되살아났다.

일본 육사 출신 유재흥의 연전연패

1951년 5월 16일, 중국군 3개 사단이 인제지역을 공격해왔다. 당시 중동부 전선은 인제를 중심으로 왼쪽은 미국 10군단, 오른쪽은 국군 3군단이 방어선을 구축하고 있었다. 약 30만 명의 중국군은 상대적으로 취약한 미 10군단 예하 국군 5, 7사단과 국군 3군단 산하 3, 9사단을 집중 공격했다. 17일 새벽 3군단의 주요 보급로이자 퇴로인 상남면 오마치 고개가 중국군 1개 대대에 점령당했다. 퇴로가 차단당했다고 판단한 3, 9사단은 공황상태가 되었다. 포위당할까 두려운 3군단 예하 사단장을 비롯해 지휘관들은 도망가기 급급했다.

제대로 싸워보지도 못한 3군단 병력은 17일 오후 기린면 현리에 집결했지만 사단장과 지휘관들은 전투 의지를 상실한 상태였다. 혼란을 수습해야 할 3군단장 유재흥은 작전회의에 참석한다며 전선을 떠나 정찰기를 타고 군단 사령부가 있는 평창 하진부리로 가버렸다.

지휘관을 잃은 3군단 병사들은 지리멸렬 상태로 사흘간 중국군을 피해 방태산, 계방산 등 험준한 산악지대를 통과해 하진부리까지 70킬로미터를 퇴각했다. 식량도 없이 흩어진 병사들은 중장비와 중화기를 버렸고 장교들은 포로로 잡힐까 두려워 스스로 계급장을 떼어버렸다. 수많은 병사들이 중국군에게 포로가 되거나 사살되었다. 5월 20일 천신만고 끝에 하진부리에 모인 병력은 3사단 34퍼센트, 9사단 40퍼센트에 불과했다. 전사자와 실종자, 포로가 된 병사의 숫자가 1만 9,000여 명으로 추정됐다. 대포 등 전투 장비의 70퍼센트가 사라졌다.

한국전쟁 최악의 흑역사가 된 '현리전투'는 병자호란 쌍령전투, 임진왜란 칠천량해전과 함께 역사상 3대 패전으로 꼽힌다. 현리전투 대패의 책임에도 불구하고 패장 유재흥은 그해 태극무공훈장을 받았다.

당시 3군단장 유재흥(1921~2011)은 서른 살로 일본 육사 출신이었다. 일본에서 태어나 일본군 아버지 밑에서 자란 그는 한국말이 서툴러 통역을 데리고 다녔다고 한다. 그는 개전 이후 이미 연전연패를 당한 무능한 지휘관이었지만 승진을 거듭하며 중용되었다. 1950년 6월 25일 양주와 의정부 지역을 방어하던 7사단장 유재흥은 밀고 내려오는 북한군을 상대로 병력을 쪼개어 투입하는 실책을 범해 참패를 당했지만 2군단장으로 승진했다. 2군단장 유재흥은 1950년 11월 덕천전투에서 중국군이 공세로 나선 사실을 전혀 모르고 있다가 포위 공격을 당해 부대 대오조차 유지하지 못한 상태로 괴멸해 2군단이 해체되었는데도 다시 신임되어 3군단장을 맡고 있었다.

일본 육사 55기를 나온 유재흥은 일본군 보병 대위 시절 이광수, 최남선 등과 함께 일본 메이지대학에서 조선인 학병 지원을 촉구하는 연설을 했다. 그의 부친 유승렬은 일본 육사 26기를 졸업한 뒤 태평양전쟁에 참전해 일제 패망 당시 일본육군 대좌(대령)였다. 유 씨 부자는 '2대 친일 군인'으로 친일인명사전에 등재되었다. 유재흥은 1960년 군복을 벗은 뒤 10여 년간 외국 대사를 지냈으며 1971년 박정희 정부에서 국방부 장관까지 오르며 승승장구했다.

작전통제권 박탈당한 한국군

격노한 미 8군 사령관 밴 플리트는 현리전투 참패의 책임을 물어 유재흥을 보직 해임하고 한국군 3군단을 해체했다. '당신의 부대가 어디 있느냐', '모든 포와 수송 장비를 잃었느냐'는 밴 플리트의 질문에 3군단장 유재흥은 '모르겠다', '그런 것 같다'며 무책임한 답변을 늘어놓았다.

이 전투로 한국군에 대한 미군의 신뢰는 바닥으로 떨어졌고 급기야 한국군의 지휘권을 완전히 박탈해 유엔군에게 넘겨버렸다. 이전까지는 이승만 대통령이 유엔군 사령관 맥아더에게 일체의 군 지휘권을 이양하고 형식적으로나마 한국군 지휘부를 통해 명령을 하달하는 방식을 취했었다.

국군 최고통수권자인 이승만은 전쟁 발발 사흘 만에 '안심하라'는 말을 남기고 한강 다리를 끊고 도주하였고, 16일 뒤인 7월 14일 맥아더에게 '대신 군을 지휘해 달라'고 요청하는 편지를 보냈다. 편지에는 "한국군은 귀하의 휘하에서 복무하는 것을 영광으로 생각할 것이며, 한국 국민과 정부도 귀하의 전체적 지휘를 받게 된 것을 영광으로 생각한다"는 굴욕적인 내용이 담겼다. 이때 유엔군에 이양된 작전지휘권(operational commands)은 1954년 한미상호방위조약이 발효되면서 작전통제권(operational control)으로 명칭이 바뀌었다.

이승만의 작전권 이양을 두고 전 주한미군 사령관(1973~1976) 리처드 스틸웰은 "지구상에서 가장 놀라운 형태로 주권을 양보한 사례"라고 했다. 한국군이 작전통제권을 박탈당한 데는 이런 사연이 있었다. 평시 작전통제권은 1994년 한국군에 반환되었지만 전시 작전통제권은 지금도 미군이 쥐고 있다. 이는 전쟁이 일어나면 한국군의 모든 부대가 한미연합사령관인 미군의 작전통제권 안에 들어간다는 의미다. 현리전투에서 포로로 끌려갔다가 1994년 탈북해 한국으로 돌아온 조창호 소위는 "지휘관들을 찾아가 그때 왜 그랬냐고 묻고 싶었다"고 했다.

2006년 노무현 대통령이 전시 작전통제권을 환수하려 하자, 현리전투의 패장 유재흥은 극렬 반대했다. 그는 전직 국방장관들과 함께 환수반대 1천만 서명운동을 벌이면서 작전권 환수를 정치적 논쟁으로 몰고 가는 데 앞장섰다. 자신 때문에 잃게 된 주권국가의 작전통제권을 다시 찾는 일까지 집요하게 방해한 것이다. 전투에 패배했을 뿐 아니라 전쟁을 평가하고 바로잡는 데도 패배한 유재흥은 패전 트라우마를 끝내 극복하지 못한 채 2011년 세상을 떠났다. 전시 작전통제권 환수 문제는 무기 연기하기로 결론이 났다.

현리전투 패배의 교훈

현리전투는 한국전쟁의 전황이 38선 주변에서 교착 상태에 머물게 된 분기점이 되었다. 인천상륙작전과 그에 뒤이은 중국군의 전쟁 개입으로 전쟁의 흐름과 판도가 한바탕 요동을 친 뒤 벌어진 가장 중요한 전투이기도 했다. 현리전투 이후 양쪽은 지루한 정전회담과 처절한 고지 쟁탈전이 반복되었다.

오미재 정상에는 "이 전투의 패배를 교훈으로 삼고 당시 이름 없이 몸 바친 호국영령들의 명복을 빈다"는 내용의 현리지구 전적비가 덩그러니 서 있다. 오미재 고개 아래 상남면 하남리 언덕에는 현리전투 희생자들을 추모하는 위령비가 세워져 있다. "우리는 고통과 시련의 역사가 부끄럽고 수치스럽다 하여 숨기려 하기보다는 이를 와신상담의 계기로 삼아 우리 조국 대한민국을 위협하는 어떤 적의 도발도 반드시 격퇴할 수 있는 군으로 거듭날 것을 다짐합니다." 돌에 새긴 패배의 교훈은 오직 '적군 섬멸'을 결의하는 군의 복수와 다짐뿐, 그 문장에 잔혹한 전쟁에 대한 성찰이나 이름 없이 산화한 무고한 영령에 대한 애도는 털끝만큼도 깃들어 있지 않았다. 돌을 스치는 바람이 한없이 쓸쓸했다.

13 백두대간과 DMZ 생태축이 만나는 향로봉

인제군과 고성군의 경계에 자리한 향로봉(1,296미터) 은 1년 중 20여 일을 빼고 거의 매일 안개가 끼어 있다. 향로봉이라는 이름은 '봉우리에서 안개가 피어오르는 모습이 마치 향을 피우는 것과 같다' 하여 붙여졌다. 1973년 향로봉과 건봉산 일대 83.3평방킬로미터가 '향로봉 · 건봉산 천연보호구역'과 천연기념물 247호로 지정되었다.

향로봉은 한반도 3대 광역생태축 가운데 남북의 생태축인 백두대간과 동서의 생태축인 DMZ가 교차하는 지점에 있다. 남북으로 백두대간의 주축 산봉우리들은 중부 산악지역의 대표적 식생을 보여주며, 동서로는 DMZ 248킬로미터 구간에서 산림이 가장 잘 보존된 한반도 생태계의 핵심지역이다.

향이 피어오르듯 멸종위기생물 숨소리가

금강산과 설악산 사이에 자리한 향로봉은 남한에서 오를 수 있는 백두대간

고성군

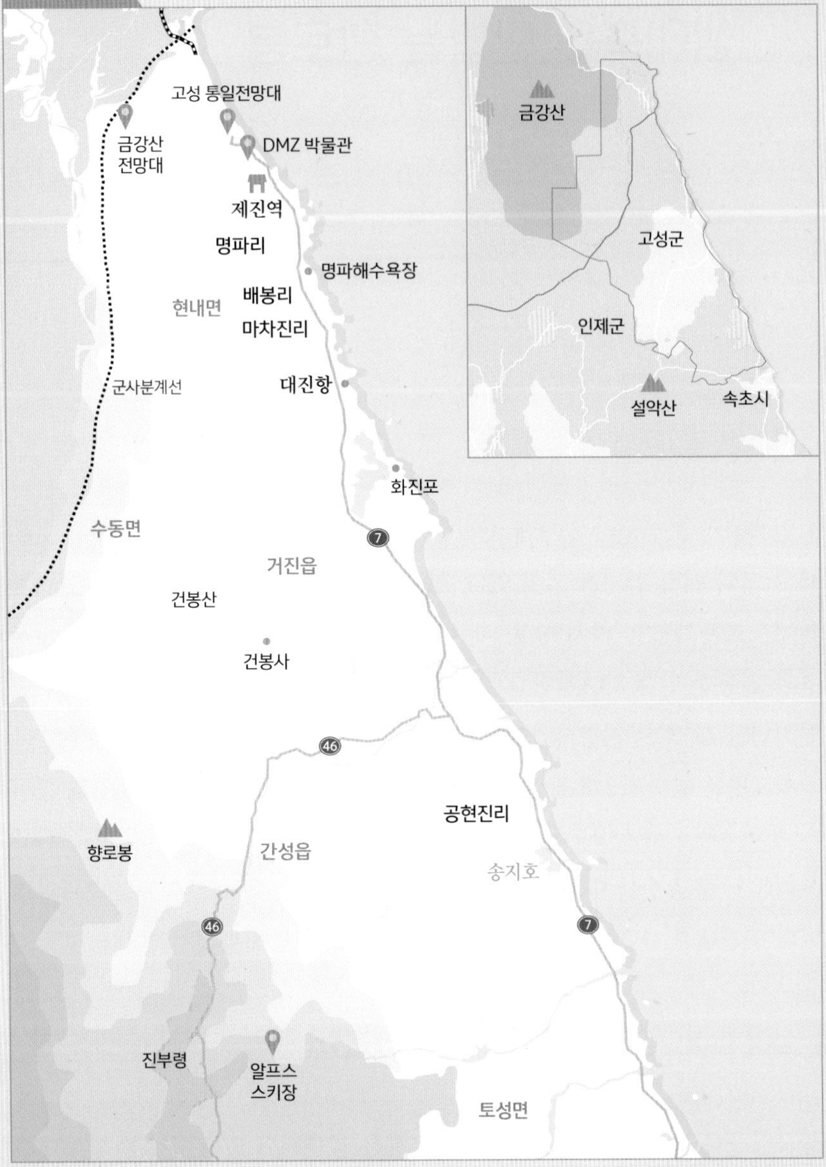
고성 통일전망대
금강산 전망대
DMZ 박물관
제진역
명파리
명파해수욕장
배봉리
현내면
마차진리
군사분계선
대진항
화진포
7
수동면
거진읍
건봉산
건봉사
46
공현진리
향로봉
간성읍
송지호
7
46
진부령
알프스 스키장
토성면
금강산
고성군
인제군
설악산
속초시

의 최북단이다. 산림보호구역이자 군사시설지역으로 일반인의 입산이 불가능하다. 향로봉에는 주목 · 자작나무 · 신갈나무 · 전나무 · 참나무 · 단풍나무 · 소나무 · 떡갈나무 · 버드나무 등이 원시림 상태로 군집을 이룬다. 또 멸종위기종인 날개하늘나리 · 금강제비꽃 등 130여 종의 고산 초본식물이 생육한다. 멸종위기 야생생물 1급인 수달 · 사향노루 · 산양 · 반달가슴곰과 2급인 하늘다람쥐 · 삵 등 다양한 포유류가 살고, 계곡에는 산천어 · 칠성장어 · 금강모치 · 버들가지 · 가는돌고기 · 새미 등 희귀어류들이 서식한다.

여름철 향로봉의 북쪽 능선과 계곡에는 수백 년 묵은 피나무 꽃향기와 함께 금강초롱 · 도깨비부채 · 솔나리 · 왜솜다리 · 동자꽃 · 분홍바늘꽃 등 야생화가 꽃밭을 이룬다. 남한에서 가장 추운 지대인 향로봉은 8월 평균기온이 17.5도이며, 2월 평균기온은 영하 14.5도다.

한겨울에는 수은주가 영하 30도까지 곤두박질치며 폭설이 내린다. 11월부터 이듬해 4월까지 6개월 동안 눈이 내리는데 많을 때는 3미터까지 쌓인다. 강원도 영동지방에는 '양간지풍 통고지설'(襄杆之風 通高之雪)이라는 말이 전해온다. 이중환의 『택리지』에 나오는 말로, 양양과 간성에는 바람이 많고 통천과 고성에는 눈이 많이 내린다는 뜻이다. 간성 대신 강릉을 넣어 '양강지풍'(襄江之風)이라고도 한다. 특히 고성군 흘리 마산봉 기슭에 위치한 알프스스키장은 우리나라 스키의 발상지로 1970~1980년대 동계스포츠의 메카였다.

남쪽보다 겨울이 두 달 먼저 찾아오고 두 달 늦게 물러가는 최북단 군사요충지를 지키는 육군 12사단 병사들은 겨울철 한파, 폭설과도 전쟁을 벌여야 한다. 1954년 향로봉 일대에 내린 폭설로 군 막사가 무너져 59명의 군인이 숨지는 참사가 발생하기도 했다. 진부령 정상에는 폭설로 순직한 장병들을 기리는 설화희생순국충혼비와 향로봉지구 전투전적비가 세워져 있다.

휴전선 북상시킨 향로봉전투와 건봉산전투

향로봉은 동부전선의 전략적 요충지로 한국전쟁 때 향로봉전투가 벌어진 곳이다. 향로봉전투는 1951년 8월 14일부터 미 10군단과 국군 1군단이 함께 해안분지(펀치볼) 동쪽 1031고지, 924고지, 884고지로 이어지는 '낚시바늘 능선'(J Ridge)을 탈취하여 펀치볼 공격의 발판을 마련한다는 '포복작전'의 일환으로 전개된 전투였다.

국군 1군단에게 향로봉 서북쪽의 924고지와 884고지를 탈취하라는 임무가 부여되었다. 왼쪽에서는 미 10군단 예하의 국군 8사단이 능선의 하단부에 해당하는 1031고지를 함께 공격하도록 했다. 1군단은 8월 18일 924고지를 목표로 수도사단을, 884고지를 목표로 11사단을 각각 공격에 투입하였다. 수도사단은 155밀리 야포사격에도 견딜 만큼 강력한 방어진지를 구축해 놓은 북한군을 돌파하고 23일 오전 8시께 924고지를 점령하였다. 11사단은 4번에 걸쳐 뺏고 빼앗기는 격전 끝에 27일 884고지 일대를 장악하였다. 이 전투로 북한군은 큰 타격을 입고 남강 북쪽으로 후퇴하게 되었고, 국군은 향로봉 일대의 주요 고지를 모두 확보하였다.

남방한계선이 지나는 천연보호구역 건봉산(908미터)에는 남한의 최북단 사찰인 건봉사가 있다. 금강산 초입에 위치해 '금강산 건봉사'라고 불린다. 신라 법흥왕(520년) 때 창건한 건봉사는 사명대사가 석가모니의 치아 사리를 가져와 봉안한 도량으로 총 642칸과 보림암 등 18개 암자를 거느린 대찰이었다. 하지만 한국전쟁의 한복판에 휩싸이면서 전각 대부분이 소실되어 1994년부터 사찰 복원사업이 진행되고 있다. 폐허 가운데 유일하게 살아남은 불이문 돌기둥에는 총탄의 흔적이 남아 있다.

이곳에서는 1951년 4월부터 1953년 7월 정전협정일까지 2년 3개월 동안 고

금강산 건봉사. 한국전쟁 한복판에 휩싸여 소실된 사찰이 복원되었고, 향로봉과 건봉산은 천연보호구역이 되었다.

지전이 벌어졌다. 한국군 5사단, 8사단, 9사단, 미군 10군단과 북한군 5개 사단이 대치하며 16차례 치열한 공방전을 펼쳤다. 미 7함대가 거진 앞바다에서 함포 공격을 하고 나중에는 군함에 탑재된 항공기까지 폭격에 가세하여 거진지구 일대를 장악하였다.

향로봉 전투와 건봉산 전투에서 승리함으로써 중동부 전선은 지금의 휴전선과 같은 철원~김화~화천 산양리~양구 펀치볼~인제 서화리~고성 거진리 선까지 진출할 수 있었다. 건봉산 전투를 기념하는 충혼비에는 '전우여! 그대를 피로 물든 이곳에 마음의 표지로 세우노라'는 글귀가 새겨져 있다.

14 김일성과 이승만이 사랑했던 화진포

DMZ 동쪽 끝 고성은 철원과 함께 남북으로 분단된 군이다. 북 고성군의 면적(858.65평방킬로미터)이 남 고성군(664.55평방킬로미터)보다 조금 넓다. 한국전쟁 결과 간성, 거진, 현내면과 수동면, 고성읍 남부가 남쪽에 귀속되었다. 지금은 인구 2만 7,193명(2023년)의 80퍼센트가량이 속초와 가까운 토성면과 간성읍, 거진읍에 거주하며 수동면은 전체가 민통선이다. 고성의 북서쪽으로 오봉산, 비로봉, 무산이 솟아있고 남강, 적벽강 등이 동쪽으로 흐른다. 해안선이 68킬로미터로 주민 10퍼센트가 어업에 종사하는데, 얼마 전까지 오징어, 명태 등이 많이 잡혔지만 지금은 명태는 거의 사라지고 오징어도 어획량이 크게 줄었다.

산과 바다, 호수가 어우러진 고성의 최고 명소는 화진포다. 한국전쟁 이후 군 작전지역에 속해 일반인의 출입이 통제되다가 1976년 화진포해수욕장이 개장하면서 관광지가 되었다. 울창한 소나무숲 사이로 해당화 향기가 은은한 화진포는 일제강점기에 외국인 관광객이 첫손에 꼽던 휴양지였다. 소나무숲

탐방로를 따라 응봉(해발 122미터) 정상에 오르면 호수와 바다가 어울린 화진포의 수려한 경관을 한눈에 볼 수 있다.

냉전시대 정치인들 경쟁하듯 화진포에 별장 지어

화진포 여행의 백미는 냉전시대 주역들의 별장을 찾아보는 여정이다. 한국 근대사에 한 페이지를 장식한 남북의 옛 정치인들은 앞다퉈 화진포 호숫가에 별장을 짓고 발자취를 남겼다. 화진포에는 김일성과 이승만, 이기붕의 별장이 마치 경쟁이라도 하듯 나란히 자리해 있다.

가장 오래된 것은 1920년대 외국인 선교사의 숙소로 지어진 이기붕 별장이다. 해방 이후 북한 공산당 간부 휴양소로 사용되다가 한국전쟁 뒤 이기붕 부통령의 부인 박마리아가 개인별장으로 사용했다. 1999년 보수해 전시관으로 운영하고 있다.

김일성 별장은 1938년 지어졌다. 별장의 원래 주인은 한국에 처음으로 결핵

1938년 캐나다 선교사 셔우드 홀이 화진포에 지은 건물로 한국전쟁 전 김일성 별장으로 사용되었다. 소나무 숲에 둘러싸인 별장에서는 화진포가 한눈에 들어온다.

요양원을 세운 캐나다 출신 선교사 셔우드 홀이다. 그는 1937년 일제가 중일 전쟁을 일으키면서 원산 명사십리 해변에 있던 외국인 휴양촌을 화진포로 강제 이주시키자 독일 건축가 베버에게 맡겨 원통형 2층 석조 건물을 지었다. 일제는 민간시설을 몰아낸 뒤 원산 갈마지구에 공군기지를 건설했다. 건축 당시 회색 돌로 지어진 건물이 해안 절벽 위 송림 속에 우아하게 자리해 유럽의 성을 연상시킨다고 해서 '화진포의 성'이라 불렀다. 1940년대 초 셔우드 홀이 한국을 떠난 뒤 방치된 건물은 해방 이후 김일성 가족이 1948~1950년 하계 휴양지로 사용하면서 '김일성 별장'이 되었다. 내부에는 김일성의 집무실과 침실이 복원되었다.

김일성 별장과 마주한 이승만 별장은 한국전쟁 이후인 1954년 지어졌다. 남한이 38선 이북이었던 화진포를 차지하자 선교사 별장이 있던 곳에 새로 별장을 지었다. 1960년까지 이승만이 별장으로 사용하다 4 · 19혁명으로 권좌에서 쫓겨나 폐허가 된 것을 육군이 1999년 복원했다. 겉모습은 아담하지만 별장 앞마당에서 내려다보는 탁 트인 호수의 경관이 뛰어나다. 별장 위 언덕에 지어진 이승만 기념관에서는 개화기부터 건국 시기, 한국전쟁 이후까지 이승만의 활동상과 일대기를 전시하고 있다.

‘육지 속의 외딴 섬’ 금강산 마을 명파리

화진포에서 동해안 최북단 항구인 대진항과 마차진리를 지나면 최북단 마을 명파리다. 금강산까지 직선거리로 20킬로미터 떨어진 명파리에는 현재 163가구 283명이 거주하고 있다. 전선에 따라 오락가락했던 고성 주민들은 휴전으로 고향 가는 길이 끊기자 고향에서 가장 가까운 명파리에 머물렀다.

민간인통제구역이던 명파리는 1956년 양구군 해안면에 이어 1957년 입주 영농이 시작되었다. 실향민과 원주민 50가구는 가구당 논 1,500평과 밭 500평을 배당받아 황무지를 개간했지만 다른 민북마을 주민들처럼 땅을 소유하지는 못했다. 마을에는 군부대 방첩대원이 주택의 사랑채를 빌려 상주했다. 부사관인 방첩대원의 위상은 일제의 순사만큼이나 막강했다. 말을 안 들으면 추방한다고 엄포를 놓았고 밤에도 호롱불을 켜지 못하게 했다. 주민들은 방첩대원의 지휘 아래 마을 자체 경비를 위해 야간에 순찰을 돌아야 했다. 방첩대원은 1970년대 초가 되어서야 마을에서 나갔다.

명파리는 가까운 친척도 함부로 찾을 수 없는 엄격히 통제된 육지 속의 외딴섬이었다. 방문객들은 거진이나 대진에서 하룻밤을 잔 뒤 다음날 출입증을 내고 마을로 들어갔다. 주민들도 오후 6시가 넘으면 검문소를 통과할 수 없었다. 1979년 시내버스가 운행하기 전까지 주민들은 쌀이나 나무를 이고 지고 대진까지 나가서 장을 보았다.

1959년 국군은 명파리 남쪽 산기슭에 지뢰를 매설했다. 하천을 따라 떠내려온 지뢰를 가지고 놀던 아이들과 쑥고개 검문소를 피해 옛 동해북부선 철길로 들어오던 생선장수, 소먹이 풀을 베러 지뢰지대에 들어간 주민과 군인 등 10명 이상이 지뢰 사고로 숨졌다. 육군 8군단은 2007년 명파리 지역 지뢰제거 작전에 나서 총 181발의 지뢰를 제거했다.

명파리 광산골에는 일제강점기 때 광산이 개발되어 금, 은을 생산하다가 한국전쟁으로 중단되었던 것을 1970년 고명광산이 들어와 성업을 이뤘다. 마을 사람들은 매몰사고로 광산이 문 닫기 전까지 갱내에서 은 채광작업을 하며 먹고 살았다. 1991년 정부가 명파리에 핵폐기장 건설을 추진하자 주민들은 결사반대 운동을 펼쳤다. 2년에 걸친 반대시위 끝에 핵폐기장 건설계획은 백지화되었다.

▌금강산 관광버스로 미어터진 접경마을들

1983년 명파리 북쪽 6킬로미터 지점에 고성통일전망대가 들어서고 1995년 민통선이 풀리자 명파리, 마차진리 등 접경마을에 온기가 돌기 시작했다. 주민 대부분이 농업에 종사하는 농촌 마을이었지만 관광객이 늘면서 도로변에 식당과 상점이 하나둘씩 문을 열었다.

2003년 금강산 육로관광이 시작되자 금강산의 관문인 명파리 도로변에는 관광객들 상대로 한식당과 민박집, 상점들이 빼곡히 늘어섰다. "관광버스가 마을에 끝도 없이 늘어섰고 건어물 가게 중 하루 1,700만 원 번 곳도 있었어. 민박집, 식당들이 손님들로 미어터졌지." 마을 주민들의 회상처럼 이때가 명파리의 전성기였다.

하지만 전성기는 길게 가지 못했다. 2006년 12월 마을 위로 간성~현내(제진역)간 국도 7호선이 왕복 4차로로 확장되면서 찬바람이 불기 시작했다. 넓은 도로가 생긴 것은 좋지만 금강산과 통일전망대를 찾는 관광객의 차량이 마을을 쌩쌩 지나쳤다. 2008년 금강산관광까지 중단되자 마을은 급속하게 쇠락의 길로 들어섰다. 도로변에 줄지어 식당과 상점을 냈던 외지인들이 문을 닫고 마을을 떠났고 직원이 12명이나 있었던 건어물 가게는 폐가로 버려졌다. 명파리 이장 이종복 씨는 "7호선 국도가 외곽으로 옮겨가고 금강산관광이 중단되면서 마을은 생기를 잃었고 식당과 가게 대부분이 문을 닫았다"고 하소연했다.

고성군의 금강산관광 중단에 따른 고성지역 피해 현황 자료를 보면 금강산 관광객은 2003년부터 2008년 7월까지 138만 5,972명이었다. 금강산관광 중단 전인 2004~2007년 사이 고성군의 연평균 관광객은 690만 789명이었다. 그러나 금강산관광 중단 이후인 2008년부터 2014년까지 고성군 관광지의 연평균 방문객은 478만 3,017명으로 급감했다. 연평균 30퍼센트가량 줄어든 셈이다. 이로 인한 경제적 손실은 3,456억 원으로 월평균 32억 원에 이른다. 금강산관광 중단으로 고성에서 2012년 한 해에만 무려 277곳의 업체가 휴 · 폐업했다. 남북 간 화해와 평화를 유지하는 것이 얼마나 중요한지를 이 수치들이 증명한다.

고성통일전망대에서 바라본 해금강

고성통일전망대가 세워지자 고향 땅을 더 가까이 가보고 싶은 명파리 주민들은 앞다퉈 전망대로 달려갔다. 주민들은 동해안 최북단에서 고향 땅을 향해 제사상을 차리고 눈물의 술잔을 올렸다.

고성통일전망대에서는 해금강의 절경이 한눈에 들어온다.

금강산에서 16킬로미터 떨어진 고성통일전망대에서는 북 고성의 해금강이 손에 잡힐 듯 펼쳐진다. 만물상, 부처바위, 백바위, 금강산의 마지막 봉우리인 구선봉, '선녀와 나무꾼'의 전설이 깃든 거울처럼 맑은 감호 등 해금강 전체가 한눈에 들어온다. 금강산 일출봉, 월출봉, 채하봉, 육선봉, 집선봉, 세존봉, 옥녀봉, 신선대, 관음봉 등 봉우리들도 존재감을 드러낸다. 하지만 한때 금강산 관광버스가 줄지어 운행하던 동해선 육로와 동해북부선 철도는 정적이 흐르고, 작은 섬 송도를 경계로 군사분계선이 무겁게 흐른다.

금강산과 해금강, 감호가 한눈에 보이는 고성 동해안 GP는 2019년 문화재로 등록되었다. 정전협정 체결 직후 남쪽에 최초로 설치된 이 GP는 북한 감시초소와 거리가 580미터로 최단거리에 자리한다. 2018년 9 · 19 군사합의에 따라 철거하기로 했으나 역사적 상징성과 활용 가능성을 고려해 보존이 결정됐다. DMZ 평화의 길 고성코스는 통일전망대에서 해안 철책을 따라 2.7킬로미터 걷다가 금강산전망대까지 차량으로 이동한다. 1992년 건립된 금강산전망대(717 OP)는 통일전망대보다 2킬로미터 북쪽에 있어 감호와 구선봉, 해금강이 더 잘 보인다.

통일전망대에 세워진 351고지 전투 전적비는 북 고성 출신 명파리 사람들에게 통한의 상징이다. 통일전망대에서 북서쪽으로 가장 높은 봉우리가 월비산(459미터)이고, 남동쪽으로 연결되는 능선이 351고지다. 월비산과 351고지는 금강산과 고성군 일대 평야지대를 차지할 수 있는 발판이 되는 요충지로 국군 4개 사단과 북한군 4개 사단이 돌아가며 쟁탈전을 벌였다.

국군은 1951년 추계 대공세 때 월비산과 남강 연안 일원을 확보했으나 휴전이 임박하던 1953년 6~7월 북한군의 대공세로 다시 빼앗기고 말았다. 이 전투에 따라 고성군은 남북으로 갈렸고 남한에 남겨진 북 고성 사람들은 실향민이 되었다.

금강산 육로관광을 가는 차량으로 붐볐던 동해선 도로가 2008년 이후 텅 비었다. 군사분계선 지점까지 가로등이 설치되어 있고, 그 옆으로 동해북부선 철도가 보인다.

통일전망대를 가려면 10킬로미터 남쪽의 마차진리 통일안보공원에서 민통선 출입신고를 해야 한다. 마차진리에서 통일전망대 가는 길목의 민통선 안에는 매우 특별한 박물관이 있다. 한국전쟁 결과 탄생한 축복받지 못한 땅, DMZ를 총체적으로 보여주는 'DMZ 박물관'이다. 2009년 개관한 DMZ 박물관은 어디서도 보기 힘든 녹슨 철조망과 38선 표지판, 구멍 뚫린 철모, 군사편지, 대북 심리방송시설 등 다양한 냉전 유산들을 전시하고 있다. 그중에서도 한국전쟁 때 남북한과 유엔군이 뿌린 삐라들은 당시의 시대상을 잘 보여준다.

동해안 최북단에 조성된 금강산 전망대. 고성통일전망대에서 철책을 따라 금강산 전망대까지 DMZ 평화의 길이 조성되어 있다.

고성 DMZ 안 감시초소. 고성 동해안 GP는 1953년 정전협정 직후 남쪽 지역에 설치된 최초의 감시초소로 북쪽 GP와 최단거리에 위치해 있다.

15 비운의 제진역 "려행하는 손님들 어서 오세요"

양양에서 원산까지 동해 해안선을 따라 동해북부선 열차가 달린다. 1937년 12월 개통한 양양역은 남쪽의 종착역답게 오가는 사람들로 북적였고 목재와 석탄, 철광석, 수산물을 실어 나르며 번창했다. 일제는 철광석과 목재를 수탈하기 위해 양양 서쪽 산악지대인 장승리까지 7킬로미터 길이의 산업용 지선을 운영했다. 지금은 폐허로 변해 시멘트 잔해들만 흩어져 있다. 잔해를 따라 숲속에 들어가면 굵은 나무뿌리가 점령한 선로와 함께 숨어 있던 30미터 길이의 승강장을 만날 수 있다.

양양~원산 208.3킬로미터를 잇는 동해북부선은 1929년 안변~흡곡 구간을 시작으로 1937년 간성~양양 구간을 연결했다. 이 철도는 한국전쟁 발발로 개통 13년 만에 멈춰 섰고 1967년 폐선되었다. 개통 초기에는 20개 역이었으나 나중에 간이역을 포함해 정차역이 31개 역으로 늘어났다. 애초 계획은 강릉, 포항까지 내려가 동해남부선과 연결해 한반도 동해안 종단철도를 만드는 것이었다. 그러나 중일전쟁과 태평양전쟁으로 철도 연장공사는 중단되었다.

▎동쪽으로 망망대해, 서쪽으로 백두대간

양양에서 출발한 원산행 열차는 낙산사역과 대포역을 지나 속초에 다다른다. 해방과 함께 북한에 편입된 동해북부선은 한국전쟁 초기 북한군의 병력과 물자 수송을 담당하면서 미 공군의 폭격 목표물이 되었다. 미 공군은 1950년 6월 29일 평양을 시작으로 북한 전역에 대대적인 폭격을 가했는데 철도, 정유, 조선소 등 북한 동부 산업시설이 밀집된 원산은 특히 심했다. 폭격이 얼마나 심했던지 과거 학교나 군대에서 성행했던 이른바 '대가리 박기'라는 가혹 행위를 '원산폭격'이라 불렀다. 원산 주민들은 폭격을 피해 동해북부선을 따라 남으로 내려왔는데 남쪽으로도 폭격이 이어져 속초역의 흔적을 말끔하게 지워버렸다.

속초를 지나 북상하는 동해북부선 열차는 고성 송지호에 닿는다. 송지호는 둘레 6킬로미터, 평균 수심 5미터의 자연 석호로 호수 주변에 소나무가 울창해 송지호(松池湖)라 부르게 되었다. 석호(潟湖)란 바다였던 지역이 주변 지형 변화에 따라 바다로부터 분리되어 형성된 호수를 말한다. 민물과 바닷물이 섞인 송지호는 도미 · 전어 · 잉어 · 숭어 등 어종이 풍부해 청둥오리 · 기러기 · 고니 등 철새들이 쉼터로 이용한다. 송지호 해변공원에 동해북부선 철교 교각이 복원돼 산책로로 이용되고 있다.

송지호를 지나면 공현진 터널이 나온다. 수십 발의 총탄 흔적이 남은 터널 안 콘크리트는 지은 지 80년이 지났지만 이제 막 지은 것처럼 말짱했다. 공현진 터널에서 빠져나온 원산행 기차는 망망대해의 바다를 향해 돌진한다. "터널에서 빠져나온 열차가 바다 쪽을 향해 달리는데 마치 바다로 빠져들어 가는 느낌이 들었을 겁니다. 동쪽으로는 망망대해 바다, 서쪽으로는 백두대간이 펼쳐지는 동해북부선은 승객들에게 특별한 감흥을 선사했지요." 『철도의 눈물』

동해북부선의 폐 교각을 활용해 만든 송지호 탐방로

을 펴낸 철도기관사 박흥수 씨는 당시 승객들이 느꼈을 소감을 대신 전했다.

양양역과 비슷한 규모로 컸던 간성역과 화진포, 마차진을 지나면 초목이 우거진 숲 사이로 배봉리 터널이 이끼를 덮은 채 숨어 있다. 동해북부선 남쪽 최북단 터널인 배봉리 터널은 무성한 잡초를 발로 다지며 길을 내야 겨우 접근할 수 있다. 70년간 시간이 멈춰 원시 자연의 일부가 된 배봉리 철교 교각 터에는 남북 철도 연결을 염원하는 벽화가 그려져 있다.

남으로도 북으로도 못가는 '제진역의 딜레마'

배봉리 터널을 지나 민간인통제구역에 동해북부선 남쪽 마지막 역인 제진역이 있다. 북한과 철도 연결을 위해 2006년 새로 만들어졌지만 남과 북 어느 쪽과도 연결되지 못하는 비운의 역이 되었다. 남한의 역이지만 북으로 가는 철로는 막혀있고, 남으로 가는 철로는 파괴되어 갈 수 없는 딜레마를 안고 있다. 제진역에는 국가 간 이동할 때 거치는 세관 검사, 출입국 관리, 검역 기능을 하는 동해선 철도 남북출입사무소(CIQ)가 설치돼 있다.

사라져가던 동해북부선의 기억을 되살린 것은 2000년 6 · 15 남북공동선언에 따라 남북출입사무소가 설치되면서부터다. 2002년 9월 18일 경의선 및

동해북부선의 남한 최북단 역인 고성 제진역. 오도 가도 못한 채 멈춰진 열차가 통일로 가는 평화 체험공간으로 활용되고 있다.

동해선 철도 · 도로 착공식이 개최되었고 2006년 제진역과 철길이 완공되었다. 2007년 5월 17일 경의선 문산~개성(26.8킬로미터)과 함께, 동해선 금강산~제진 25.5킬로미터를 복원해 시험운행을 했다. 마침내 2007년 12월 11일 분단 62년 만에 문산~봉동 간 정기 화물열차가 개통되어 동해선도 기대를 크게 모았다. 하지만 2008년 2월 이명박 정부 출범 뒤 남북관계가 급랭하면서 그해 12월 열차는 멈춰버렸다. 시험운행을 했던 열차는 2년가량 제진역에 머무르다 2008년 묵호항으로 끌려갔다.

금강산까지 4,000원, 20분이면 도착

1936년 식민지 서울에서 열차를 타고 유라시아 대륙을 건넌 두 명의 청년이 있었다. 점령국의 국기를 가슴에 달고 베를린올림픽 마라톤을 뛰어야 했던 손기정과 남승룡이다. 올림픽을 두 달 앞둔 6월 4일 서울에서 출발한 두 청년은 신의주, 단둥, 봉천, 하얼빈을 거쳐 시베리아 횡단 열차에 몸을 실었다. 모스크바에서 유럽행 열차로 갈아탄 이들은 천신만고 끝에 7월 17일 베를린에 도착했다.

화물열차에 몸을 실은 식민지 청년의 아픈 기억은 이제 평화의 시대를 열어갈 꿈이 되었다. 남북은 2018년 판문점 선언을 통해 손기정이 이용했던 유라시아 대륙철도 연결의 불씨를 살렸다. 2022년 1월 제진역에서는 끊어진 동해북부선 구간인 강릉~제진(110.9킬로미터) 구간을 다시 잇는 착공식이 열렸다. 2027년 완공되면 부산에서 나진까지 1,295킬로미터에 걸친 한반도에서 가장 긴 종단철도가 완성된다.

제진역에서는 훗날 타게 될 시베리아 횡단 열차를 미리 체험해볼 수 있다. 강원도교육청은 2021년 제진역의 폐객차를 개조해 '통일로 가는 평화열차

(PTX)' 체험장을 만들었다. 대합실에서 플랫폼으로 나가는 길목에 "려행하는 손님들 어서 오세요"라는 플래카드가 내걸려 북한 땅에 들어온 착각이 들게 한다. 열차 겉면에는 금강산 28.26킬로미터, 베를린 1만 1,128킬로미터, 파리 1만 1,739킬로미터라고 적혀 있고, 열차 안에는 북한 승무원 복장을 한 안내원들이 북한 말투로 안내를 한다.

제진역에서 출발한 열차는 시베리아 대륙을 횡단해 모스크바, 베를린을 거쳐 종착역인 런던까지 1만 2,754킬로미터를 달리게 된다. 런던까지 요금은 159만 원이고 12일이 소요된다. 북 강원도 금강산역까지는 요금 4,000원이고 20분이면 도착한다. 남북 관광교류의 상징인 금강산은 2008년 중단될 때까지 10년간 193만 4,662명이 다녀올 만큼 큰 인기를 끌었다. 그러니 철로가 다시 개통된다면 열차를 타려는 사람은 헤아릴 수 없으리라.

시베리아 횡단의 시작, 라선

금강산을 지나면 임진강의 발원지인 법동군 마식령이다. 마식령에는 2014년 10개 슬로프를 갖춘 스키장이 조성돼 외국인에 개방됐다. 2018년 평창동계올림픽을 앞두고 남북한 스키선수들이 마식령에서 공동훈련을 했다. 마식령을 넘으면 말로 표현할 수 없을 만큼 아름답다는 원산 명사십리가 펼쳐진다. 남북 강원도에서 가장 큰 도시인 원산은 전쟁이 끝난 1953년 이후 다시 만들어졌다. 김정은 위원장의 고향으로 각별한 애정을 받는 곳이기도 하다. 원산 갈마지구 5.5킬로미터 해변에는 멕시코 칸쿤과 호주 골든코스트를 벤치마킹한 호텔 100개 동이 들어서 세계적인 휴양지로 떠오를 전망이다.

북 강원도에서 북상하여 흥남, 청진을 지나면 동해북부선의 종착역이자 북한의 국경도시인 라선이다. 1993년 라진과 선봉이 합쳐져 라진-선봉 경제무

역지대가 되었다가 2000년 라선시로 개칭되었다. 두만강 하구에 자리한 라선 철새보호구는 청천강 하구의 문덕철새보호구와 함께 2018년 북한 람사르 습지 1호로 등록되었다. 갈대밭과 습지로 나뉜 만포, 서번포, 동번포 등 3개의 호수에서 재두루미와 적호갈매기, 알락꼬리마도요, 혹고니 등 멸종위기종들을 만날 수 있다. 두만강을 경계로 중국, 러시아와 3국이 국경을 맞댄 라선시와 두만강시는 2011년부터 중국 훈춘, 러시아 하산 · 슬라뱐카를 잇는 '3국 관광'이 추진되었다. 2016년에는 육로와 여객선을 이용해 훈춘~라선~블라디보스토크를 잇는 국제관광노선이 개통되기도 했다.

한반도의 끝 라선에서 시베리아 대륙으로 이어지는 길은 우리가 한 번도 경험하지 못한 미지의 세계다. 그곳에 대해 자세히 알 수는 없으나 기회의 땅이자 한반도의 미래를 꿈꿀 수 있는 땅이 될 것이다. 그 땅은 DMZ를 넘어야 갈 수 있는 곳이다.

청년 손기정은 자신의 조국과 자신에게 영광의 월계관을 수여했던 베를린에 들이닥칠 분단의 운명을 알지 못했다. 그러나 독일은 분단을 이미 극복했고 우리도 언젠가 극복하게 될 것이다. 그 시기의 길고 짧음은 지금 우리에게 달려있다.

"우리가 탄 열차는 여객용 기차가 아니라 군 장비 수송용 화물열차 같은 것이었다. 정규 여객열차 편은 일주일에 두 번밖에 없었고, 우리가 떠날 때는 시간이 맞지 않았다. 열차는 때 없이 멈춰 섰다가 예고도 없이 제멋대로 달렸다. 어떤 날은 종일 보리밭 사이를 달리다가, 또 어떤 날은 호수를 끼고 한없이 달리기도 했다."(손기정, 『나의 조국 나의 마라톤』 중에서)

열차는 때 없이 멈춰 섰다가 예고도 없이 제멋대로 달린다. 분단을 넘어서는 일도 그러하다. 마음의 귀를 열고 들어보라. 보리밭 사이로 부는 바람 소리.

웅장한 호수에 시베리아의 구름이 일렁이는 소리가 느껴지지 않는가. 그림자를 보지 않으려면 빛을 보면 된다. 분단이 드리운 그림자에 벗어나지 못하고 침잠해 있을 것인가, 열린 미래의 대륙을 향해 열차를 달릴 것인가. 우리 앞에 선택이 놓여있다.

역사가 밀어낸 DMZ에 사람과 두루미가 살고 있다

철원평야에서 처음 두루미와 눈이 마주친 순간의 전율을 기억한다. 생태에 관심이 커질 즈음 나는 이 천상의 새를 알현했고 첫눈에 매료되고 말았다. 천상의 새는 긴 다리를 뒤로 쭉 뻗은 채 눈부시도록 아름다운 날갯짓으로 날아올랐다. 두루미가 안긴 철원의 하늘은 한없이 시리고 맑았다. 황홀한 조우가 있었던 그날 이후 나에게 DMZ는 두루미가 사는 땅이었다. 내가 가진 두 개의 무기, 펜과 카메라로 두루미의 땅을 지켜주고 싶었다.

십수 년 전부터 백령도와 대청도, 연평도, 강화 · 인천 앞바다의 작은 섬들, 한강하구, 임진강, 한탄강, 강원도 산길을 걸으면서 DMZ에 대한 추상적인 생각은 점차 실체적인 모습으로 다가왔다. 국경에는 사람과 동식물이 어울려 살고 있었고, 그들은 모두 하나같이 평화를 염원하고 있었다. 어디를 가든 어부는 물고기를 잡고, 농부는 씨를 뿌리고, 사람들은 강아지를 데리고 산책하는 평범한 삶이 이어지고 있었다. 생활보다 중요한 이념이나 가치는 없다.

서해 해상 경계선에 사는 옹진 섬 주민들은 북방한계선(NLL)을 둘러싼 갈등과 불안, 어로활동 제약에 대해 토로하였고, 한강하구 중립수역을 공유하는 강화와 김포 사람들은 한강 뱃길 열기에 목말라 하고 있었다. 임진강 유역 수도권에 사는 파주, 연천 사람들은 개발과 보존 사이에서 딜레마를 겪고 있었다. 강원도에 들어서면 모든 길은 금강산으로 통했다. 남북으로 갈라진 강원도 사람들은 금강산에 얽힌 인연과 기억을 끄집어내려 했다. 백두대간과 DMZ가 만나고, 남북 강원도가 만나고, 하늘과 땅이 만나는 곳에 우뚝 선 금강산은 언젠가 때가 되면 한반도의 미래 운명을 활짝 열어줄 것이다.

두루미의 식탁이자 침소인 겨울 임진강을 걸으며 나는 심장이 몹시 두근거렸다. 역사가 밀어낸 DMZ 한복판에 사람과 두루미가 어울려 살고 있었다. 내가 만난 DMZ는 금단의 구역이 아닌 부활의 땅이었다. 급격한 산업화로 몸살을 앓는 한반도에 내린 선물이었다. 질곡의 역사와 불모의 땅은 치유되고 있었다. 그곳에서 만난 순수한 자연과 순박한 사람들의 이야기가 나를 사로잡았고, 이 책을 쓰게 했다.

이 책은 한겨레신문 기자로서 지난 15년간 DMZ 접경지역을 취재하며 현장에서 만난 수많은 사람과 사건, 이야기들이 근간이 되었다. 현장에서 탁월한 식견과 열정을 가지고 활동하는 분들을 만날 수 있었던 것을 행운으로 생각한다. 파주의 노현기 선생은 서부 DMZ와 접경 마을의 미래상에 대해, 연천의 김경도 선생은 접경지역 주민들의 생태보전 노력과 비전에 대해, 철원의 최종수 선생은 두루미 왕국에 대한 자부심과 책임감을 이야기했다. 이수동 교수, 나일 무어스 박사와의 만남을 통해서는 DMZ 생태환경 전반에 대한 식견을 쌓을 수 있었다. 이분들이 아니었더라면 DMZ의 진면목을 헤아리기 어려웠을 것이다. 특히 파주 민통선에서 농사를 짓는 박계용 아우는 두루미 탐사의 동반자이자 길라잡이 역할을 해주었다. 매처럼 밝은 눈을 가진 그는 내가 못 보던 것, 예컨대 용산리 논에서 말똥가리가 개구리를 사냥하는 장면이나 정자리 임진강 빙판 위에서 검독수리와 흰꼬리수리가 먹이를 두고 실랑이를 벌이는 장면 등 작은 것 하나도 놓치지 않았다. 특별히 감사의 마음을 전한다.

DMZ 안팎에는 내가 듣고 보지 못한 이야기들이 수도 없이 많을 것이고, 나는 그것을 다 알 수가 없다. 아는 만큼 보인다고 했으니 내 눈에 보이는 것만 썼을 뿐이다. DMZ의 역사와 생태, 그곳에 사는 사람들 중심으로 책을 서술하다 보니 철책을 지키는 젊은 병사들 이야기를 많이 담지 못한 것은 아쉬운 대목이다. 더더욱 아쉬운 것은 우리가 갈 수도 없고 볼 수도 없는 북쪽 DMZ에 관한 이야기다. 머지않은 미래에 남은 반쪽 이야기를 나누는 날이 오리라는 희망을 품어 본다.

35년간 기자 생활을 마치고 은퇴를 앞둔 지금, DMZ 현장 곳곳을 탐사했던 지난 15년은 나에게 선물 같은 시간이었음을 고백한다. 파주의 환경운동가 노현기 선생의 한숨 섞인 말이 귓가에 맴돈다. "저희가 빅 스피커를 잃게 되었네요. 박 기자님이 현장을 떠나면 누가 이곳의 진실을 세상에 알려줄지…." 그러나 나는 안다. 누구라도 이곳의 진면목을 목격한 사람이라면 나와 같은 열망을 갖게 될 것을. 그것은 사명감을 넘어선 생명 본연의 아름다움에 대한 끌림이며 추구이기에. 그리고 나는 계속 걷기로 했다. 두루미의 이야기를 듣기 위해.

단행본

국방부 전사편찬위원회, 『한국전쟁사 1』, 1977
국방부 군사편찬연구소, 『한국전쟁의 유격전사』, 2003
노현기 등, 『임진강 백서-강변 살자』, 임진강지키기파주시민대책위, 2018
뤼디거 프랑크, 『북한여행-유럽 최고 북한통의 30년 탐사리포트』, 안인희 옮김, 한겨레출판, 2019
박은진 외, 『DMZ가 말을 걸다-평화와 생태의 상징, DMZ의 모든 것』, 위즈덤하우스, 2013
박태균, 『한국전쟁-끝나지 않은 전쟁, 끝나야 할 전쟁』, 책과함께, 2005
박흥수, 『철도의 눈물』, 후마니타스, 2013
백정희 외, 『마정리사람들』, 아시아, 2020
브루스 커밍스, 『브루스 커밍스의 한국전쟁-전쟁의 기억과 분단의 미래』, 조행복 옮김, 현실문화, 2017
서성철 등, 『임진강 인문학』, DMZ 에코뮤지엄, 2020
서재철, 『지구상의 마지막 비무장지대를 걷다-민간인 최초, DMZ 248km 탐사의 기록』, 휴머니스트, 2015
손기정, 『나의 조국 나의 마라톤』, 휴머니스트, 2022
신기철, 『한국전쟁, 전장의 기억과 목소리-지역민에게 듣는 옹진 이야기』, 역사만들기, 2020
앙리 쥐베르, 『프랑스 군인 쥐베르가 기록한 병인양요』, 유소연 옮김, 살림, 2010
와다 하루키, 『한국전쟁』, 서동만 옮김, 창작과비평사, 1999
이재석, 『임진강기행』, 정보와사람, 2010
이해용, 『비무장지대를 찾아서-정전 50년 휴전선 분단현장 보고서』, 눈빛, 2003
임종업, 『대성동-DMZ의 숨겨진 마을』, 소동, 2021
임종업, 『파주 역사기행-용미리 마애불부터 DMZ까지』, 소동, 2022
전선희, 『비밀의 숲 DMZ가 궁금하니?』, 자연과생태, 2013
최시한·강미, 『조강의 노래』, 문학과지성사, 2019
테사 모리스 스즈키, 『길 위에서 만난 북한 근현대사』, 서미석 옮김, 현실문화, 2019
T. R. 페렌바크, 『이런 전쟁』(This Kind of War), 최필영·윤상용 옮김, 플래닛미디어, 2019

한국언론자료간행회, 『한국전쟁 종군기자』, 1987
함광복 외, 『DMZ, 전혀 뜻밖의 여행』, 한국DMZ연구소, 2011
홍학지, 『중국이 본 한국전쟁-중국인민지원군 부사령관 홍학지의 전쟁 회고록』, 홍인표 옮김, 한국학술정보, 2008
황헌만, 『습지, 새들의 안부를 묻다-교하들판 새들의 이야기』, 소동, 2022

논문 및 보고서

김지나, 「DMZ 접경지역의 진정성 재구성 과정: 지역 자원 활용 공간을 중심으로」, 2019
김지나 · 조경진, 「DMZ 접경지역 평화관광을 통한 지역 자원 활용의 특성 변화: 철원을 중심으로」, 2019
녹색연합, 「2013년 DMZ면적 조사보고서」, 2013
도진순, 「남북한의 경계 허물기-강, 바다, 그리고 죽은 자」, 2018
박경만, 「DMZ 접경지역의 지속가능한 생태평화관광: 근거이론에 기반한 파주·연천 사례 비교」, 2021
연천군, 「연천 임진강 생물권보전지역 관리기본계획 수립 용역보고서」, 2020
이선향, 「'금강산 찾아가기' 담론의 사회적 구성과 실천」, 2017
이장춘·나정기·차길수·이주형·이경모, 「비무장지대의 생태환경적 지속 가능한 관광개발에 관한 연구」, 2001
이재, 「비무장지대(DMZ) 문화유적 현황과 보전방안」, 2019
이정훈 외, 「한반도 신경제구상과 경기북부 접경지역 발전 전략」, 2019
정근식·한모니까·강인화·전원근, 「DMZ 접경지역의 비평화 실태에 관한 인문학적 연구: 전략촌을 중심으로」, 통일연구원, 2020
조응래·김군수·박은진·최용환·황금희, 「DMZ·접경지역의 비전과 발전전략」, 2012
최대육, 「한국전쟁과 인천, 민간인학살의 아픔: 작전지역 거주민의 인천상륙작전 기억을 중심으로」, 2019
파주시, 「권역별 관광벨트 조성 연구용역」, 2020
행정안전부, 「접경지역 발전종합계획(변경안)」, 2019

온라인 자료

강원도민일보 홈페이지 https://kado.net
강원도청 홈페이지 https://www.provin.gangwon.kr
강원일보 홈페이지 https://kwnews.co.kr
강화나들길 홈페이지 https://nadeulgil.org
경기관광공사 홈페이지 https://gto.or.kr
경기도청 홈페이지 https://www.gg.go.kr
경기신문 홈페이지 https://www.kgnews.co.kr

경기연구원 홈페이지 https://www.gr i.re.kr
경향신문 홈페이지 http://www.khan.co.kr
국립생태원 홈페이지 https://www.nie.re.kr
국방부 홈페이지 https://www.mnd.go.kr
나무위키 홈페이지 https://namu.wiki
동아일보 홈페이지 http://www.donga.com
문화재청 홈페이지 https://www.cha.go.kr
문화체육관광부 홈페이지 https://www.mcst.go.kr
세계평화관광협회 홈페이지 https://www.iipt.org
연합뉴스 홈페이지 https://www.yna.co.kr
유네스코 한국위원회 https://www.unesco.or.kr
유엔세계관광기구 https://www.unwto.org
인천일보 홈페이지 https://www.incheonilbo.com
조선일보 홈페이지 htttp://www.chosun.com
통일부 공식 블로그 https://blog.naver.com/gounikorea
통일부 홈페이지 https://www.unikorea.go.kr/unikorea
한겨레신문 홈페이지 https://www.hani.co.kr
한국관광공사 홈페이지 http://www.visitkorea.or.kr
한국문화관광연구원 홈페이지 https://www.kcti.re.kr
행정안전부 디엠지기(DMZIGI) 홈페이지 https://www.dmz.go.kr
행정안전부 홈페이지 https://www.mois.go.kr
환경부 지속가능발전포털 http://ncsd.go.kr
환경부 홈페이지 http://me.go.kr

사진 · 지도 목록

[사진]

1부

2부

3부

[지도]

2부 임진강 이야기

파주에서 연천까지

찾아보기

[인명]

ㄱㄴ

ㄹㅁㅂㅅ

ㅇ

ㅈㅊㅋㅍㅎ

[지명]

ㄱㄴㄷ

ㄹㅁㅂ

ㅅㅇ

ㅈ ㅊ

ㅋ ㅌ ㅍ ㅎ

0~9, A~Z